精益工程视频讲堂

Protel DXP 2004 电路设计与制板

吴琼伟　谢龙汉　编著

U0322981

清华大学出版社

北　京

内 容 简 介

本书基于 Protel DXP 2004 编写而成，共 12 讲和两个附录，依次介绍了 Protel DXP 2004 基础、设计原理图、绘制原理图、制作元件库、设计层次原理图、生成原理图报表、印制电路板设计基础、绘制印制电路板、制作元件封装、生成 PCB 报表、基于单片机的数据采集系统设计和 U 盘电路的设计等。书中各讲以"实例•模仿→内容讲解→实例•操作→实例•练习"为表述方式，通过适量的典型实例操作和重点知识相结合的方法，对 Protel DXP 2004 的使用进行讲解。本书在讲解上力求操作紧凑、语言简洁，内容全面且层层深入，避免冗长的解释说明，使读者能够快速掌握 Protel DXP 2004，在介绍每一个知识点的过程中，都会安排一些有说服力的实例来强化知识点，希望读者能切实地动起手来，尽早设计出自己的电路板。同时，书中配有全书实例的操作视频，读者可以通过观看多媒体视频来学习。

本书可作为 Protel DXP 2004 初学者入门和提高的学习用书，也可作为各大中专院校和教育、培训机构的专业教材，还可作为 EDA 领域专业人员的实用参考书。

图书在版编目（CIP）数据

Protel DXP 2004 电路设计与制板/吴琼伟，谢龙汉编著. —北京：清华大学出版社，2014（2020.2重印）

（精益工程视频讲堂）

ISBN 978-7-302-34094-2

I. ①P… II. ①吴… ②谢… III. ①印刷电路-计算机辅助设计-应用软件 IV. ①TN410.2

中国版本图书馆 CIP 数据核字（2013）第 240305 号

责任编辑：钟志芳
封面设计：刘　超
版式设计：文森时代
责任校对：王　云
责任印制：刘祎淼

出版发行：清华大学出版社
　　　　网　　　址：http://www.tup.com.cn，http://www.wqbook.com
　　　　地　　　址：北京清华大学学研大厦 A 座　　　邮　　编：100084
　　　　社 总 机：010-62770175　　　　　　　　　邮　　购：010-62786544
　　　　投稿与读者服务：010-62776969，c-service@tup.tsinghua.edu.cn
　　　　质量反馈：010-62772015，zhiliang@tup.tsinghua.edu.cn

印 装 者：三河市吉祥印务有限公司
经　　销：全国新华书店
开　　本：185mm×260mm　印　　张：18.25　字　　数：417 千字
　　　　　（附 DVD 光盘 1 张）
版　　次：2014 年 1 月第 1 版　印　　次：2020 年 2 月第 7 次印刷
定　　价：45.00 元

产品编号：051190-01

前　言

随着科技的发展，现代电子工业取得了长足进步，大规模集成电路的应用使印制电路板越来越精密和复杂，与之相适应的是计算机辅助设计（CAD）和电子设计自动化（EDA）技术的飞速发展。如今，在电路板的电子设计自动化领域中，Protel 是电路板设计 EDA 的杰出代表，应用十分普及。Protel DXP 2004 是 Altium 公司的板级电路设计系统，它采用优化的设计浏览器（Design Explorer），通过把设计输入仿真、PCB 绘制编辑、拓扑自动布线、信号完整性分析和设计输出等技术完美地融合，为用户提供了全面的设计解决方案，使用户可以轻松地进行各种复杂的电路板设计。Protel DXP 2004 已经具备了当今所有先进的电路辅助设计软件的优点。本书以 Protel DXP 2004 为主，并以丰富的实例、全视频讲解等方式对 Protel 软件进行全方位教学。

本书特色

本书遵循"实例·模仿→内容讲解→实例·操作→实例·练习"的讲解方式，通过适量的典型实例操作和重点知识相结合的方法，对 Protel DXP 2004 进行讲解。在讲解中力求操作紧凑、语言简洁，避免冗长的解释说明，使读者能够快速掌握 Protel DXP 2004 的使用。

在实例的介绍过程中，本书采用原理图实例和 PCB 实例相结合的方式，力求让读者在强化软件使用知识点的基础上掌握电路板项目开发思维，减少项目开发的复杂程度，缩短开发周期。读者在学习过程中可以对前后原理图和 PCB 图进行对比，理解并掌握两种不同设计环境的特点。

本书提供了全部实例的多媒体视频，读者可以按照书中列出的视频路径，从光盘中打开相应的视频直接观看学习，这样学习起来更轻松。视频包含语音讲解，可以通过使用 Windows Media Player 等常用播放器观看。如果无法播放，可安装光盘中的 tscc.exe 插件。

本书内容

本书共 12 讲，后附有两个附录。讲解中有大量原理图和表格，形象直观，便于读者理解和学习。另附有光盘，包含本书的教学视频及实例讲解的项目文件，方便读者自学。

第 1 讲：介绍了 Protel DXP 2004 的发展历史、使用 Protel DXP 2004 设计 PCB 的一般流程，还对其工作环境作了简略介绍。

第 2～6 讲：介绍了 Protel DXP 2004 的原理图设计系统，包括各种原理图编辑器的基本功能以及原理图的绘制、绘制层次原理图、生成各种报表和制作元件库等。

第 7～10 讲：详细介绍了 Protel DXP 2004 的 PCB 设计系统，包括 PCB 编辑器的基本功能、PCB 板的制作、元件封装的制作和 PCB 报表的生成等。

第 11、12 讲：通过综合实例的讲解，实际应用本书所讲解的原理图设计系统和 PCB 设计系统两部分内容。

附录 A、B 分别列出了 PCB 设计过程中的快捷方式和常用元件的中英文对照。

本书读者对象

本书具有操作性强、指导性强、语言简练等特点，可作为 Protel DXP 2004 初学者入门和提高的学习用书，也可作为各大中专院校和教育、培训机构的专业教材，还可作为 EDA 领域专业人员的实用参考书。

学习建议

读者可按照图书编排的先后次序学习 Protel DXP 2004。从第 2 讲开始，读者可以首先浏览"实例·模仿"部分，然后打开光盘中该实例的视频仔细观看，再根据实例的操作步骤在软件中一步步进行操作。如果遇到操作困难的地方，可以再次观看视频进行学习，也可以阅读书中的相关内容，然后再动手进行操作。对于"实例·操作"部分，建议读者首先根据书中的讲解及注释直接进行相关操作，完成后再观看视频以加深印象，并解决自己动手操作中所遇到的问题。对于"实例·练习"部分，建议读者根据实例的要求自行练习，遇到不懂的地方再查看书中的讲解或观看操作视频。

本书由吴琼伟、谢龙汉编著，同时腾龙工作室的王欣飞、杨依领、谢锋然、娄军强、王益、王亚飞等人也参与了部分内容的编写。

感谢您选用本书进行学习，恳请您将对本书的意见和建议告诉我们，电子邮箱为 tenlongbook@163.com。

祝您学习愉快！

编　　者

目　录

第 1 讲　Protel DXP 2004 基础

　　随着电子技术的发展，复杂、集成电路的广泛应用使得厂家纷纷推出了各种 EDA（Electronic Design Automation）设计软件，其中以 Protel 公司推出的 Protel 系列软件最受欢迎。本讲主要介绍 Protel DXP 2004 的发展历程、特点、安装、基本操作、界面功能等内容。

本讲内容

- ➥ Protel DXP 2004 的简介及特点
- ➥ Protel DXP 2004 的安装
- ➥ Protel DXP 2004 的界面功能与参数设置

- ➥ Protel DXP 2004 文件管理
- ➥ 入门引例——RC 滤波电路

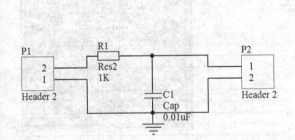

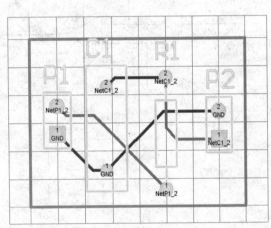

1.1　Protel DXP 2004 的简介及特点

1.1.1　Protel DXP 2004 概述

　　Protel 软件是由 Protel Technology 公司推出的，其前身是美国 ACCEL Technologies Inc 公司的电子线路设计软件包——TANGO。Protel 软件大致经历了以下发展过程。

　　1985 年推出 DOS 版 Protel。

　　1991 年推出 Protel For Windows 产品。

　　1998 年推出 Protel 98 版，利用 32 位的程序代码，大大提高了软件性能。

1999 年推出 Protel 99 版，引入了文件管理和电路设计与 PCB 整体设计的概念。

2000 年推出 Protel 99SE，进一步完善软件，加强对 PCB 设计的控制。

2002 年推出 Protel DXP，为用户提供板级的权限解决方案。

2004 年推出 Protel DXP 2004，进一步完善功能，提高了 PCB 布线的速度，并集成了 VHDL 和 FPGA 设计模块。

2005 年底推出 Altium Designer 6.0 版。

2008 年推出 Altium Designer Summer 08 版。

2009 年推出 Altium Designer Winter 09 版。

2010、2011、2012 年相继推出 Altium Designer 10、11、12 版。

Protel DXP 2004 主要由以下 4 部分组成。

◆ 原理图设计：主要用于电路原理图的设计、仿真，既可作为单独设计电路图的工具，也可作为 PCB 设计的前期准备，如图 1-1 所示。

◆ 印刷电路板设计：主要用于 PCB 的设计，如图 1-2 所示。

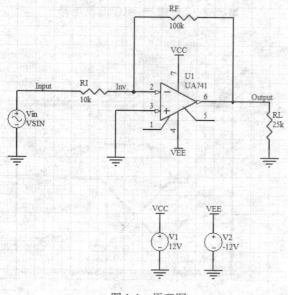

图 1-1 原理图

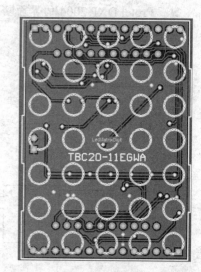

图 1-2 PCB 图

◆ 可编程逻辑门阵列 FPGA 设计系统：用于 FPGA 的设计，主要针对数字电路。

◆ 硬件描述语言 VHDL 设计系统：利用 VHDL 语言开发可编程逻辑器件，并进行仿真分析。

1.1.2 Protel DXP 2004 的主要特点

与 Protel 99SE 相比，Protel DXP 2004 功能更强大，有以下特点：

（1）整合式的元件与元件库

Protel DXP 2004 采用整合式的元件，在一个元件中连接了元件符号、元件封装、SPICE 元件模型（电路仿真模型）和 SI 元件模型（电路信号分析模型）。

（2）版本控制

通过版本控制可直接由 Protel 设计管理器转换到其他设计系统，可方便设计者将 Protel DXP 2004 中的设计与其他软件共享。如输入和输出 DXP、DWG 格式文件，实现与 AutoCAD 等软件的数据交换。

（3）多重组态的设计

Protel DXP 2004 支持单一设计多重组态。对于同一个设计文件可指定要使用其中的某些或不使用其中的某些元件，然后生成网络表等文件。

（4）重复式设计

Protel DXP 2004 提供重复式设计，类似重复层次式电路设计，只要设计其中一部分电路图，即可多次使用该电路图。这项功能也支持电路板设计，包括由电路板反标注到电路图。

（5）新的文件管理模式

Protel DXP 2004 提供 3 种文件管理模式，可将各文件存为单一数据库文件，即 Protel 99SE 的 ddb，也可以存为 Windows 文件（即一般的分离文件）。此外，还新增了一个混合模式，即在数据库外存为独立的 Windows 文件。

（6）多屏幕显示模式

对于同一个文件，设计者可打开多个窗口在不同的屏幕上显示。

（7）设计整合

Protel DXP 2004 强化了 Schematic 和 PCB 板的双向同步设计功能。

（8）超强的比较功能

Protel DXP 2004 新增了超强的比较功能，能对两个相同格式的文件进行比较，以得到两者的差异性；也可以对不同格式的文件进行比较，例如电路板文件与网络报表文件等。

（9）强化的变更设计功能

在 Protel DXP 2004 中进行比较后，所产生的报表文件可作为变更设计的依据，让设计完全同步。

（10）可定义电路板设计规则

在原理图设计时，可对电路板设计规则进行定义和修改。

（11）强化设计验证

Protel DXP 2004 强化了设计验证的功能，让电路图与电路板之间的转换更准确，同时对交互参考的操作也更容易。

（12）可定义元件与参数

Protel DXP 2004 提供了无限制的设计者定义元件及元件引脚参数，所定义的参数能存入元件和原理图中。

（13）尺寸线工具

Protel DXP 2004 提供了一组画尺寸线工具，在移动时会自动修正尺寸。

（14）改善加强板层分割功能

Protel DXP 2004 提供了加强的板层分割功能，对于板层的分割自动以不同颜色来表示，让设计者更容易辨别与管理。

（15）加强绘图功能

Protel DXP 2004 增强了波形窗口的绘图功能，如设置标题栏、标记画线等。

（16）波形资料的输入输出

在 Protel DXP 2004 中，可将仿真波形上各种数据输出为电子表格格式，以供其他程序使用，也可以输入其他程序所产生的波形资料。

（17）不同波形的重叠

在 Protel DXP 2004 中，设计者可以将不同的波形放置在一起，也可同时使用多个不同的 Y 轴坐标。

（18）直接在电路里分析

在 Protel DXP 2004 中，设计者可直接在 PCB 编辑器中进行信号分析。

1.2　Protel DXP 2004 的安装

Protel DXP 2004 的安装与大多数 Windows 软件的安装类似，下面简要介绍其安装流程。

（1）进入 Windows 系统，双击安装文件夹中的安装程序 Setup.exe，弹出如图 1-3 所示的界面。

（2）单击 Next 按钮，进入软件安装授权窗口，选中 I accept the license agreement 单选按钮，如图 1-4 所示。

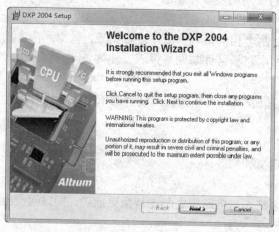

图 1-3　Protel DXP 2004 安装初始界面

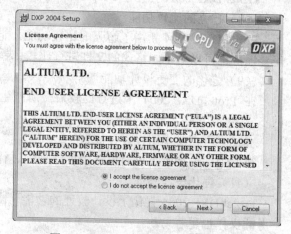

图 1-4　Protel DXP 2004 安装授权许可

（3）单击 Next 按钮，进入软件用户信息登记窗口，在 Full Name 和 Organization 文本框中分别输入用户姓名和组织名称，并选中 Anyone who uses this computer 单选按钮，如图 1-5 所示。

（4）单击 Next 按钮，进入安装路径选择窗口，一般默认为"C:\Program Files\Altium2004\"，如图 1-6 所示。

（5）单击 Next 按钮，弹出对话框提示即将进入程序安装，单击 Next 按钮，进入 Protel DXP 2004 的安装，弹出安装进度窗口，如图 1-7 所示。

（6）安装完成后单击 Finish 按钮，完成 Protel DXP 2004 的安装，如图 1-8 所示。

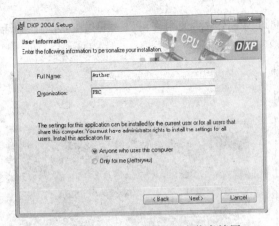

图 1-5　Protel DXP 2004 用户信息填写

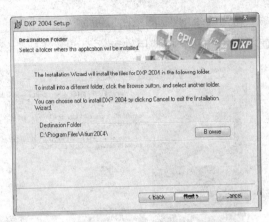

图 1-6　Protel DXP 2004 安装路径

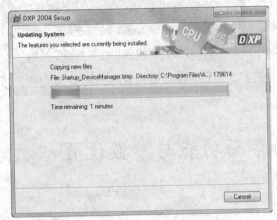

图 1-7　Protel DXP 2004 安装进度

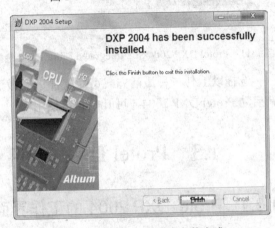

图 1-8　Protel DXP 2004 安装完成

（7）安装 Protel DXP 2004 的升级包 DXP 2004 SP1、DXP 2004 SP2 和 DXP 2004 SP2 Integrated Libraries，其安装初始界面分别如图 1-9、图 1-10 和图 1-11 所示，与 Setup.exe 相似。

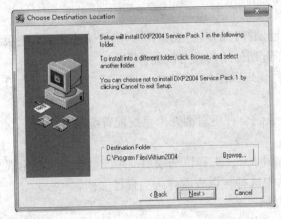

图 1-9　Protel DXP 2004 SP1 安装初始界面

图 1-10　Protel DXP 2004 SP2 安装初始界面

（8）双击软件图标，进入 Protel DXP 2004，在标题栏中单击 DXP，选择 DXP→"使用许可管理"命令，进入"DXP 使用许可管理"界面，如图 1-12 所示，许可文件分为"独立型"（单机版）和"网络型"（网络版）两种类型，可通过"通过 WEB 激活使用许可"、"通过 E-MAIL 激活使用许可"和"加使用许可文件"激活软件。

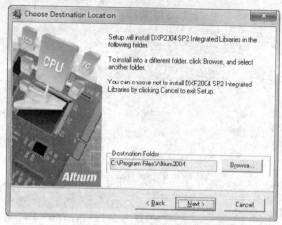
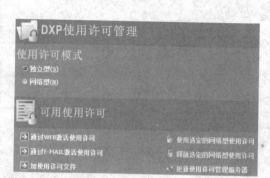

图 1-11   Protel DXP 2004 SP2 Integrated Libraries 安装初始界面   图 1-12   "DXP 使用许可管理"界面

选择以上任一种激活方式可对软件进行激活。经过以上 8 个步骤后，软件即可安装完成，重新启动 Protel DXP 2004，可开始正常使用。

1.3   Protel DXP 2004 的界面功能与参数设置

1.3.1   Protel DXP 2004 的工作界面

Protel DXP 2004 提供了简洁、友好的工作界面，如图 1-13 所示，其中包括菜单栏、工具栏、导航栏、面板标签、主页面等模块。用户如果需要打开该主页面，可选择 View→Home 命令，或者单击导航栏中的 ⬆ 图标。

主页面中显示了软件功能，部分功能解释如下。

◆ Recently Opened Project and Documents（近期打开的项目或文件）：选择该选项后，主页面会弹出一个对话框，用户可以从中选择近期使用的项目或文件。

◆ Device Management and Connections（器件管理和连接）：选择该选项后，可从主页面查看系统所连接的器件。

◆ Configure DXP（配置）：选择该选项后，系统会在主页面弹出系统配置选项，如图 1-14 所示。

◆ Documentation Resource Center（文档资源中心）：选择该选项后，系统会在主页面出现各个设计领域的资源分类页面，用户可从中选择，以查看详细的设计文档。

◆ Open DXP Online help：打开 DXP 在线帮助。

◆ DXP Help Advisor（DXP 帮助导航器）：选择该选项后，可帮助用户查询帮助文件。

◆ Printed Circuit Board Design（印制电路板设计）：选择该选项后，系统会在主页面弹出印制电路板设计的操作命令列表。

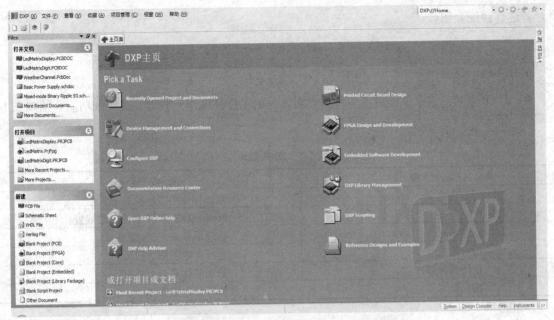

图 1-13　Protel DXP 2004 工作主界面

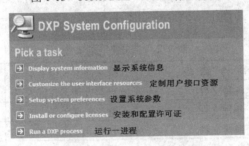

图 1-14　DXP 系统配置选项

◆ FPGA Design and Development（FPGA 设计与开发）：选择该选项后，系统会在主页面弹出 FPGA 设计的操作命令列表。

◆ Embedded Software Development（嵌入式软件开发）：选择该选项后，系统会在主页面弹出嵌入式软件开发的操作命令列表。

◆ DXP Library Management（DXP 库管理）：选择该选项后，系统会在主页面弹出库管理的操作命令列表。

◆ DXP Scripting（DXP 脚本）：选择该选项后，系统会在主页面弹出脚本设计的操作命令列表。

◆ Reference Designs and Examples（参考设计与实例）：Protel DXP 2004 为用户提供了很多经典实例，包括原理图设计、PCB 设计和 FPGA 设计等。

1.3.2　Protel DXP 2004 的菜单栏

在图 1-13 中，主界面的第一行为软件的菜单栏，其主要功能是进行各种基本命令的调用和操作，如图 1-15 所示，包括 DXP、文件、查看、收藏、项目管理、视窗和帮助 7 个菜单，这里将对其进行详细介绍。

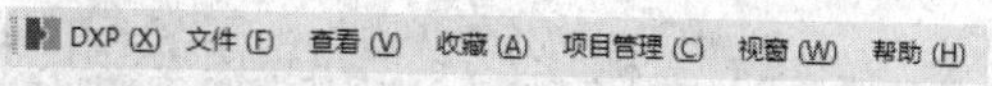

DXP (X)　文件 (F)　查看 (V)　收藏 (A)　项目管理 (C)　视窗 (W)　帮助 (H)

图 1-15　Protel DXP 2004 的菜单栏

◆ DXP 菜单：该菜单提供了多种命令对软件的工作环境进行管理，其详细功能介绍如表 1-1 所示。

表 1-1　DXP 菜单

命 令	命 令 解 释
用户自定义	管理和调用菜单栏和工具栏
优先设定	Protel DXP 2004 系统参数设置
系统信息	管理软件的 EDA 服务器
运行进程	运行特定的服务进程
使用许可管理	管理软件许可文件
执行脚本	执行特定的脚本

◆ "文件"菜单：该菜单主要对软件的文件进行管理，包括文件、项目和设计工作区的创建、打开和保存，其详细功能介绍如表 1-2 所示。

表 1-2　"文件"菜单

命 令	命 令 解 释	命 令	命 令 解 释
创建	新建各种文件	另存设计工作区为	另存当前设计工作区
打开	打开各种文件	全部保存	保存当前所有工作区
关闭	关闭当前文件	99SE 导入向导器	导入 99SE 中的设计文件
打开项目	打开各种项目文件	最近使用的文档	显示最近使用的文档
打开设计工作区	打开设计工作区	最近使用的项目	显示最近使用的项目
保存项目	保存当前项目	最近使用的工作区	显示最近使用的工作区
另存项目为	另存当前项目	退出	退出 Protel DXP 2004
保存设计工作区	保存当前设计工作区		

◆ "查看"菜单：该菜单用于查看和调用软件的工具栏、工作区面板、桌面布局等，其详细功能介绍如表 1-3 所示。

表 1-3　"查看"菜单

命 令	命 令 解 释
工具栏	显示或隐藏各工具栏
工作区面板	调用各工作区面板
桌面布局	控制软件的窗口布局
器件视图	打开器件视图页面，主要在 FPGA 系统设计中
主页	打开软件设计主页面
状态栏	显示/隐藏状态栏
显示命令行	显示/隐藏命令栏

◆ "收藏"菜单：该菜单主要用于收藏和管理用户的页面，类似浏览器；这里有 Add to Favorites 和 Organize Favorites，分别用于添加收藏页面和管理收藏页面。

◆ "项目管理"菜单：该菜单主要用于管理整个项目，包括添加新项目、添加已有项目、删除项目和保存项目等，其详细功能介绍如表 1-4 所示。

表 1-4 "项目管理"菜单

命 令	命 令 解 释
Compile（编译）	编译选定项目
显示不同点	显示与选定项目比较的不同点
追加已有项目到项目中	打开已有项目到当前项目中
从项目中删除	从当前项目删除选定文件
追加已存在项目	打开已存在项目
追加新项目	新建项目
打开项目中的文件	打开项目中的选定文件
版本控制	确认各个版本
项目管理选项	设置当前项目的选项

◆ "视窗"菜单：该菜单主要用于对已打开窗口进行管理，包括"水平排列视窗"、"垂直排列视窗"和"全部关闭"3 个命令。

◆ "帮助"菜单：该菜单提供了软件的各项帮助功能，包括帮助内容索引、查找和聪明查找。

1.4 Protel DXP 2004 文件管理

在开始设计实例之前，首先介绍 Protel DXP 2004 常用的文件类型和文档组织结构，以便用户更好地进行电路设计。

1.4.1 文件类型

利用 Protel DXP 2004 进行电路设计时，常用的文件类型有原理图、原理图元件库、PCB 等文件，可根据不同的设计任务创建对应的文件，详细介绍如表 1-5 所示。

表 1-5 Protel DXP 2004 常用文件类型

设计文件名	图 标	文 件 后 缀
原理图		SchDoc
PCB		PcbDoc
原理图元件库		SchLib
PCB 封装库		PcbLib
PCB 工程文件		PrjPCB
FPGA 工程文件		PrjFpg

这里以原理图的新建、添加、关闭等操作为例，介绍 Protel DXP 2004 软件中文件的操作。

（1）新建原理图

新建原理图有以下两种方式。

◆ 菜单栏："文件"→"创建"→"原理图"。

◆ FPGA 流程标准："□创建任意文件"→ ▣ Schematic Sheet 。

新建原理图如图 1-16 所示。

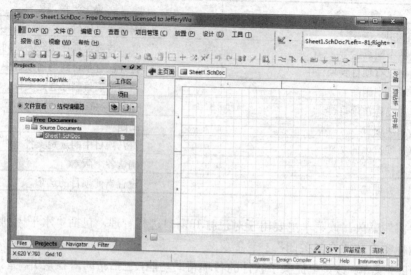

图 1-16　新建原理图

（2）添加原理图

与其他 Windows 软件类似，选择"文件"→"▣打开"命令，软件会弹出 Choose Document to Open 对话框，从中选择将要添加的文件。

（3）关闭原理图

关闭原理图有以下两种方式。

◆ 菜单栏："文件"→"关闭"。

◆ 原理图：右击 ▣ Sheet1.SchDoc → Close Sheet1.SchDoc 。

1.4.2　文档组织结构

Protel DXP 2004 的文档组织结构包括设计文档、项目和设计工作区 3 部分。设计文档为每个设计的个体，如原理图、PCB、原理图元件库和 PCB 封装库等文档；项目是每个具体的电路图设计的总体框架，将各个单独的设计文档组织在一起；设计工作区是将相关联的多个设计项目组织起来，完成一些复杂的电路设计项目。设计文档和项目的组织结构如图 1-17 所示。

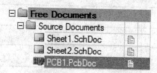

图 1-17　设计文档和项目的组织结构图

1.5 入门引例——RC 滤波电路

【光盘文件】

结果文件——参见附带光盘中的"实例\Ch1\RC 滤波器\RC 滤波器.SchDoc"、"实例\Ch1\RC 滤波器\RC 滤波器.PrjPCB"和"实例\Ch1\RC 滤波器\RC 滤波器.PcbDoc"文件。

动画演示——参见附带光盘中的"视频\Ch1\RC 滤波器\RC 滤波器.avi"文件。

RC 滤波电路的原理图及其 PCB 图如图 1-18 所示。

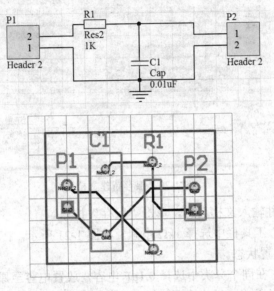

图 1-18 RC 滤波电路

1.5.1 电路设计的一般流程

无论是简单的或复杂的电路设计，其一般流程均可按照图 1-19 分解，通过 Protel DXP 2004 完成的重点是设计原理图、生成网络表格和设计 PCB。

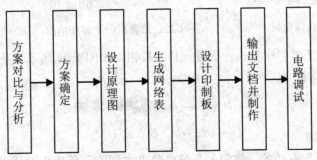

方案对比与分析 → 方案确定 → 设计原理图 → 生成网络表 → 设计印制板 → 输出文档并制作 → 电路调试

图 1-19 电路设计的一般流程

1.5.2 原理图设计

原理图设计的步骤如下：

（1）选择"文件"→"创建"→"原理图"命令，新建原理图。

（2）对文档进行存档，右击页面左边列表中的 Sheet1.SchDoc 文件，在弹出的快捷菜单中选择"保存"命令，如图 1-20 所示。

图 1-20　保存新建文档

（3）选择保存路径并输入文档名称，单击"保存"按钮。

（4）在"实用工具"工具栏中选择 1kΩ 电阻，如图 1-21 所示，在原理图上适当位置单击放置电阻，按 Esc 键退出放置状态。

（5）重复步骤（4），在同个分类中选择 0.1μF 电容，放置电容至原理图中，如图 1-22 所示。

（6）在电容的图标处单击，选中电阻，按下空格键，将电阻旋转 90°，并将其位置移动至如图 1-23 所示。

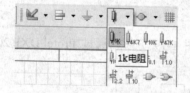

图 1-21　选择 1kΩ 电阻

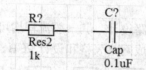

图 1-22　放置后的电容和电阻

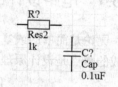

图 1-23　调整元件位置

（7）在"配线"工具栏中单击"放置元件"按钮，如图 1-24 所示，系统将弹出如图 1-25 所示的"放置元件"对话框。

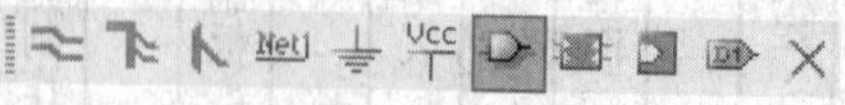

图 1-24　放置元件

（8）单击"履历"右边的□按钮，系统将弹出"浏览元件库"对话框，并在"库"下拉列表框中选择如图 1-26 所示的 Miscellaneous Connectors.IntLib 选项。

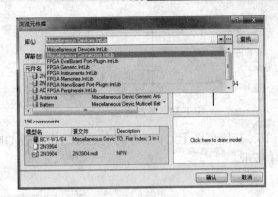

图 1-25　"放置元件"对话框　　　　　　　　图 1-26　"浏览元件库"对话框

（9）在该对话框的元件列表中选择 Header 2 选项，如图 1-27 所示，然后单击"确认"按钮，返回"放置元件"对话框，再单击"确认"按钮返回工作区。

（10）此时系统处于放置接插件的状态，在已放置电阻和电容右侧单击，放置第一个接插件，如图 1-28 所示。

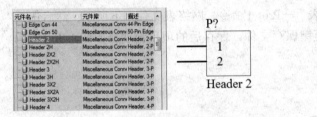

图 1-27　选择 Header 2 选项　　　　　　　　图 1-28　放置第一个接插件

（11）连续按两下空格键，将接插件旋转 180°，在已放置电阻和电容左侧单击，放置第二个接插件，如图 1-29 所示。

（12）分别双击"R？"、"C？"以及两个"P？"，在弹出的"参数属性"对话框中将"R？"、"C？"和两个"P？"依次改成"R1"、"C1"、"P1"和"P2"，如图 1-30 所示。

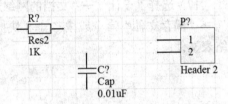

图 1-29　放置第二个接插件　　　　　　　　图 1-30　修改元件名称

（13）在"配线"工具栏中单击"放置导线"按钮，如图 1-31 所示。

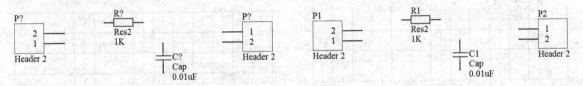

图 1-31　单击"放置导线"按钮

（14）将鼠标移到 R1 右端，单击后移至 C1 上端，再次单击后完成导线连接，继续在 R1 左端单击连接至 P1 第 2 引脚、C1 左端单击连接至 P1 第 1 引脚、R1 右端单击连接至 P2 第 1 引脚、C1 下端单击连接至 P2 第 2 引脚，连接完成后如图 1-32 所示。

（15）在"配线"工具栏中单击"GND 端口"按钮，如图 1-33 所示。

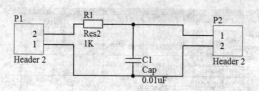

图 1-32　导线连接　　　　　　　　　图 1-33　单击"GND 端口"按钮

（16）在原理图上 C1 下方的交点处单击放置 GND 端口，按 Esc 键退出放置状态，放置后如图 1-34 所示。

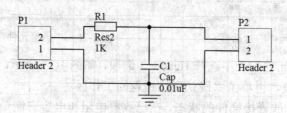

图 1-34　放置 GND 端口

（17）选择"设计"→"文档的网络表"→Protel 命令，网络表文件如下所示；然后选择"文件"→"保存文件"命令或按 Ctrl+S 快捷键保存文件。保存后的项目管理器如图 1-35 所示。

网络表文件：

```
[
C1
RAD-0.3
Cap
]

[
P1
HDR1X2
Header 2
]

[
P2
HDR1X2
Header 2
]

[
R1
AXIAL-0.4
Res2
]
```

```
(
GND
C1-1
P1-1
P2-2
)

(
NetC1_2
C1-2
P2-1
R1-2
)

(
NetP1_2
P1-2
R1-1
)
```

图 1-35　保存后的项目管理器

1.5.3　PCB 设计

PCB 设计的步骤如下：

（1）选择"文件"→"创建"→"项目"→"PCB 项目"命令，新建 PCB 项目文件。

（2）对文档进行存档，右击页面左边列表中的 PCB Project1.PrjPCB 选项，在弹出的快捷菜单中选择"保存"命令，弹出如图 1-36 所示的对话框。

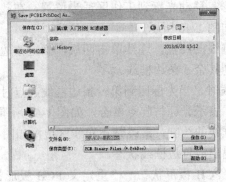

图 1-36　保存新建 PCB 文档

（3）选择保存路径并输入文档名称"RC 滤波器"，单击"保存"按钮。

（4）右击新保存的 PCB 项目文件，在弹出的快捷菜单中选择"追加已有文件到项目中"命令，如图 1-37 所示。

（5）选择本例文件夹下的"RC 滤波器.SchDoc"，然后单击"打开"按钮，将步骤（4）已完成的原理图文件添加到当前项目文件下。

（6）选择"文件"→"创建"→"项目"→"PCB 文件"命令，新建 PCB 文件。

图 1-37　选择"追加已有文件到项目中"命令

（7）对文档进行存档，右击页面左边列表中的 PCB1.PcbDoc 选项，在弹出的快捷菜单中选择"保存"命令，弹出如图 1-38 所示的对话框。

（8）选择保存路径并输入文档名称，单击"保存"按钮。

（9）选择"设计"→"PCB 板选择项"命令，系统将弹出如图 1-39 所示的"PCB 板选择项"对话框，按照图中所示设置 PCB 参数。

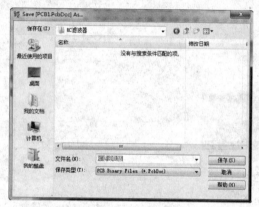

图 1-38　保存新建 PCB 文档

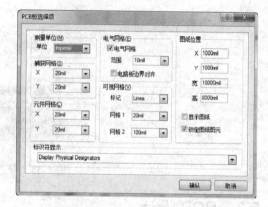

图 1-39　"PCB 板选择项"对话框

（10）单击 PCB 工作区右下角图层控制面板上的 Keep-Out Layer 标签，切换当前板层为 Keep-Out Layer（禁布层）。

（11）选择"放置"→"禁止布线区"→"导线"命令，进入绘制 PCB 边框命令状态。

（12）此时光标为十字形，移动光标到工作区适当位置，在起点位置单击确定边框线起点，如图 1-40 所示。

（13）移动光标至该边框线的终点，连续单击两次，确定该边框线。重复上述几个步骤，绘制其余 3 条边框线。

（14）绘制第 4 条边框线时，当光标回到第一条边框线起点时，光标中心会出现一个小圆圈，表示光标与起点重合，如图 1-41 所示，再次单击鼠标左键，完成边框线的绘制，最终禁止布线区边框如图 1-42 所示。

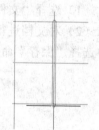

图 1-40　绘制边框线起点

（15）右击鼠标两次，退出放置边框线状态。

（16）选择"设计"→"PCB 板形状"→"重定义 PCB 板形状"命令，工作区变成绿色，光标变成十字形。

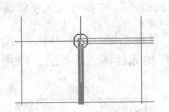

图 1-41　移动光标到边框线起点

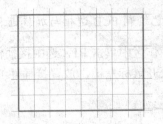

图 1-42　禁止布线区边框

（17）在禁止布线区外围一格栅格的位置单击，确定起点，如图 1-43 所示。

（18）移动光标至该边界线的终点，单击鼠标左键，确定该边界线。重复上述步骤，绘制其余 3 条边界线，完成 PCB 边界的绘制。最终 PCB 板边界（栅格区域）如图 1-44 所示。

图 1-43　确定 PCB 板起点

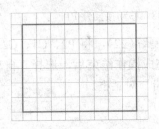

图 1-44　PCB 边界

（19）选择"设计"→"Import Changes From RC 滤波器.PrjPCB"命令，打开如图 1-45 所示的"工程变化订单（ECO）"对话框。

（20）单击"使变化生效"按钮检查所有操作是否有效，如图 1-46 所示。然后单击"执行变化"按钮，在 PCB 工作区内执行所有改变操作。

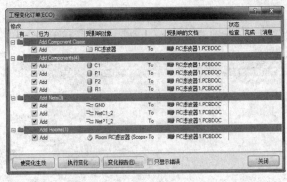

图 1-45　"工程变化订单（ECO）"对话框

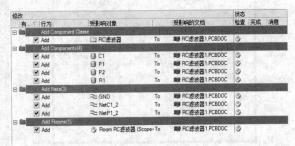

图 1-46　执行"使变化生效"检查

（21）单击"关闭"按钮，返回 PCB 编辑工作环境，此时工作区内容如图 1-47 所示。

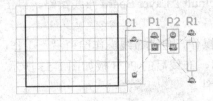

图 1-47　加载 SCH 电气信息后 PCB 的内容

提示： 如果已绘制 PCB 边框与加载进来的元件相比过小，可参照上述步骤调整 PCB 边框。

（22）在工作区中单击 P1，选中接插件 P1，按住鼠标左键，如图 1-48 所示，并移动光标至图中位置后，松开鼠标左键，放置接插件 P1，完成 P1 的元件移动，如图 1-49 所示。

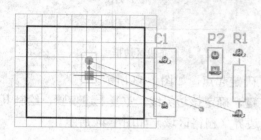

图 1-48　移动接插件 P1

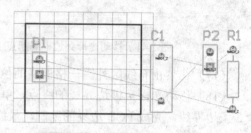

图 1-49　完成接插件 P1 的移动

（23）重复步骤（22），将 P2、C1、C2 按图 1-50 所示位置布局。

（24）布局完成操作结束后，选择"自动布线"→"全部对象"命令，打开如图 1-51 所示的"Situs 布线策略"对话框。

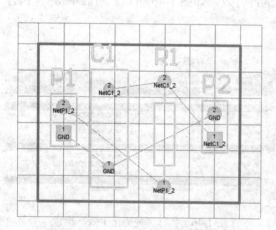

图 1-50　完成 P2、C1、C2 的布局

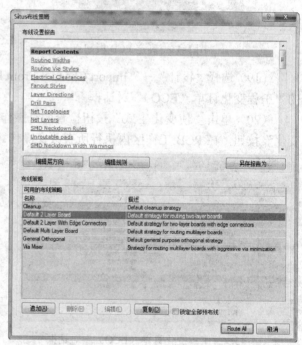

图 1-51　"Situs 布线策略"对话框

（25）按照默认选择的 Default 2 Layer Board 布线策略，单击右下角的 Route All 按钮，返回 PCB 工作区。

（26）系统执行自动布线操作，自动布线操作结束后，工作区内自动布线后如图 1-52 所示。

（27）关闭 Messages 窗口，布线后的 PCB 板如图 1-53 所示，选择"文件"→"保存文件"命令或按 Ctrl+S 快捷键保存文件。

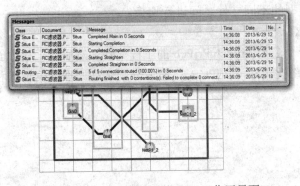

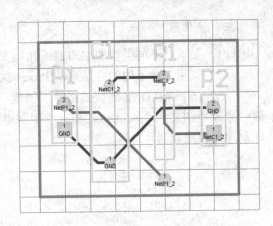

图 1-52　自动布线后的 PCB 工作区界面　　　　　图 1-53　完成 PCB 设计

1.6　习　　题

一、填空题

（1）Protel 是澳大利亚的 Altium 公司开发的一款_____软件，它在电子电路设计领域占有极其重要的地位。

（2）Protel DXP 2004 主要集成了_____、_____、_____、_____、电路仿真和信号完整新分析等功能。

（3）原理图设计系统主要用于_____的设计，印制电路板设计系统主要用于_____的设计。

（4）_____是连接原理图设计和 PCB 图设计的纽带。

（5）Protel DXP 主窗口即 Design Explorer DXP 窗口，该窗口主要由_____、_____、_____、_____、_____等组成。

二、选择题

（1）电子线路设计自动化软件的英文缩写为（　　）。

　　A．CAM　　　　　　B．CAD　　　　　　C．EDA　　　　　　D．CAE

（2）下列不属于 EDA 软件的是（　　）。

　　A．Protel　　　　　B．Pro/E　　　　　C．OrCAD　　　　　D．PADS

（3）Protel DXP 2004 中项目文件的文件名后缀为（　　）。

　　A．.IntLib　　　　　B．.SchDoc　　　　C．.PcbDoc　　　　D．.PrjPCB

（4）工作面板的显示方式不包括下面的（　　）。

　　A．自动隐藏　　　　B．锁定显示　　　C．半透明显示　　D．.PrjPCB

（5）（　　）项目文件用来组织与一个电路板设计有关的所有文件，包括原理图文件、网络表文件、PCB 文件、各种报表文件等，并保存有关设置。

　　A．PCB　　　　　　B．FPGA　　　　　C．集成库　　　　　D．嵌入式

三、操作题

（1）尝试在不同类型的编辑器或相同类型的不同文件之间进行切换。

（2）试用 3 种不同的方法启动 Protel DXP。

（3）在 Protel DXP 默认的路径下创建一个名为 MyPcb.PrjPcb 的工程文件，然后在工程中创建一个原理图文件（.SchDoc）和一个印制电路板文件（.PrjPCB），最后分别启动原理图编辑器和印制电路板编辑器。

第 2 讲　设计原理图

通过第 1 讲的详细介绍，可以了解 Protel DXP 2004 的开发环境、功能及基本相关操作，本讲主要介绍如何设计原理图。电路原理图即用导线将元器件连接起来组成电路，并按照统一的符号将它们表示出来。

本讲内容

- 实例·模仿——RC 正弦振荡电路
- 设计原理图的一般步骤
- 电路图设计工具栏
- 图纸设置
- 环境参数设置
- 放置元件

- 编辑元件
- 调整元件
- 更新元件编号
- 实例·操作——积分运算电路
- 实例·练习——单相整流电路

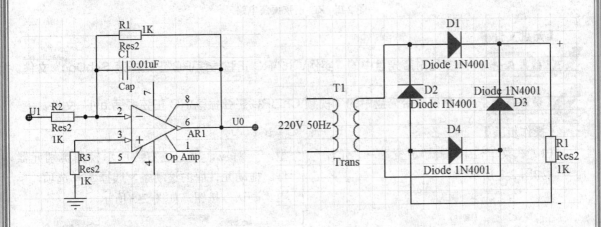

2.1　实例·模仿——RC 正弦振荡电路

RC 正弦振荡电路多种多样，最典型的是 RC 桥式正弦波振荡电路，其电路原理图如图 2-1 所示。

【思路分析】

该原理图由电阻、电容、导线组成，绘制此图的方法是先放置两个电阻和两个电容，然后用导线将其连接起来，最后放置电气节点和标识符，可完成全图，如图 2-2 所示。

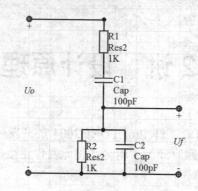

图2-1 RC 正弦振荡电路

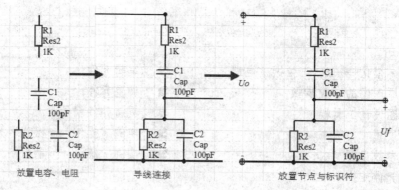

放置电容、电阻　　　　　导线连接　　　　　放置节点与标识符

图2-2 RC 正弦振荡电路

【光盘文件】

——参见附带光盘中的"实例\Ch2\RC 正弦振荡\RC 正弦振荡.SchDoc"文件。

——参见附带光盘中的"视频\Ch2\RC 正弦振荡\RC 正弦振荡.avi"文件。

【操作步骤】

（1）在菜单栏中选择"放置"→"元件"命令，如图2-3 所示。

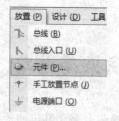

图2-3 选择"元件"命令

（2）在弹出的"放置元件"对话框中单击█按钮，位置如图2-4 所示。

（3）在弹出的"浏览元件库"对话框中，元件库中每一个型号的元器件均与右边的模型一一对应，可通过右边所示模型辨别元器件。拖动元件库的滚动条，选择█Cap 选项，单击"确认"按钮，如图2-5 所示。

图2-4 进入元件库

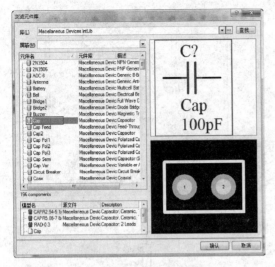

图 2-5 选择 Cap 元器件

（4）返回"放置元件"对话框，在"标识符"文本框中设置元件标识符，然后单击"确认"按钮，结果如图 2-6 所示。

图 2-6 修改标识符

（5）画布上出现电容 C1，按空格键将元器件逆时针翻转 90°，变成竖直方向，如图 2-7 所示。

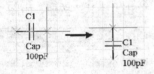

图 2-7 元器件的逆时针翻转

（6）在画布上合适位置单击，放置电容 C1，接着另选一位置单击，放置电容 C2（软件会自动将标识符变成 C2），按 Esc 键退出放置电容，如图 2-8 所示。

（7）在弹出的"放置元件"对话框中继续单击 按钮，在弹出的"浏览元件库"对话框中拖动元件库的滚动条，选择 Res2 选项，单击"确认"按钮。

（8）返回"放置元件"对话框，参考图 2-6 修改标识符，将"R?"改成"R1"，单

击"确认"按钮。重复类似步骤（5）、（6）的动作，将电阻 R1、R2 放置在画布上，如图 2-9 所示。

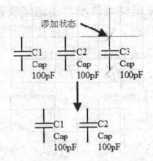

图 2-8 放置第二个电容和退出放置状态

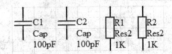

图 2-9 放置电阻 R1、R2

（9）在元器件上单击，选中元器件，并调整位置，以方便导线连接，如图 2-10 所示。

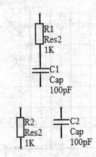

图 2-10 调整元器件位置

（10）选择"放置"→"导线"命令，在 C1 下末端单击鼠标左键，移动鼠标光标，出现导线，将光标移至 R2 上端，单击鼠标完成 C1 与 R2 的连接，如图 2-11 所示。

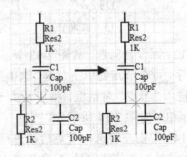

图 2-11 连接 C1 与 R2

（11）用同样的方法，将 C1 与 C2、R2 与 C2 另一端相连，并在需要外接信号的位置引出导线，单端连接时，在空置一端单击后，需要按 Esc 键结束该段导线连接放置，但仍在导线连接状态。完成导线连接后，按 Esc 键，退出导线连接状态，光标由正交十字符变成箭头，如图 2-12 所示。

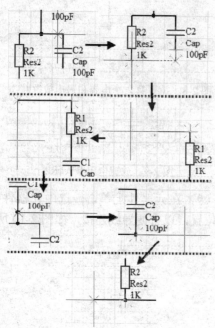

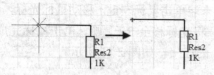

图 2-12　完成导线连接

（12）选择"放置"→"手工放置节点"命令，在 R1 上方外接信号末端单击，放置节点，如图 2-13 所示。

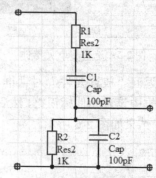

图 2-13　放置节点

（13）因设置问题，故图 2-13 显示节点近似于十字，可在节点处单击左键，选中节点后，右击，进入"节点"对话框，将尺寸由 Smallest 改成 Small，如图 2-14 所示。

（14）单击左键选中节点后，进行复制粘贴，放在其他 3 个外接信号端，如图 2-15 所示。

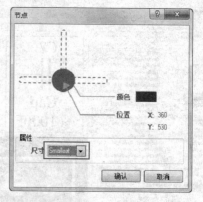

图 2-14　修改节点尺寸

图 2-15　放置其余 3 个节点

（15）选择"放置"→"文本字符串"命令，在 R1 上方外接信号末端附近单击，放置标识符，按 Esc 键退出放置标识符状态，双击标识符进入"注释"对话框进行修改，将"Text"改成"+"，单击"确认"按钮，如图 2-16 所示。

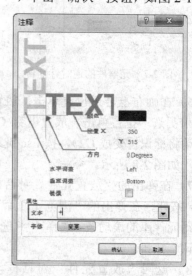

图 2-16　输入标识符

（16）重复放置标识符命令，完成其余 5 个标识符的放置和修改。至此，完成 RC 正弦振荡电路的绘制。

🔊 **提示：** "放置"菜单也可通过在画布空白处右击调用。

2.2　设计原理图的一般步骤

电路原理图是整个电路设计的基础，描述了各个元件之间的连接和电气关系。通常情况下，设计原理图包括以下 8 个步骤，如图 2-17 所示。

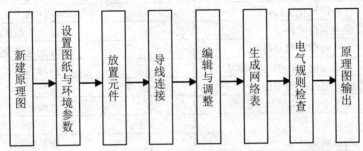

图 2-17　设计原理图基本步骤

（1）新建原理图：即启动原理图编辑器，在此开发环境中进行原理图的绘制。

（2）设置图纸与环境参数：对原理图设计环境进行设置，包括图纸大小、网格、光标以及系统参数等。一般情况下使用软件默认设置即可。

（3）放置元件：在加载元件数据库之后，将元件从元件库中提取出来，并对元件的参数、序号、封装类型等进行修改。

（4）导线连接：利用软件提供的导线放置工具，用具有电气意义的导线将元件连接起来，构成一个完整的电路原理图。

（5）编辑与调整：对元器件的属性和位置进行进一步的调整和修改，包括命名、导线移动、尺寸以及排列等，使得原理图更加美观和易读。

（6）生成网络表：电路原理图完成后，为方便后续制板及其他应用，需要生成一份网络表文件，即通过网络表，将原理图导入至 PCB 图中。

（7）电气规则检查：通过 Protel DXP 2004 的电气规则检查功能，对初步完成的电路图进行错误排查，用户可根据错误检查报告进一步完善原理图。

（8）原理图输出：该步骤包括两方面，一方面是输出各种报表，包括网络表、检查报告、元件清单等；另一方面是对完成的原理图执行保存、打印等操作。

2.3　电路图设计工具栏

Protel DXP 2004 提供了丰富的工具栏，方便用户对原理图进行编辑，常用的工具栏介绍如下。

（1）"原理图标准"工具栏

"原理图标准"工具栏为原理图文件提供基本的操作功能，如创建、保存、缩放等，如图 2-18

所示。表 2-1 列出了该工具栏中各个按钮的命令解释，有以下两种方法调用或隐藏该工具栏。

◆ 菜单栏："查看"→"工具栏"→"原理图标准"工具栏。

◆ 工具栏：空白处右击，在弹出的列表框中选择 ☑ 原理图 标准 。

图 2-18 "原理图标准"工具栏

表 2-1 "原理图标准"工具栏中各个按钮的命令解释

按 钮	命 令 解 释	按 钮	命 令 解 释
	创建任意文件		橡皮图章
	打开已存在文件		在区域内选取对象
	保存当前文件		移动选取的对象
	直接打印当前文件		取消选择全部当前文档
	生成当前文件的打印预览		清除当前过滤器
	打开器件视图页面		取消
	显示全部对象		重做
	缩放整个区域		改变设计层次
	缩放选定对象		交叉探测打开文档
	裁剪		浏览元件库
	复制		顾问式帮助
	粘贴		

（2）"导航"工具栏

"导航"工具栏如图 2-19 所示。表 2-2 列出了该工具栏各个按钮的命令解释，有以下两种方法调用或隐藏该工具栏。

◆ 菜单栏："查看"→"工具栏"→"导航"工具栏。

◆ 工具栏：空白处右击，在弹出的列表框中选择 ☑ 导航 。

图 2-19 "导航"工具栏

表 2-2 "导航"工具栏中各个按钮的命令解释

按 钮	命 令 解 释
D:\我的酷盘\author\protel DXP ▾	跳转到指定位置
◔ ▾	后退一步
◔ ▾	前进一步
⬆	返回到主页面
☆ ▾	添加至常用文件

（3）"格式化"工具栏

"格式化"工具栏如图 2-20 所示。表 2-3 列出了该工具栏中各个按钮的命令解释，有以下两种方法调用或隐藏该工具栏。

◆ 菜单栏："查看"→"工具栏"→"格式化"工具栏。
◆ 工具栏：空白处右击，在弹出的列表框中选择 格式化。

图 2-20 "格式化"工具栏

表 2-3 "格式化"工具栏中各个按钮的命令解释

按 钮	命 令 解 释
221 ▾ ...	颜色
▾ ...	区域色
▾	字体名称
▾	字体大小

（4）"实用工具"工具栏

"实用工具"工具栏如图 2-21 所示，有以下两种方法调用或隐藏该工具栏。

◆ 菜单栏："查看"→"工具栏"→"实用工具"工具栏。
◆ 工具栏：空白处右击，在弹出的列表框中选择 实用工具。

图 2-21 "实用工具"工具栏

"实用工具"工具栏中各按钮的作用介绍如下。

◆ "实用工具"：该系列提供了放置直线、多边形、椭圆弧、文本框、矩形等多种形状绘制功能。表 2-4 列出了该系列各个按钮的命令解释。

表 2-4 "实用工具"按钮

按 钮	命 令 解 释	按 钮	命 令 解 释
/	放置直线	□	放置矩形
⊠	放置多边形	▢	放置圆边矩形
⌒	放置椭圆弧	○	放置椭圆
∿	放置贝塞尔曲线	◔	放置饼图
A	放置文本字符串	🖼	放置图形
🄰	放置文本框	🔠	设定粘贴队列

◆ "调准工具"：该系列提供了左对齐、右对齐、中心对齐等多种元器件位置调整功能。表 2-5 列出了该系列各个按钮的命令解释。

表 2-5 "调准工具"按钮

按 钮	命 令 解 释	按 钮	命 令 解 释
▐	左对齐排列对象	▥	底部对齐排列对象
▌	右对齐排列对象	▦	垂直中心排列对象
♣	水平中心排列对象	▥	垂直等距分布排列对象
▥	水平等距分布排列对象	▯	排列对象到当前网格
▥	顶部对齐排列对象		

◆ "电源" ⏚ ▾：该系列提供了 GND、VCC、+5V 等多种电源端口。表 2-6 列出了该系列各个按钮的命令解释。

表 2-6 "电源" 按钮

按　钮	命　令　解　释	按　钮	命　令　解　释
	放置 GND 端口		放置波形电源端口
	放置 VCC 电源端口		放置条状电源端口
	放置+12V 电源端口		放置圆形电源端口
	放置+5V 电源端口		放置接地信号电源端口
	放置-5V 电源端口		放置地电源端口
	放置箭头状电源端口		

◆ "数字式设备" ▯ ▾：该系列提供了电阻、电容、与或非门等元器件。表 2-7 列出了该系列各个按钮的命令解释。

表 2-7 "数字式设备" 按钮

按　钮	命　令　解　释	按　钮	命　令　解　释
	1kΩ 电阻		四 2 输入与非门
	4.7kΩ 电阻		四 2 输入或非门
	10kΩ 电阻		六反相器
	47kΩ 电阻		四 2 输入与门
	100kΩ 电阻		四 2 输入或门
	0.01μF 电容		四总线缓冲器
	0.1μF 电容		双上升沿 D 型触发器
	1.0μF 电容		四 2 输入异或门
	2.2μF 电容		3 线-8 线译码器
	10μF 电容		八总线收发器

◆ "仿真电源" ◐ ▾：该系列提供了电源、正弦波、脉冲等仿真电源。表 2-8 列出了该系列各个按钮的命令解释。

表 2-8 "仿真电源" 按钮

按　钮	命　令　解　释	按　钮	命　令　解　释
	+5V 电源		+12V 电源
	-5V 电源		-12V 电源
	1kHZ 正弦波		1kHz 脉冲
	10kHz 正弦波		10kHz 脉冲
	100kHz 正弦波		100kHz 脉冲
	1MHz 正弦波		1MHz 脉冲

◆ "网格" ▦ ▾：用来切换、设置网格，如图 2-22 所示。

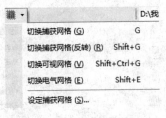

图 2-22 "网格"按钮

2.4 图 纸 设 置

新建原理图之后,要对图纸进行设置,包括确定图纸大小、方向、颜色、网格大小等内容,启动图纸属性设置窗口有以下两种方式。

◆ 菜单:"设计"→"文档选项"。
◆ 工作区:右击→"选项"→"文档选项"。

"文档选项"对话框如图 2-23 所示,包括"图纸选项"、"参数"和"单位"3 个选项卡,其中"图纸选项"选项卡能对图纸大小、方向、颜色、网格、系统字体、电气网格(光标)进行设置。

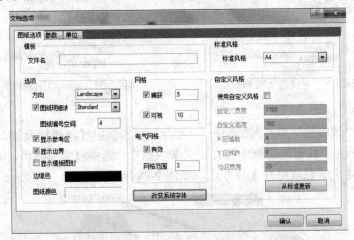

图 2-23 "文档选项"对话框

(1)图纸大小

Protel DXP 2004 为用户提供了标准风格和自定义风格两种设置图纸大小的方式。

◆ 标准风格:在"标准风格"下拉列表框中,有以下不同类型的标准图纸,如图 2-24 所示。
  ❖ 公制:A4、A3、A2、A1、A0。
  ❖ 英制:A、B、C、D。
  ❖ OrCAD:OrCAD A、OrCAD B、OrCAD C、OrCAD D、OrCAD E。
  ❖ 其他类型:Letter、Legal、Tabloid。
◆ 自定义风格:可以对非标准类型图纸进行设置,选中"使用自定义风格"复选框,激活自定义风格参数设置,可自定义参数如图 2-25 所示。其中,X 区域数、Y 区域数分别为设置 X 轴、Y 轴方向上索引格的个数,不改变图纸大小。

图 2-24 "标准风格"下拉列表框　　　　　图 2-25 "自定义风格"栏

🔊 **提示**：自定义尺寸单位均为千分之一英寸（mil），最大自定义图纸宽度为 65mil。

（2）图纸方向

原理图可设置成横向和纵向两种方式，在"选项"栏中选择"方向"下拉列表框中的 Landscape（横向）或 Portrait（纵向）选项，如图 2-26 所示。

（3）图纸明细表

图纸的明细表可设置成两种格式，分别为 Standard（标准格式）和 ANSI（美国国家标准学会格式），在"选项"栏中选中"图纸明细表"复选框使用明细表，选择下拉列表中的 Standard 或 ANSI 选项，如图 2-27 所示。

图 2-26 "方向"下拉列表框　　　　　图 2-27 图纸明细表设置

（4）图纸颜色

图纸颜色分为"边缘色"和"图纸颜色"，可分别单击颜色区域进行设置，选中目标颜色值，单击"追加自定义颜色"按钮添加到下方自定义颜色框中，选中自定义颜色，单击"确定"按钮，完成颜色设置。自定义颜色取值有 3 种方式，如图 2-28 所示。

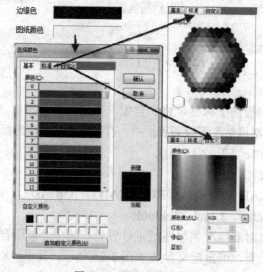

图 2-28 图纸颜色设置

（5）网格和电气网格

网格是将原理图纸按一定距离的虚拟线划分，以方便原理图的绘制，同理，电气网格是具有电气特性的网格，以方便布线和绘制。为此，Protel DXP 2004 提供了"网格"和"电气网格"选项，设置捕获网格、可视网格和电气网格的尺寸，单位为 mil，如图 2-29 所示。

图 2-29　网格、电气网格设置

📢 提示：捕获网格的值应该比电气网格的值稍大，否则会影响元器件连接。

2.5　环境参数设置

完成图纸设置之后，需要对原理图设计环境参数进行设置，这关系到原理图绘制的正确性和易读性。启动图纸属性设置窗口有以下两种方式。

◆　菜单："工具"→"原理图优先设定"。
◆　工作区：右击→"选项"→"原理图优先设定"。

"优先设定"对话框如图 2-30 所示，包括 Schematic-General、Schematic-Graphical Editing、Schematic-Compiler 等多个选项卡，供用户对各种原理图参数进行设置，这里主要详述常用的 Schematic-General、Schematic-Graphical Editing 选项卡。

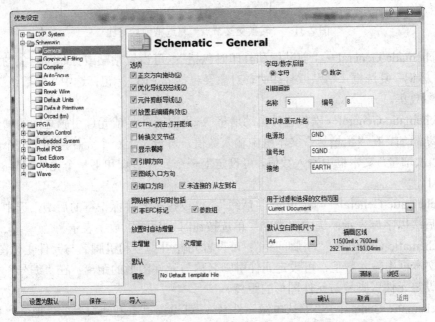

图 2-30　"优先设定"对话框中的 Schematic-General 选项卡

（1）Schematic-General→"选项"：该栏共包括 11 个复选框，其意义如表 2-9 所示。

表2-9　Schematic-General→"选项"设置意义

复选框	解释
正交方向拖动	选中后，只能以正交方式移动或插入元件；未选中时，元件以环境设置的分辨率移动
优化导线及总线	选中后，可自动省略重叠的导线，防止多余导线、重叠导线相互交叉
元件剪断导线	选中"优化导线及总线"时，可激活该复选框。选中后，移动元件到导线上，可自动剪断导线，并将导线连接到元件引脚上
放置后编辑有效	选中后，可直接在文本字段中直接编辑，否则只能在属性对话框中编辑
CTRL+双击打开图纸	选中后，双击图纸中的元件或子图，可选中元件或打开子图，否则将打开"元件属性"对话框
转换交叉节点	选中后，在 T 字连接处添加第 4 个方向的导线时，会自动形成两个相邻的连接点，否则，会产生两条无相连的交叉导线，如图 2-31 所示
显示横跨	选中后，将在两无连接交叉导线的十字相交处用圆弧显示
引脚方向	选中后，原理图会显示元件引脚的信号方向，用三角符号表示
图纸入口方向	选中后，会显示层次原理图入口，否则，只显示入口的基本形状
端口方向	选中后，端口属性框中"样式"的设置被 I/O 类型选项覆盖
未连接的 从左到右	选中"端口方向"复选框时，可激活该复选框。选中后，未连接的端口显示为从左到右

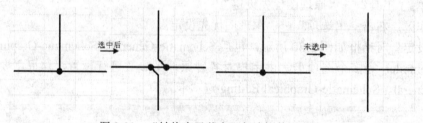

图 2-31　"转换交叉节点"复选框前后对比

（2）Schematic-General→"剪贴板和打印时包括"：可设置粘贴或打印时对象的选取，若选中"非 ERC 标记"复选框，粘贴或打印时，对象会包括非 ERC 标记；选中"参数组"复选框时，对象会包括参数集。

（3）Schematic-General→"放置时自动增量"：设置元件号或元件引脚之间的增量大小，并在放置时自动添加。在"主增量"文本框中输入数值，可设定上一个元件号和下一个元件号的自动增量；在"次增量"文本框中输入数值，可设定上一个元件引脚和下一个元件引脚的自动增量。一般默认为1。

（4）Schematic-General→"字母/数字后缀"：可设置多元件标识符的后缀，选中"字母"单选按钮时，后缀以字母表示；选中"数字"单选按钮时，后缀以数字表示。

（5）Schematic-General→"引脚间距"：可设置元件引脚号和引脚名与元件主体图形的距离。在"名称"文本框中输入数值，可设定元件引脚名称与元件图形的距离；在"编号"文本框中输入数值，可设定元件引脚号与元件图形的距离。

（6）Schematic-General→"默认电源元件名"：可设置"电源地"、"信号地"、"接地"的电源名称。在"电源地"文本框中输入相应字母，可设定电源地在图纸中的名称，"信号地"、"接地"名称的设置与此类似。

（7）Schematic-General→"用于过滤和选择的文档范围"：可选择应用到文档的过滤和选择集的范围，分别可选择"当前文档（Current Document）"或"所有打开文档（Open Document）"。

（8）Schematic-General→"默认空白图纸尺寸"：可设置默认空白图纸的尺寸，"默认空白图纸尺寸"下拉列表框中有不同尺寸的图纸。

（9）Schematic-General→"默认"：可设置默认模板文件。设置后，进行新的原理图设计，会根据该模板文件加载到新原理图的环境变量。单击"清除"按钮清除模板，单击"浏览"按钮添加模板。

（10）Schematic-Graphical Editing→"选项"：该栏包括 13 个复选框，可设置原理图的编辑环境。Schematic-Graphical Editing 选项卡如图 2-32 所示，"选项"栏中各复选框的意义如表 2-10所示。

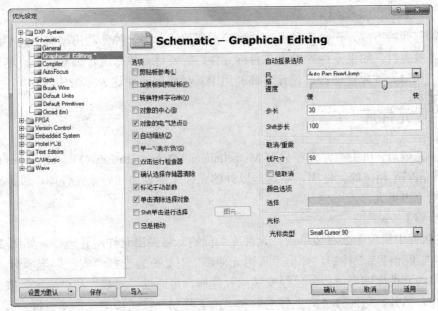

图 2-32 "优先设定"对话框中的 Schematic-Graphical Editing 选项卡

表 2-10 Schematic-Graphical Editing→"选项"设置意义

复 选 框	解 释
剪贴板参考	选中后，用户进行复制或剪贴时，软件会要求用户选择一参考点，以便后面粘贴位置的确定
加模板到剪贴板	选中后，用户进行复制或剪贴时，软件会将现有模板加载到剪贴板上
转换特殊字符串	选中后，原理图中特殊字符串将转换成相应的内容显示出来
对象的中心	选中后，可以使元件对象通过参考点或中心点进行移动
对象的电气热点	选中后，元件对象可以依据最近的电气点进行移动
自动缩放	选中后，当插入或选择某一元件时，原理图可自动缩放，以达到合适的比例显示该元件
单一"\"表示"负"	选中后，可以把"\"加在字段或标识符处，表示为该值取反
双击运行检查器	选中后，在元件对象上双击，将弹出检查器对话框，而不是属性对话框。建议不选中该复选框
确认选择存储器清除	选中后，当在"储存器选择"对话框中欲删除一个已有储存器时，单击"清除"按钮将弹出"确认"对话框，否则，不会出现"确认"对话框

续表

复 选 框	解 释
单击清除选择对象	选中后，用户可以在选取元件以外任意位置单击取消该对象的选取状态，否则，只能在对象上单击取消选取状态，而不能在任意位置
Shift 单击进行选择	选中后，必须按住 Shift 键，同时单击对象才能选中
标记手动参数	该选项用于设定是否显示人工参数标记
总是拖动	选中后，则元件移动时保持原来的电器关系不变，不选取该项则元件原先的电气连接会改变

2.6 放 置 元 件

放置元件有两种方式，一种为利用元件库管理器放置，另一种为利用现有工具栏放置。利用元件库管理器放置时，如果元件库中没有目标元件，需要对元件库进行装载扩充。本节主要讲述装载元件库、利用元件库管理器放置元件和利用工具栏放置元件这 3 方面的内容。

2.6.1 装载元件库

软件安装完成后，可用的元件库只有 Miscellaneous Devices.IntLib、Miscellaneous Connectors. IntLib 和一些 FPGA 相关的元件库，除这些以外的元件库需要加载外来元件库，以扩充软件元件库，使得适用范围更大。

【操作步骤】

（1）在软件中原理图纸右边单击"元件库"标签，将弹出元件库管理器，如图 2-33 所示。

（2）单击"元件库"按钮，弹出"可用元件库"对话框，选择"安装"选项卡，如图 2-34 所示，列表中的元件库即当前软件已经安装的元件库，可通过"安装"和"删除"按钮进行添加和删除元件库。另外，可通过"向上移动"和"向下移动"按钮移动元件库位置。

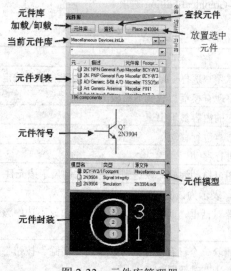

图 2-33 元件库管理器

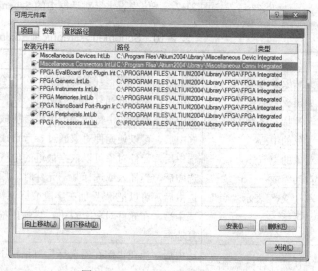

图 2-34 "可用元件库"对话框

（3）单击"安装"按钮，弹出打开文件对话框。选择所要添加的文件后，单击"打开"按钮，将元件库添加到已安装元件库列表中。

选择某一元件库，单击"删除"按钮，将选中的元件库从已安装元件库列表中删除。单击"向上移动"或"向下移动"按钮可移动元件库在已安装元件库列表中的位置。

2.6.2 利用元件库管理器放置元件

如 2.6.1 节所讲，在原理图纸右边单击"元件库"标签，弹出元件库管理器。一般情况下，有如下几种情况的元件放置，并以常见的电阻 R 为例进行讲解。

（1）元件库和元件名都已知

这种情况主要针对常用的元件放置。这种情况下，可直接在"当前元件库"下拉列表框中选择已知元件库，并在其下面的搜索框中输入已知元件名（或关键字），"元件列表"中将显示该目标元件，选中该元件，单击上面的"Place×××（选中元件名）"按钮，即可将元件显示在图纸中，选择好放置位置后单击，即可完成元件的放置。一次放置后，软件还处于当前元件的放置状态，可多次放置，取消则按 Esc 键。

例如，已知电阻 R 在元件库 Miscellaneous Devices. IntLib 中，元件名为 Res2，那么可以在元件库管理器中进行上面所述的操作，如图 2-35 所示。

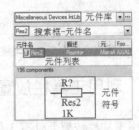

图 2-35 元件库和元件名都已知的元件放置

🔊 **提示**：双击元件列表中的元件名可替代单击"Place ×××（选中元件名）"按钮。

（2）元件库已知、元件名未知

这种情况特别针对常见但不常用的元件，因为元件的命名多以"英文缩写+数字"命名，一般用户很难记住所有自带的元件名，但知道在哪个分类里。

对于这种情况，可直接在"当前元件库"下拉列表框中选择已知元件库，并在其下面的搜索框中输入元件关键字，"元件列表"中将显示含有该关键字的所有元件，在元件列表中单击第一个元件，然后从上至下依次选中每个元件，根据"元件符号"中所示元件判别是否为目标元件，如果是，单击上面的"Place ×××（选中元件名）"按钮，即可将元件显示在图纸中，选择好放置位置后单击，即可完成元件的放置。

例如，放置一个可调电阻 R_{adj}，在元件库和元件名都已知的例子基础上，可知 R_{adj} 会在元件库 Miscellaneous Devices.IntLib 中，而元件名未知，按照上面所述进行操作，输入关键词 R 或 Res，可找到可调电阻 R_{adj} 进行放置，如图 2-36 所示。

🔊 **提示**：元件列表中的元件名会有 Res1、Res2、Res3 和 Res Adj1、Res Adj2 等不同的电阻，区别在于封装不同。

（3）元件库（软件已有）未知、元件名未知

这种情况针对的是常见而没使用过的元件，因为元件库的命名多以类别命名，如软件自带的 Devices 和 Connectors，分别代表器件和连接器两种类别，对于常见的电容、电阻、232 接口等，都分别属于这两种类别，找起来很方便，而如果元件库中不仅有自带的元件库，还有自己安装的

其他元件库，那么对于类别的区别也比较麻烦。

对于这种情况，可直接使用元件库管理器的搜索功能进行元件库搜索。单击 Search... 按钮，弹出"元件库查找"对话框，在搜索框中输入元件名称或关键字，在"查找类型"下拉列表框中选择 Components 选项，在"范围"栏中默认选中"可用元件库"单选按钮，此时路径为默认的软件自带元件库地址。单击 √ 查找(S) 按钮进行元件库搜索，如图 2-37 所示。

图 2-36　元件库已知和元件名未知的元件放置

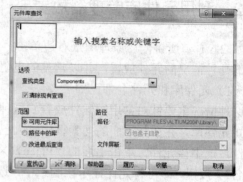

图 2-37　元件库未知和元件名未知的元件放置

2.6.3　利用工具栏放置元件

利用工具栏放置元件有 3 种方式可打开"放置元件"对话框。

◆ 菜单栏："放置"→"元件"。

◆ "布线"工具栏："放置元件"。

◆ 工作区：右击→"放置"→"元件"。

打开"放置元件"对话框后，单击 按钮，进入"浏览元件库"对话框，该对话框的操作与 2.6.1 中图 2-33 完全一样，如图 2-38 所示，只是各个列表位置摆放不一致，这里就不再详述。当在"浏览元件库"对话框中选到目标元件后，单击"确认"按钮，返回"放置元件"对话框，再单击"确认"按钮，在图纸中目标位置单击完成元件放置。

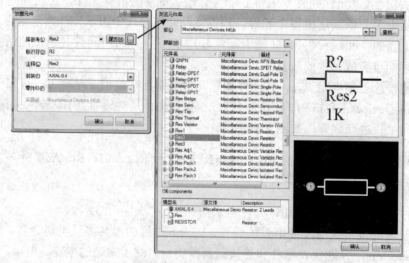

图 2-38　"放置元件"对话框和"浏览元件库"对话框

2.7 编辑元件

2.7.1 编辑元件整体属性

打开元件整体属性有以下两种方式。

◆ 选中元件→右击→"属性"。

◆ 双击元件主图形。

"元件属性"对话框如图 2-39 所示,这里以 R1 为例进行介绍。

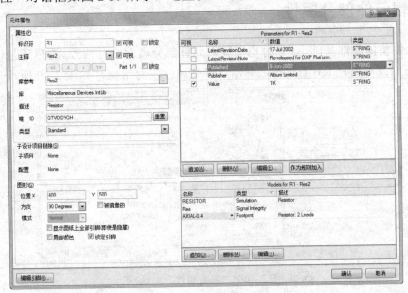

图 2-39 "元件属性"对话框

元件整体属性分为 5 部分:属性、子设计项目链接、图形、参数、模型。

(1)属性

◆ 标识符:当前元件的标识符,可通过文本框进行修改,"可视"复选框用于设置显示或隐藏,"锁定"复选框用于设置是否可修改。标识符是唯一的,当前原理图中不允许有重复命名。

◆ 注释:用于显示元件的注释,通过文本框可修改显示注释内容,"可视"复选框用于设置显示或隐藏。

◆ 库参考和库:当前元件在元件库中的名称和元件库名称。

◆ 描述和唯一 ID:描述为当前元件的详细描述,与注释相比,更加具体,且不用缩写,因为该描述不在图纸中显示。唯一 ID 为当前元件在软件中的识别码,类似人的身份证号码。

◆ 类型:默认选择 Standard 选项,因为只有 Standard 具有电气特性,适合原理图绘制。

(2)图形

◆ 位置 X、Y:用户可以修改元件的 X、Y 坐标,改变元件位置,单位为 0.1in。

◆ 方向:修改元件放置角度,下拉列表中有 0°、90°、180°、270° 4 种。"被镜像的"

复选框用来选择元件是否相对 X 轴对称，选中为对称模式。

◆ 模式：某些元件有多种显示模式，可在下拉列表中选择。

（3）参数

该部分为元件的变量，包括数值、版本号、日期等参数，其中"追加"按钮可添加新模型、"删除"按钮可去除已有模型、"编辑"按钮可修改已有模型。单击"编辑"按钮，弹出"参数属性"对话框，可对已选变量进行修改。

（4）模型

模型部分为一些与元件相关的仿真模型、信号混合模型和封装形式，通过"追加"按钮可添加新模型，通过"删除"按钮可去除已有模型，通过"编辑"按钮可修改已有模型。

2.7.2 编辑元件部分属性

在编辑元件整体属性基础上，有时也可针对元件部分属性进行修改。这里还是以电阻 R 为例，对 R 的标识符修改，可在 R1 上双击，弹出"参数属性"对话框，如图 2-40 所示。

图 2-40 "参数属性"对话框

"参数属性"对话框包含 3 部分内容：名称、数值和属性，可直接在该对话框中编辑指定变量属性。常用的有修改标识符（如 R1 改成 R2）和元件大小（如 1K 改成 2K），利用此功能比整体属性编辑更为方便。

2.8 调 整 元 件

2.8.1 元件的位置调整

（1）元件的移动

移动元件有以下两种方式。

◆ 菜单栏："编辑"→"移动"→"移动"。

选择"移动"命令后，光标变成正十字形，将光标移到所要移动元件上单击，即可把元件改变为移动状态，如图 2-41 所示。

◆ 工作区：选中所要移动元件，光标变成十字形后，单击按住鼠标移动元件。

（2）元件的拖动

元件的拖动是指移动元件时，与元件相连接的导线将始终与元件连接，自动缩短或伸长，如图 2-42 所示。元件的拖动功能可通过"编辑"→"移动"→"拖动"命令启动。

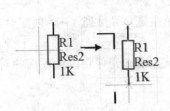

图 2-41　利用菜单栏移动元件

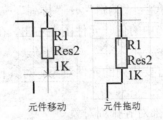

图 2-42　移动元件与拖动元件的对比

2.8.2　元件的对齐和排列

第 2.3 节中的"实用工具"工具栏中提及元件的对齐和排列，本节将继续详述此项功能来实现元件的对齐和排列。

（1）左对齐排列对象

实现左对齐排列有以下两种方式。

◆　菜单栏："编辑"→"排列"→"左对齐排列"。

◆　在选中的任一元件图上右击，在弹出的快捷菜单中选择"排列"→"左对齐排列"命令。

选中所有要排列的元件对象，对其使用以上任一方式，所选元件则以最左边的对象为基准移到同一条线上，如图 2-43 所示。

（2）右对齐排列对象

实现右对齐排列有以下两种方式。

◆　菜单栏："编辑"→"排列"→"右对齐排列"。

◆　在选中的任一元件图上右击，在弹出的快捷菜单中选择"排列"→"右对齐排列"命令。

选中所有要排列的元件对象，对其使用以上任一方式，所选元件则以最右边的对象为基准移到同一条线上。

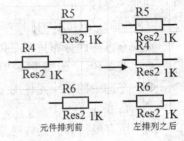

图 2-43　元件左排列前后对比

（3）水平中心排列对象

实现水平中心排列有以下两种方式。

◆　菜单栏："编辑"→"排列"→"水平中心排列"。

◆　在选中的任一元件图上右击，在弹出的快捷菜单中选择"排列"→"水平中心排列"命令。

选中所有要排列的元件对象，对其使用以上任一方式，所选元件则以中间最短距离的垂直线为基准移到同一条线上。

（4）水平等距分布排列对象

实现水平等距分布排列有以下两种方式。

◆　菜单栏："编辑"→"排列"→"水平等距分布排列"。

◆　在选中的任一元件图上右击，在弹出的快捷菜单中选择"排列"→"水平等距分布排列"命令。

选中所有要排列的元件对象，对其使用以上任一方式，所选元件将以水平距离处于中间的元件移到最左和最右元件的中点位置。

（5）顶部对齐排列对象

实现顶部对齐排列对象有以下两种方式。

◆ 菜单栏："编辑"→"排列"→"顶部对齐排列对象"。

◆ 在选中的任一元件图上右击，在弹出的快捷菜单中选择"排列"→"顶部对齐排列对象"命令。

选中所有要排列的元件对象，对其使用以上任一方式，所选元件将以最顶部的对象为基准移到同一条线上。

（6）底部对齐排列对象

实现底部对齐排列对象有以下两种方式。

◆ 菜单栏："编辑"→"排列"→"底部对齐排列对象"命令。

◆ 在选中的任一元件图上右击，在弹出的快捷菜单中选择"排列"→"底部对齐排列对象"命令。

选中所有要排列的元件对象，对其使用以上任一方式，所选元件将以最底部的对象为基准移到同一条线上。

（7）垂直中心排列对象

实现垂直中心排列有以下两种方式。

◆ 菜单栏："编辑"→"排列"→"垂直中心排列"。

◆ 在选中的任一元件图上右击，在弹出的快捷菜单中选择"排列"→"垂直中心排列"命令。

选中所有要排列的元件对象，对其使用以上任一方式，所选元件则将以中间元件中心线为基准移到同一条线上。

（8）垂直等距分布排列对象

实现垂直等距分布排列有以下两种方式。

◆ 菜单栏："编辑"→"排列"→"垂直等距分布排列"。

◆ 在选中的任一元件图上右击，在弹出的快捷菜单中选择"排列"→"垂直等距分布排列"命令。

选中所有要排列的元件对象，对其使用以上任一方式，所选元件则将垂直距离处于中间的元件移到最顶和最底元件的中点位置。

（9）排列对象到当前网格

实现排列对象到当前网格有以下两种方式。

◆ 菜单栏："编辑"→"排列"→"排列对象到当前网格"。

◆ 在选中的任一元件图上右击，在弹出的快捷菜单中选择"排列"→"排列对象到当前网格"命令。

选中所有要排列的元件对象，对其使用以上任一方式，所选元件则将元件移动到最近的网格上。

2.9　更新元件编号

当元件数量较多或直接复制元件后出现元件编号重叠或检查不便时，可利用 Protel DXP 2004

的自动更新元件编号功能对元件进行编号，可通过菜单栏的"工具"→"注释"命令打开"注释"对话框，如图 2-44 所示。

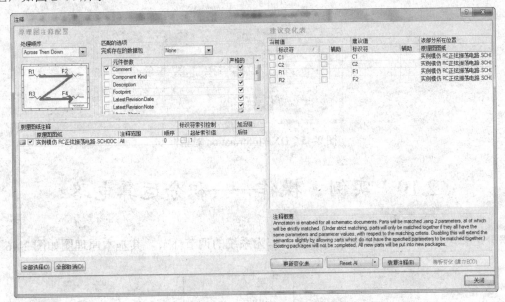

图 2-44　"注释"对话框

该原理图注释配置包含处理顺序、匹配的选项、原理图纸注释、建议变化表。

（1）处理顺序

对注释的处理顺序有 4 种模式：先上后右、先下后右、先右后上、先右后下。图 2-44 中为"先右后下"模式。左右和上下是基于元件的坐标，同一纵坐标下有左右之分，如无同一纵坐标元件，以其大小区分上下。

（2）匹配的选项

针对原理图的元件编号，默认情况下只选择"元件参数"列中的 Comment 和 Library Reference 复选框，对元件的编号内容进行修改。

（3）原理图纸注释

当存在多份原理图需要统一元件编号时，在原理图纸注释中可将需要统一编号的原理图选中，即可在后面的编号中实现选中原理图的统一编号。

（4）建议变化表

建议变化表部分列出所有元件的当前值和建议值，单击"接受变化（建立 ECO）"按钮后，软件将把建议值修改成元件的标识符。

更新元件编号的操作步骤如下：

（1）在"处理顺序"下拉列表框中选择 Across Then Down（先右后下）选项，确认"匹配的选项"栏中选中 Comment 和 Library Reference 复选框，"原理图图纸"列中选中目标图纸，这里为"实例模仿 RC 正弦振荡电路.SCHDOC"。

（2）单击 Reset All 按钮，弹出 DXP Information 对话框，提示即将重置 N 个元件，如图 2-45 所示。

（3）单击 OK 按钮后，"建议变化表"中将所有元件的建议值修改成"C？"或"R？"。

（4）单击"更新变化表"按钮，软件自动按"处理顺序"给出标识符的建议值，可在"建议变化表"中查看。确认无误后，单击"接受变化（建立 ECO）"按钮即可完成标识符在图纸中的修改。

图 2-45　DXP Information 对话框

2.10　实例·操作——积分运算电路

积分运算电路在控制系统中较为常见，作为系统的调节环节，其基本原理图如图 2-46 所示。

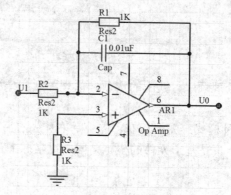

图 2-46　积分运算电路

【思路分析】

积分运算电路由电阻、电容、运算放大器、导线组成，绘制此图的方法是先放置 3 个电阻、一个电容和一个运算放大器，经过位置调整后，用导线将其连接起来，最后放置电气节点和标识符，可完成全图，如图 2-47 所示。

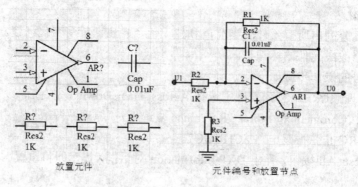

放置元件　　　　　　　元件编号和放置节点

图 2-47　积分运算电路的绘图步骤

【操作步骤】

（1）选择"放置"→"元件"命令，如图 2-48 所示。

图 2-48 选择"元件"命令

（2）在弹出的"放置元件"对话框中单击 按钮，进入元件库选择元件，位置如图 2-49 所示。

图 2-49 进入元件库

（3）在"浏览元件库"对话框中，元件库中每一个型号的元器件均与右边的模型一一对应，可通过右边所示模型辨别元器件。拖动元件库的滚动条，选择 Cap 选项，单击"确认"按钮，如图 2-50 所示。

（4）返回"放置元件"对话框，在"标识符"文本框中设置元件标识符，然后单击"确认"按钮，在图纸上单击完成电容放置。

（5）重复步骤（2）操作，在"浏览元件库"对话框中选择 Res2 选项，单击"确认"按钮，返回"放置元件"对话框，再次单击"确

认"按钮，回到图纸上单击 3 次，连续放置 3 个电阻。

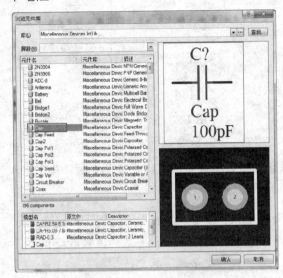

图 2-50 选择 Cap 元器件

（6）重复步骤（2）操作，在"浏览元件库"对话框中选择 Op Amp 选项，连续单击两次"确认"按钮后，在图纸上单击完成运算放大器的放置，元件放置后如图 2-51 所示。

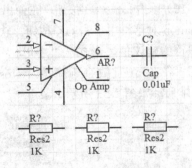

图 2-51 元件放置

（7）以运算放大器为中心，分别调整电容和电阻位置，调整方法分别为单击电阻和电容元件主图形，选中元件，移动到与原有原理

图元件相对应的位置，并对其中一个电阻在移动过程中按一次空格键，翻转 90°。调整完位置后效果如图 2-52 所示。

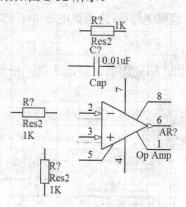

图 2-52 元件调整位置后

（8）选择"放置"→"导线"命令，将元件附近相连接的引脚连接在一起，并在输入输出端引出一段空导线。

📢 提示：放置"导线"状态时，可通过 Esc 键结束一段导线的连接和退出放置"导线"状态。

（9）选择"工具"→"注释"命令，弹出"注释"对话框，在"处理顺序"栏中选择 Across Then Down 选项，在"匹配的选项"栏中选中 Comment 和 Library Reference 复选框，以上三者均为默认值。

（10）单击 更新变化表 按钮，在弹出的 DXP Information 对话框中单击 OK 按钮。软件将修改标识符的建议值，形式从"字母+？"变成"字母+数字"，且数字顺序按 Across Then Down 排列，如图 2-53 所示。

当前值		建议值		该部分所在位置
标识符	辅助	标识符	辅助	原理图图纸
□ AR?	□	AR1		实例练习 积分运算电路.SCHDOC
□ C?	□	C1		实例练习 积分运算电路.SCHDOC
□ R?	□	R2		实例练习 积分运算电路.SCHDOC
□ R?	□	R1		实例练习 积分运算电路.SCHDOC
□ R?	□	R3		实例练习 积分运算电路.SCHDOC

图 2-53 自动更新建议值

（11）单击 接受变化(建立ECO) 按钮，弹出"工程变化订单（ECO）"对话框，单击 执行变化 按钮，

用建议值代替原有编号，执行完毕后单击"关闭"按钮返回"注释"对话框，再单击"关闭"按钮退出，完成元件编号的更新，如图 2-54 所示。

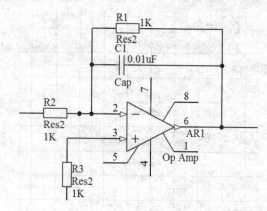

图 2-54 完成元件编号更新

（12）选择"放置"→"手工放置节点"命令，在 R2 左方外接信号末端单击，放置节点，并设置尺寸属性为 Small。在 AR1 右方输出信号末端重复以上操作。

（13）选择"放置"→"文本字符串"命令，分别在两个节点处放置标识符，按 Esc 键退出放置标识符状态，双击标识符进入"注释"对话框进行修改，分别将 Text 改成 U1 和 U0。

（14）选择"放置"→"电源端口"命令，将"地"符号放置在 R3 下，与 R3 相连，完成原理图的绘制，如图 2-55 所示。

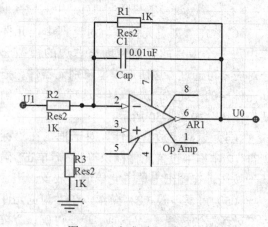

图 2-55 完成原理图的绘制

2.11　实例·练习——单相整流电路

单相整流电路图如图 2-56 所示。

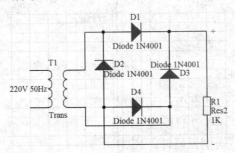

图 2-56　单相整流电路

【思路分析】

　　单相整流电路由电阻、二极管、变压器、导线组成，此图的绘制方法是先放置 1 个电阻、4 个电容和 1 个变压器，经过位置调整后，用导线将其连接起来，最后放置电气节点和标识符，可完成全图，如图 2-57 所示。

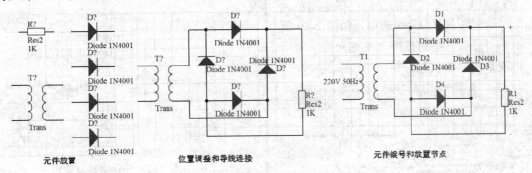

图 2-57　单相整流电路的绘制步骤

【光盘文件】

　　结果文件——参见附带光盘中的"实例\Ch2\单相整流电路\单相整流电路.SchDoc"。

　　动画演示——参见附带光盘中的"视频\Ch2\单相整流电路\单相整流电路.avi"文件。

【操作步骤】

　　（1）选择"放置"→"元件"命令，如图 2-58 所示。

　　（2）在弹出的"放置元件"对话框中单击▣按钮，进入元件库选择元件，位置如图 2-59 所示。

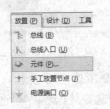

图 2-58　选择"元件"命令

图 2-59　进入元件库

（3）在"浏览元件库"对话框中，元件库中每一个型号的元器件均与右边的模型一一对应，可通过右边所示模型辨别元器件。拖动元件库的滚动，选择 Res2 选项，单击"确认"按钮。

（4）返回"放置元件"对话框，在"标识符"文本框中设置元件标识符，然后单击"确认"按钮，在图纸上单击完成电阻放置。

（5）重复步骤（2）的操作，在"浏览元件库"对话框中选择 Trans 选项，如图 2-60 所示，单击"确认"按钮返回"放置元件"对话框，再次单击"确认"按钮。

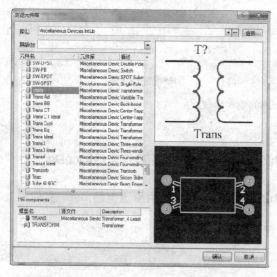

图 2-60　选择 Trans 元器件

（6）重复步骤（2）操作，在"浏览元件库"对话框中选择 Diode 1N4001 选项，连续两次单击"确认"按钮后，回到图纸上单击 4 次，

连续放置 4 个电阻，元件放置后如图 2-61 所示。

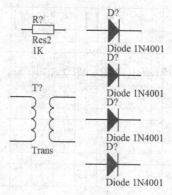

图 2-61　元件放置

（7）以变压器为左基准，分别调整二极管和电阻，调整方法分别为单击电阻和电容元件主图形，选中元件，移动到与原有原理图元件相对应的位置，并对电阻在移动过程中按一次空格键，翻转 90°。调整完位置后效果如图 2-62 所示。

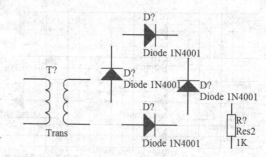

图 2-62　元件调整位置后

（8）选择"放置"→"导线"命令，将元件附近相连接的引脚连接在一起，并在输入输出端引出一段空导线。

（9）选择"工具"→"注释"命令，进入"注释"对话框，在"处理顺序"栏中确认选择 Across Then Down 选项，在"匹配的选项"栏中确认选中 Comment 和 Library Reference 复选框，以上三者均为默认值。

（10）单击 更新变化表 按钮，在弹出的 DXP Information 对话框中单击 OK 按钮。软件将修改标识符的建议值，形式从"字母+？"变成"字母+数字"，且数字顺序按 Across Then Down

排列，如图 2-63 所示。

当前值			建议值		该部分所在位置
标识符	/	辅助	标识符	辅助	原理图图纸
☐ D?		☐	D3		Sheet1.SchDoc
☐ D?		☐	D1		Sheet1.SchDoc
☐ D?		☐	D4		Sheet1.SchDoc
☐ D?		☐	D2		Sheet1.SchDoc
☐ R?		☐	R1		Sheet1.SchDoc
☐ T?		☐	T1		Sheet1.SchDoc

图 2-63　自动更新建议值

（11）单击 接受变化 (建立ECO) 按钮，进入"工程变化订单（ECO）"对话框中，单击 执行变化 按钮，用建议值代替原有编号，执行完毕后单击"关闭"按钮返回"注释"对话框，再单击"关闭"按钮退出，完成元件编号的更新，如图 2-64 所示。

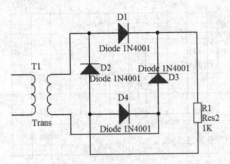

图 2-64　完成元件编号更新

（12）选择"放置"→"手工放置节点"

命令，分别在变压器左方上下外接信号末端单击，放置节点，并设置尺寸属性为 Small。

（13）选择"放置"→"文本字符串"命令，分别在两个节点中间放置标识符，按 Esc 键退出放置标识符状态，双击标识符进入"注释"对话框进行修改，分别将 Text 改成 220V 50Hz。在 R1 上下两端重复此操作，并把标识符改为"+"、"-"，可完成此原理图的绘制，如图 2-65 所示。

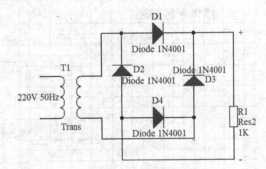

图 2-65　完成原理图的绘制

🔊提示：针对单相整流电路，软件也有提供"电桥"元件模型以供绘图，这里为了能更详细地讲解软件功能，故采用单独二极管搭建电桥。

2.12　习　　题

一、填空题

（1）_____工具栏用于放置原理图中的元件和常用电路元素（如电源/接地符号、网络标签和图纸符号等），并完成原理图连线。

（2）在绘制原理图时，可以使用_____单位系统，也可以使用_____单位系统。

（3）在工作区中按 Ctrl 键的同时，向上滚动鼠标滚轮，可以_____原理图。

（4）原理图就是元件的连接图，其本质内容有两个：_____和_____。

（5）旋转元件时，用鼠标_____键点住要旋转的元件不放，按_____键，每按一次，元件逆时针旋转_____；按_____键可以进行水平方向翻转，按_____键可以进行垂直方向翻转。

二、选择题

（1）Protel DXP 2004 提供的公制标准图纸不包括（　　　）。

A．A1　　　　　　B．A2　　　　　　C．A4　　　　　　D．B5

（2）我们在工作区中可拿到的网格是（　　　）。

A．捕获网格　　　　B．可视网格　　　　C．电气网格　　　　D．正交网格

（3）利用（　　　）命令可在工作区中最大化显示所有图形，但不包括图纸边框。

A．显示整个文档　　B．显示全部对象　　C．整个区域　　　　D．全屏显示

（4）按住（　　　）进行拖动，可以移动原理图。

A．鼠标左键　　　　B．鼠标右键　　　　C．鼠标滚轮　　　　D．Ctrl 键和鼠标滚轮

（5）Protel DXP 中 1mil 等于（　　　）厘米。

A．0.001　　　　　　B．2.54　　　　　　C．1　　　　　　　　D．0.00254

三、操作和问答题

（1）结合本讲练习内容，绘制单相整流电路，电桥为软件自带元件，如图 2-66 所示。

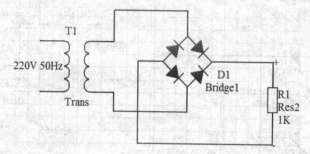

图 2-66　带电桥元件的单相整流电路

（2）在练习过程中，尝试用手动修改的方法修改元件名。

（3）可见栅格、跳跃栅格和电气捕获栅格分别有什么作用？尝试设置不同值，观察效果。

第3讲　绘制原理图

原理图的绘制是利用 Protel DXP 2004 设计电路的基础。除了基本的元件，电路原理图还包括导线、电气节点、电源符号、输入/输出端口和网络标签等。本讲将对这些常用的基本元素的绘制进行讲解。

本讲内容

- ↳ 实例·模仿——两级放大电路
- ↳ 导线连接
- ↳ 总线连接
- ↳ 放置电气节点
- ↳ 放置电源与接地符号
- ↳ 放置输入/输出端口

- ↳ 放置网络标签
- ↳ 放置忽略 ERC 检查指示符
- ↳ 绘制图形
- ↳ 实例·操作——AC-DC 电路
- ↳ 实例·练习——A/D 转换电路

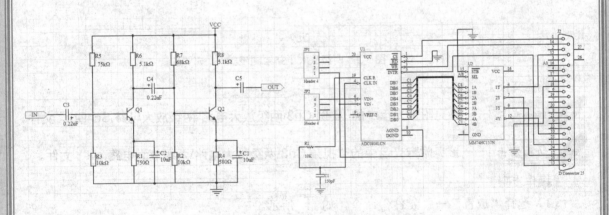

3.1　实例·模仿——两级放大电路

本例中所绘两级放大电路的原理图如图 3-1 所示。

【思路分析】

该原理图由电阻、电容、端口、三极管、电源符号和导线组成，绘制此图的方法是先放置所有元件，确定两个三极管位置后进行元件布局，然后用导线将其连接起来，最后放置电源符号和端口，可完成全图，如图 3-2 所示。

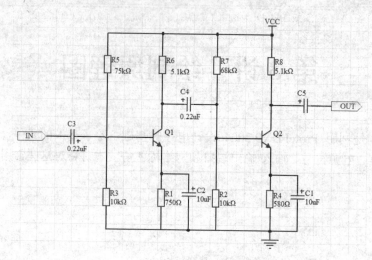

图 3-1　两级放大电路

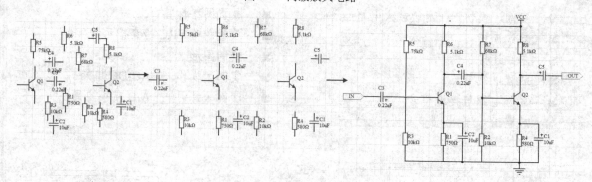

图 3-2　两级放大电路绘制步骤

【光盘文件】

结果文件——参见附带光盘中的"实例\Ch3\两级放大电路\两级放大电路.SchDoc"文件。

动画演示——参见附带光盘中的"视频\Ch3\两级放大电路\两级放大电路.avi"文件。

【操作步骤】

（1）选择"放置"→"元件"命令，如　　　　　所示。
图 3-3 所示。

图 3-3　选择"元件"命令

（2）在弹出的"放置元件"对话框中单击▢按钮，进入元件库选择元件，位置如图 3-4

图 3-4　进入元件库

（3）在"浏览元件库"对话框中，元件库中每一个型号的元器件均与右边的模型一一对应，可通过右边所示模型辨别元器件。拖动元件库的滚动条，选择 Cap Pol2 选项，单击"确认"按钮，如图 3-5 所示。

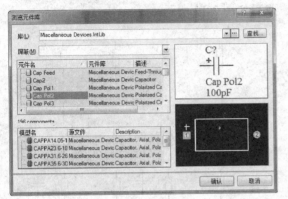

图 3-5　选择 Cap 元器件

（4）返回"放置元件"对话框，在"标识符"文本框中设置元件标识符，然后单击"确认"按钮，如图 3-6 所示。

图 3-6　修改标识符

（5）在工作区上合适位置单击，放置电容 C1，接着另选一位置单击，放置电容 C2（软件会自动将标识符变成 C2），接着再连续放置 3 个电容，按 Esc 键退出放置电容，如图 3-7 所示。

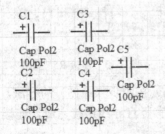

图 3-7　放置 5 个电容

（6）重复步骤（1）和（2），在"浏览元件库"对话框中选择 Res2 选项，单击"确认"

按钮。

（7）返回"放置元件"对话框，在"标识符"文本框中设置元件标识符，将"R？"改成"R1"，然后单击"确认"按钮。

（8）在工作区合适的位置上单击，放置电容 R1，接着另选合适位置连续单击 7 次，完成共 8 个电阻的放置，按 Esc 键退出放置电阻，如图 3-8 所示。

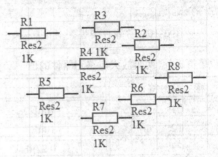

图 3-8　放置 8 个电阻

（9）重复步骤（1）和（2），在"浏览元件库"对话框中选择 2N3904 选项，单击"确认"按钮。

（10）返回"放置元件"对话框，在"标识符"文本框中设置元件标识符，将"Q？"改成"Q1"，然后单击"确认"按钮。

（11）在工作区合适的位置上单击，放置电容 R1，接着另选合适的位置单击 1 次，完成共两个电阻的放置，按 Esc 键退出放置三极管，如图 3-9 所示。

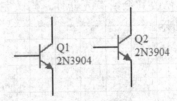

图 3-9　放置两个三极管

（12）在 C1 中间双击，弹出如图 3-10 所示的"元件属性"对话框，取消选中"注释"下拉列表后的"可视"复选框并修改 Value 值，修改后单击"确认"按钮返回工作区。此例中所有元器件的值（Value）如表 3-1 所示。

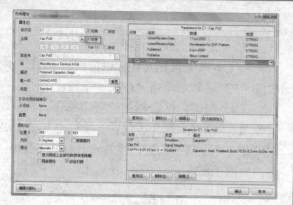

图 3-10　"元件属性"对话框

表 3-1　两级放大电路元器件的值

标 识 符	值
C1	10µF
C2	10µF
C3	0.22µF
C4	0.22µF
C5	0µF
R1	750Ω
R2	10kΩ
R3	10kΩ
R4	580Ω
R5	75kΩ
R6	5.1kΩ
R7	68kΩ
R8	5.1kΩ

（13）按照步骤（12）的方法和表 3-1 元件的值，修改其余所有元器件，修改完成后如图 3-11 所示。

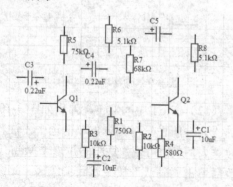

图 3-11　修改完标识符的元件

（14）对元件放置的位置进行合理的布置，在元器件上方单击，选中元器件，并调整位置，以方便导线连接，方法是先将 Q1 和 Q2 的位置确定，然后再将其他元器件按照本讲开始处的"两级放大电路"原理图放置，布局完成后如图 3-12 所示。

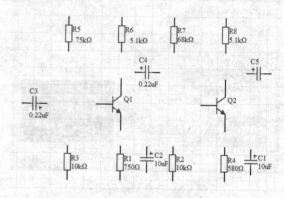

图 3-12　元件布局

（15）选择"放置"→"导线"命令，在 R5 下末端单击鼠标左键，移动鼠标光标，出现导线，将光标移至 R3 上端，单击鼠标完成 R5 与 R3 的连接，如图 3-13 所示。

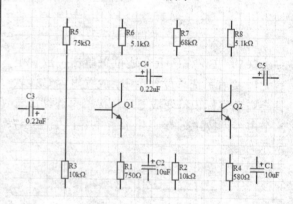

图 3-13　连接 R5 与 R3

（16）按照步骤（15）的方法，将 R7 与 R2 等所有竖直导线连接完成，连接完成后如图 3-14 所示。

（17）按照步骤（15）的方法，将 C2 与 Q1 等所有水平导线连接完成，连接完成后如图 3-15 所示。

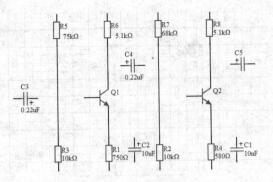

图 3-14　完成竖直导线的连接

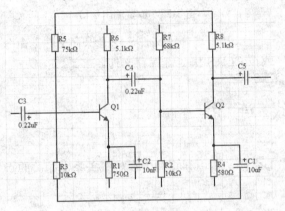

图 3-15　完成水平导线的连接

（18）按照步骤（15）的方法，将 R1、R2、R4、R6、R7、C2 分别和上下两水平导线连接，如图 3-16 所示。

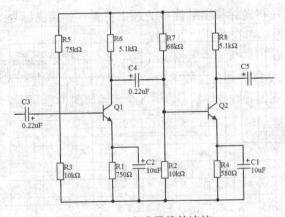

图 3-16　完成导线的连接

（19）选择"放置"→"手工放置节点"命令，在 Q1 与 C1 的连线和 R3 与 R5 的连线相交处单击，放置节点，如图 3-17 所示，完成放置后右击工作区退出节点放置状态。

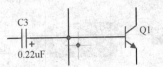

图 3-17　放置节点

（20）选择"放置"→"电源端口"命令，将"地"符号放置在 R4 下，与 R4 相连，如图 3-18 所示，完成放置后右击工作区退出"地"放置状态。

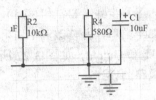

图 3-18　放置"地"

（21）单击"配线"工具栏中的"VCC 电源端口"按钮，将"电源端口"符号放置在 R8 上，与 R8 相连，如图 3-19 所示，完成放置后右击工作区退出"电源端口"放置状态。

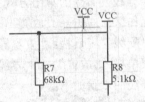

图 3-19　放置"电源端口"

（22）选择"放置"→"端口"命令，光标变成十字形，并浮动着端口，在 C3 左边单击，然后再与 C3 左端相接，如图 3-20 所示。

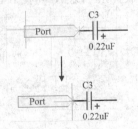

图 3-20　放置输入端口

（23）双击 Port 符号，弹出"端口属性"对话框，修改名称和 I/O 类型分别为 IN 和 Input，如图 3-21 所示。

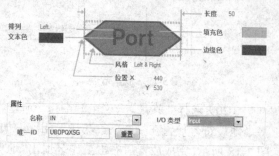

图 3-21　设置"端口"属性

（24）重复步骤（22）和（23），在 C5 右端放置第二个端口，并修改其名称和 I/O 类型分别为 OUT 和 Output，如图 3-22 所示，完成两级放大电路的设计。

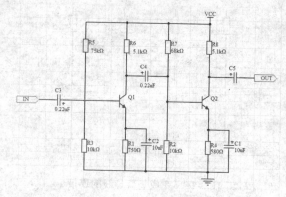

图 3-22　放置输出端口

（25）选择"文件"→"保存文件"命令或按 Ctrl+S 快捷键保存文件。

3.2　导线连接

导线是 Protel DXP 2004 中具有电气连接关系的组件，常用其将两个在电气关系上相关的点连接起来。

执行"导线"命令的常用方式有以下 3 种。

◆　工作区：右击→"放置"→"导线"。

◆　"配线"工具栏："放置导线"。

◆　菜单栏："放置"→"导线"。

放置导线的步骤如下：

（1）执行"导线"命令后光标将变成十字状，将光标移至欲连接的起点位置，如果光标处出现红色"×"，则表明光标与元件的电气点相重叠，可在此处放置导线。

（2）在起点位置单击后，移动光标至终点，在第二个元件上出现红色"×"的位置继续单击，完成导线放置。如果中间需要折点，则先将光标移动到折点处单击，再移至终点处单击。

（3）放置完导线后，可按 Esc 键或右击工作区退出导线放置状态，这 3 个步骤如图 3-23 所示。

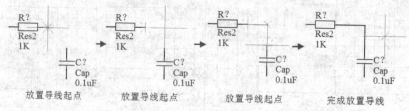

图 3-23　放置导线

选中所绘导线，按住 Ctrl 键，同时双击鼠标左键弹出"导线"对话框，可从中设置导线的颜色和宽度，如图 3-24 所示，导线宽度有 Smallest（最细）、Small（细，默认）、Medium（中）和 Large（大）。

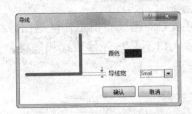

图 3-24　"导线"属性设置

3.3　总线连接

总线同样是 Protel DXP 2004 中具有电气连接关系的组件，是多根并行导线的组合，用一根较粗的线条来表示。

执行"总线"命令的常用方式有以下 3 种。

◆　工作区：右击→"放置"→"总线"。

◆　"配线"工具栏："放置总线"。

◆　菜单栏："放置"→"总线"。

放置总线的步骤与放置导线的步骤相同。

选中所绘总线，按住 Ctrl 键，同时双击鼠标左键弹出"总线"对话框，可从中设置总线的颜色和宽度，如图 3-25 所示，总线宽度有 Smallest（最细）、Small（细，默认）、Medium（中）和 Large（大）。

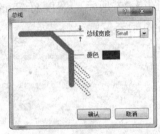

图 3-25　"总线"属性设置

放置完总线后，还需要利用"放置总线入口"与总线相连接。执行"总线入口"命令的常用方式同样有以下 3 种。

◆　工作区：右击→"放置"→"总线入口"。

◆　"配线"工具栏："放置总线入口"。

◆　菜单栏："放置"→"总线入口"。

放置总线入口的步骤如下：

（1）执行"总线入口"命令后光标将变成十字状，并带有向右上方倾斜 45°的短斜线，将光标移至欲引出或引入支线的总线位置，如果光标处出现红色"×"，则表明光标与元件的电气点相重叠，可在此处放置总线入口。

（2）在选定位置上左击，完成一个支线的放置，可重复其他总线入口的放置。如果需要改变支线方向，可按空格键改变角度（依次逆时针改变 90°）。

（3）放置完总线入口后，可按 Esc 键或右击工作区退出导线放置状态。

（4）放置完毕后，如果总线入口不是与元件直接相连接，还需要将元件与总线入口用导线连接，这 4 个步骤如图 3-26 所示。

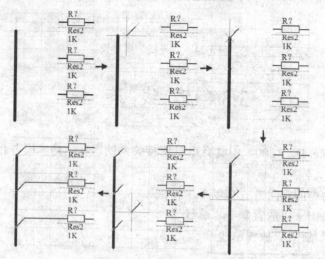

图 3-26 放置总线入口

提示：导线与总线在电气关系上不能直接相连接，中间必须通过总线入口。

选中所绘总线，按住 Ctrl 键，同时双击鼠标左键弹出"总线入口"对话框，可从中设置总线的颜色、位置（角度）和宽度，如图 3-27 所示，宽度有 Smallest（最细）、Small（细，默认）、Medium（中）和 Large（大），角度由始末位置坐标决定。

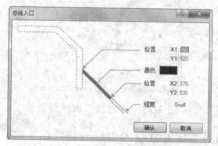

图 3-27 "总线入口"属性设置

3.4 放置电气节点

Protel DXP 2004 中的电气节点可用来表示电路图中两条导线相交的交点。如果两相交导线在交点处有电气节点，则表示两导线在电气上相连接，如果没有电气节点，则表示两导线在电器上不相连。

执行"总线"命令的常用方式有以下 3 种。

◆ 工作区：右击→"放置"→"手工放置节点"。

◆　菜单栏："放置"→"手工放置节点"。

手工放置电气节点的步骤如下：

（1）执行"手工放置节点"命令后光标将变成十字状，并在中间带红色圆节点，将光标移至两导线相交的位置，如果光标处出现红色"×"，则表明光标与导线相交的电气点相重叠，可在此处放置电气节点。

（2）在选定位置上单击，完成一个电气节点的放置。

（3）放置完总线入口后，可按 Esc 键或右击工作区退出导线放置状态。

📢 提示：电气节点与两导线是不同电气符号，如果移动某一导线，需要将电气节点重新移动至交点处。

选中所绘总线，按住 Ctrl 键，同时双击鼠标左键弹出"节点"对话框，可从中设置导线的颜色、位置和宽度，如图 3-28 所示，宽度有 Smallest（最细）、Small（细，默认）、Medium（中）和 Large（大），位置由图纸坐标决定。

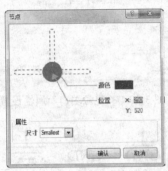

图 3-28　"节点"属性设置

3.5　放置电源与接地符号

在 Protel DXP 2004 中，电源与接地符号属于同一类别的元件，具有网络标签，可使用"电源端口"放置各种电源与接地符号。

执行"电源端口"命令的常用方式有以下 3 种。

◆　工作区：右击→"放置"→"电源端口"。

◆　"配线"工具栏："GND 端口"或"VCC 电源端口"。

◆　菜单栏："放置"→"电源端口"。

放置电源端口的步骤如下：

（1）执行"电源端口"命令后光标将变成十字状，并带红色接地符号，符号的基准点在十字光标交点处，将光标移至欲接地的导线位置，如果光标处出现红色"×"，则表明光标与导线的电气点相重叠，可在此处放置接地符号。

（2）在选定位置单击后，完成一个接地符号的放置。

（3）放置完导线后，可按 Esc 键或右击工作区退出导线放置状态，这 3 个步骤如图 3-29 所示。

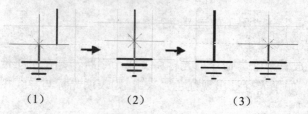

（1）　　　　　（2）　　　　　（3）

图 3-29　放置"地"

选中所绘接地符号，按住 Ctrl 键，同时双击鼠标左键弹出"电源端口"对话框，可从中设置电源端口的颜色、位置（方向）、网络标签和符号风格，如图 3-30 所示，符号风格有 Circle、Arrow、Bar、Wave、Power Ground、Signal Ground、Earth，如图 3-31 所示，位置由图纸中坐标决定。

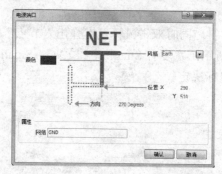

图 3-30　"电源端口"属性设置

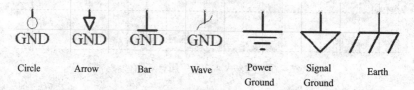

图 3-31　各种"电源端口"符号风格

📢 提示：在放置电源端口的过程中，按空格键可实现电源符号逆时针旋转 90°，按 X 键可实现左右翻转，按 Y 键可实现上下翻转。

3.6　放置输入/输出端口

输入/输出端口（I/O 端口）也可以用来表示原理图上两点之间在电气上的连接关系，具有相同名称的 I/O 端口，在电气层面上是相连接的。在 Protel DXP 2004 中，启动放置"输入/输出端口"可通过"放置端口"命令实现。

执行"放置端口"命令的常用方式有以下 3 种。

◆　工作区：右击→"放置"→"放置端口"。

◆　"配线"工具栏："放置端口"。

◆　菜单栏："放置"→"端口"。

放置输入/输出端口的步骤如下：

（1）执行"端口"命令后光标将变成十字状，并带黄色多边形 Port 端口符号，符号的基准点在十字光标交点处，即图形的左边中心位置，将光标移至欲外接端口的导线位置，如果光标处出现红色"×"，则表明光标与导线的电气点相重叠，可在此处放置端口符号。

（2）在选定位置单击后，光标往右边移动，伸长至合适长度再次单击，确定符号长度并完成一个接地符号的放置。

（3）放置完端口后，可按 Esc 键或右击工作区退出端口放置状态，这 3 个步骤如图 3-32 所示。

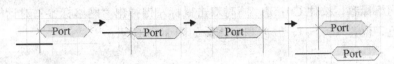

图 3-32　放置端口

选中所绘端口符号，按住 Ctrl 键，同时双击鼠标左键弹出"电源端口"对话框，可从中设置电源端口的颜色、位置、名称、风格、ID 和 I/O 类型，如图 3-33 所示，风格有 None(Horizontal)（水平无方向）、Left（左）、Right（右）、Left & Right（左右型）、None (Vertical)（垂直无方向）、Top（向上）、Bottom（向下）、Top & Bottom（上下型），I/O 类型有 Unspecified（未指定）、Output（输出型）、Input（输入型）、Bidirectional（双向型）。

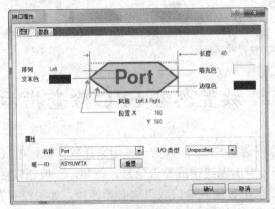

图 3-33　"端口属性"对话框

3.7　放置网络标签

在 Protel DXP 2004 中，网络标签用来记录电气对象在原理图中的名称，具有相同网络标签的点，在电气意义上可视为同一点，即简化了各点之间的连接导线。

执行"放置网络标签"命令的常用方式有以下 3 种。

◆　工作区：右击→"放置"→"网络标签"。

◆　"配线"工具栏："放置网络标签"。

◆　菜单栏："放置"→"网络标签"。

放置网络标签的步骤如下：

（1）执行"网络标签"命令后光标将变成十字状，并带红色"NetLabel N"符号，符号的基准点在符号的左下角位置，将光标移至欲放置网络标签的导线位置，如果光标处出现红色"×"，则表明光标与导线的电气点相重叠，可在此处放置网络标签。

（2）在选定位置单击后，完成一个接地符号的放置，紧接着的下一个网络标签在网络名称上会递增，如果要将不同点表示为同一电气点，还需要将各点的网络标签统一。

（3）放置完网络标签后，可按 Esc 键或右击工作区退出网络标签放置状态，这 3 个步骤如图 3-34 所示。

选中所绘网络标签，按住 Ctrl 键，同时双击鼠标左键弹出"网络标签"对话框，可从中设置网络标签的颜色、位置（方向）、属性和字体，如图 3-35 所示。

图 3-34　放置网络标签

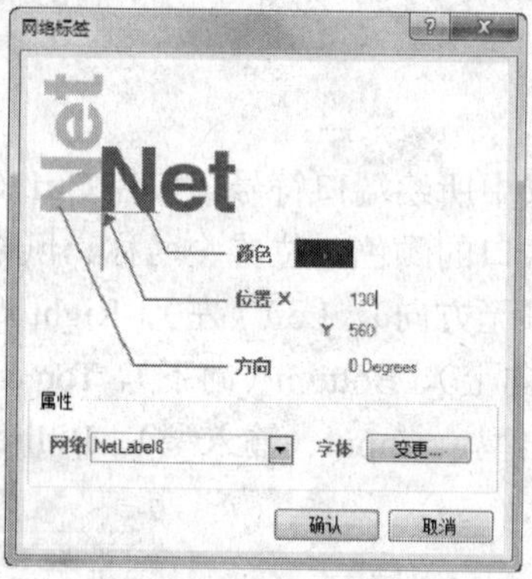

图 3-35　"网络标签"属性设置

3.8　放置忽略 ERC 检查指示符

在 Protel DXP 2004 中，忽略 ERC 检查指示符用来让软件执行电气规则检查，忽略对某些点的检查，以防止在检查报告中出现错误或警告信息。例如，一般原理图中的输入端口会被空置，但 Protel DXP 2004 系统要求所有输入端口或引脚必须连接，如果没有在此处放置"忽略 ERC 检查指示符"，那么进行电气规则检查时会编译出错，如果在此处放置该指示符，那么此处将被忽略。执行"放置忽略 ERC 检查指示符"命令的常用方式有以下 3 种。

◆　工作区：右击→"放置"→"指示符"→"忽略 ERC 检查"。

◆　"配线"工具栏："放置忽略 ERC 检查指示符"。

◆　菜单栏："放置"→"指示符"→"忽略 ERC 检查"。

放置忽略 ERC 检查指示符的步骤如下：

（1）执行"忽略 ERC 检查"命令后光标将变成十字状，并带红色"×"符号，将光标移至欲放置忽略 ERC 检查的导线位置。

（2）在选定位置单击后，完成一个忽略 ERC 检查指示符的放置。

（3）放置完忽略 ERC 检查指示符后，可按 Esc 键或右击工作区退出网络标签放置状态，这 3 个步骤如图 3-36 所示。

选中所绘忽略 ERC 检查，按住 Ctrl 键，同时双击鼠标左键弹出"忽略 ERC 检查"对话框，可从中设置网络标签的颜色、位置，如图 3-37 所示。

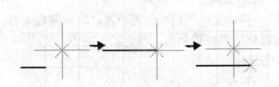

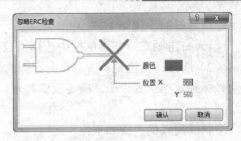

图 3-36 放置忽略 ERC 检查指示符　　　　　图 3-37 "忽略 ERC 检查"属性设置

3.9 绘制图形

在绘制原理图的过程中,经常需要加上必要的文字或图形说明,Protel DXP 2004 为此提供了功能齐全的绘制工具,其中包括直线、多边形、圆弧、Bazier 曲线等图形。这些图形均不具有电气特性,只起注释说明作用。

3.9.1 绘制直线

"直线"与"导线"在外观上一致,但却有本质区别,"直线"不具有电气特性,"导线"具有电气特性,能模拟元件之间的物理连接。

绘制直线的步骤如下:

(1)右击画布或在菜单栏中选择"放置"→"描画工具"→"直线"命令。

(2)在起点位置单击后,移动光标至终点再单击,如果中间需要折点,则先将光标移动到折点处单击,然后移至终点处再单击。

📣 提示:退出"绘制"与退出"放置"状态一致,可按 Esc 键或右击工作区退出绘制状态,本
　　　　节其他小节不再详述此步骤。

3.9.2 绘制多边形

绘制多边形的步骤如下:

(1)右击画布或在菜单栏中选择"放置"→"描画工具"→"多边形"命令。

(2)在第一个顶点位置单击后,移动光标至第二个顶点单击,依次确定各个顶点。确定完最后的顶点后,软件将自动闭合所绘制的多边形。

📣 提示:选中已绘制好的多边形,各个顶点将呈现可控制状态,可以通过拖动控制点或边调整
　　　　多边形的形状。

3.9.3 绘制圆弧

Protel DXP 2004 软件提供圆弧、椭圆弧和椭圆的图形绘制工具,这 3 种图形绘制步骤大同小异。

绘制圆弧的步骤如下：

（1）右击画布或在菜单栏中选择"放置"→"描画工具"→"圆弧"命令。

（2）选择适当位置单击，作为圆弧的圆心；往外移动光标到适当位置单击，确定圆弧半径；移动光标到适当位置单击，确定圆弧起点；移动光标到适当位置单击，确定圆弧终点，完成圆弧的绘制。

绘制椭圆弧的步骤如下：

（1）右击画布或在菜单栏中选择"放置"→"描画工具"→"椭圆弧"命令。

（2）选择适当位置单击，作为椭圆弧的圆心；左右移动光标到适当位置单击，确定椭圆弧的 X 轴半径；上下移动光标到适当位置单击，确定椭圆弧的 Y 轴半径；移动光标到适当位置单击，确定椭圆弧起点；移动光标到适当位置单击，确定椭圆弧终点，完成椭圆弧的绘制。

绘制椭圆的步骤如下：

（1）右击画布或在菜单栏中选择"放置"→"描画工具"→"椭圆"命令。

（2）选择适当位置单击，作为椭圆的圆心；往外移动光标到适当水平位置单击，确定椭圆的 X 轴大小；再移动光标到适当竖直位置单击，确定椭圆的 Y 轴大小，完成椭圆的绘制。

3.9.4 绘制 Bezier 曲线

Bezier 曲线，即贝塞尔曲线，是一类常见的曲线模型，在 Protel DXP 2004 中，可以通过确定 4 个点绘制出相应的曲线，其绘制步骤如下：

（1）通过右击画布或在菜单栏中选择"放置"→"描画工具"→"贝塞尔曲线"命令。

（2）选择适当位置单击，作为曲线的起点；移动光标拉出一直线，在适当位置单击，再移动光标到曲线呈现适当曲率时单击；继续移动光标可改变曲线弯曲方向，选择适当方向后单击，确定终点并完成该段贝塞尔曲线的绘制。

3.9.5 绘制矩形

在该软件中，矩形分为直角矩形和圆角矩形，画法步骤类似，这里只介绍直角矩形的绘制，其绘制步骤如下：

（1）通过右击画布或在菜单栏中选择"放置"→"描画工具"→"矩形"命令。

（2）选择指令后，界面出现浮动矩形，选择适当位置单击，作为矩形的左下点；移动光标改变矩形大小，在适当位置单击确定矩形大小并完成矩形的绘制。

3.9.6 绘制饼图

绘制饼图的步骤如下：

（1）右击画布或在菜单栏中选择"放置"→"描画工具"→"饼图"命令。

（2）选择指令后，界面出现浮动饼图，选择适当位置单击，作为饼图的圆心；移动光标改变饼图大小，在适当位置单击确定饼图半径；移动光标在适当方向时单击，确定饼图的一边；最后移动光标在适当方向时单击，确定饼图的另一边，完成饼图的绘制。

3.9.7　放置注释文字

在原理图中，注释文字用于对电气节点和线路进行标注。

放置注释文字的步骤如下：

（1）右击画布或在菜单栏中选择"放置"→"文本字符串"命令。

（2）选择指令后，界面出现浮动"Text"，选择适当位置单击，确定文字位置；然后在文字上双击，弹出"注释"对话框，修改文本；修改后单击"确认"按钮退出对话框。

3.9.8　放置文本框

在原理图中，与注释文字相比，文本框常用于对部分原理图或某部分原理进行大段文字的注释。

放置文本框的步骤如下：

（1）右击画布或在菜单栏中选择"放置"→"文本框"命令。

（2）选择指令后，光标处出现虚线框，选择适当位置单击，确定文本框左上点位置；移动光标改变文本框大小后单击，确定文本框；在文字框上双击，弹出"文本框"对话框，可对文本框的属性进行修改，如图 3-38 所示，其中单击"文本"后的"变更"按钮可进入 TextFrame Text 进行文字修改，修改后单击"确认"按钮退出对话框。

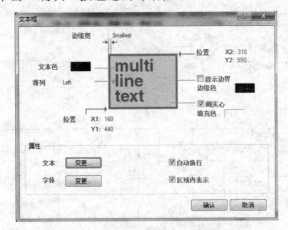

图 3-38　"文本框"属性设置

3.9.9　添加图片

图片作为一种注明方式，同样在 Protel DXP 2004 中可以被添加在原理图当中进行修饰或注明。

添加图片的步骤如下：

（1）右击画布或在菜单栏中选择"放置"→"扫描工具"→"图形"命令。

（2）选择指令后，光标处出现虚线框，选择适当位置单击，移动光标改变虚线框大小后再单击，确定图片框大小，软件会弹出"打开"对话框，选择要放置的图片，然后单击"确定"按钮退出对话框，完成图片放置。

3.10 实例·操作——AC-DC 电路

AC-DC 电路的原理图如图 3-39 所示。

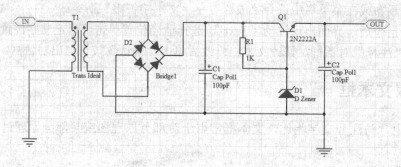

图 3-39 AC-DC 电路原理图

【思路分析】

该原理图由电阻、电容、端口、电桥、三极管、变压器、电源符号和导线组成，绘制此图的方法是先放置所有元件，确定三极管和电桥的位置后进行元件布局，然后用导线将其连接起来，最后放置电源符号和端口，可完成全图，如图 3-40 所示。

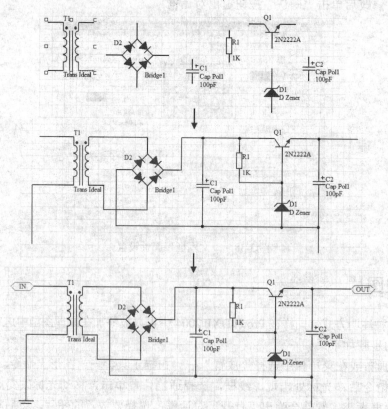

图 3-40 AC-DC 电路绘制步骤

【光盘文件】

结果文件——参见附带光盘中的"实例\Ch3\AC-DC 电路\AC-DC 电路.SchDoc"文件。

动画演示——参见附带光盘中的"视频\Ch3\AC-DC 电路\AC-DC 电路.avi"文件。

【操作步骤】

（1）新建一个名为 AC_DC.SchDoc 的原理图文件，进入原理图编辑工作环境。

（2）选择"放置"→"元件"命令，如图 3-41 所示。

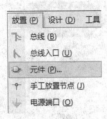

图 3-41　选择"元件"命令

（3）在弹出的"放置元件"对话框中单击按钮，进入元件库选择元件，在库文件管理面板上的库选择栏中选择 Miscellaneous Devices.IntLib 选项，并在元件过滤栏中输入关键字"Tr*"，如图 3-42 所示。

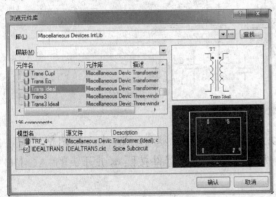

图 3-42　选择元件

（4）在"浏览元件库"对话框中选择 Trans Ideal 选项，单击"确认"按钮，返回"放置元件"对话框，在"标识符"文本框中设置元件标识符，将"T?"改成"T1"，然后单击"确认"按钮。

（5）光标将变成十字形，并浮动着变压器线圈。移动光标到适当位置，单击鼠标左键放置该变压器线圈，右击工作区退出变压器放置状态，如图 3-43 所示。

图 3-43　放置变压器

（6）重复步骤（2）～（5）放置其余元件，并修改各元件参数，表 3-2 所示为各元件参数，放置后如图 3-44 所示。

表 3-2　元件参数表

标　识　符	封　装　形　式	值
T1	Trans Ideal	
C1	Cap Pol1	100pF
C2	Cap Pol1	100pF
R1	Res2	1kΩ
D1	D Zener	
D2	Bridge1	
Q1	2N2222A	

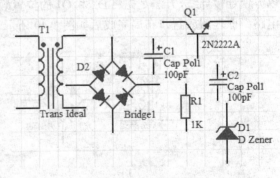

图 3-44　完成元件放置

（7）选择"放置"→"端口"命令或者单击"配线"工具栏中的"端口"按钮，进入端口放置命令，光标将变成十字形，并浮动着端口符号。在工作区内适当位置单击鼠标左键，确定此端口符号的起点位置，此时光标自动跳转到端口的另一端，如图 3-45 所示。此时端口长度随光标的移动而改变，在适当位置单击确定终点位置，完成第一个端口的放置。

图 3-45　放置端口起点

（8）放置完第一个端口后，系统仍处于端口放置状态，移动光标到其他位置，按照上述方法放置第二个端口，如图 3-46 所示，然后右击工作区退出端口放置状态。

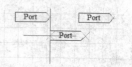

图 3-46　放置第二个端口

（9）双击其中一个 Port 符号，弹出"端口属性"对话框，修改名称和 I/O 类型分别为 IN 和 Input，如图 3-47 所示，单击"确认"按钮返回工作区。

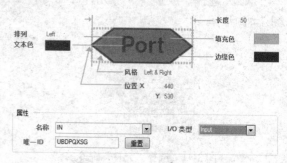

图 3-47　设置端口属性

（10）双击另外一个 Port 符号，并修改其名称和 I/O 类型分别为 OUT 和 Output，单击"确认"按钮返回工作区，如图 3-48 所示。

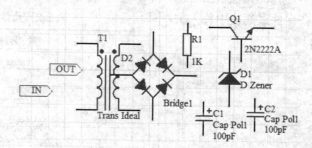

图 3-48　完成端口放置

（11）然后将元件放置在合理的布置位置，在元器件上方单击，选中元器件，并调整位置，以方便连接导线，方法是先将 D2 和 Q1 的位置确定，然后再将其他元器件按照本讲开头的"AC-DC 电路"原理图放置，布局完成后如图 3-49 所示。

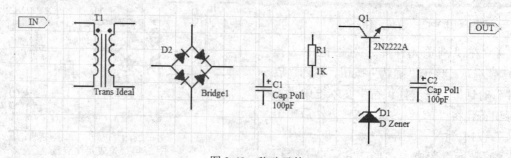

图 3-49　移动元件

（12）选择"放置"→"导线"命令，在 D2 上顶端单击鼠标左键，移动鼠标光标，出现导线，将光标移至 T1 右上端，单击鼠标完成 T1 与 D2 的部分连接，如图 3-50 所示。

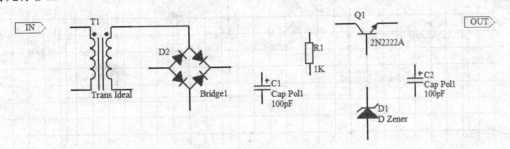

图 3-50　连接 T1 与 D2

（13）根据"AC-DC 电路"原理图，按照步骤（12）的方法，将其余导线连接完成，连接完成后如图 3-51 所示。

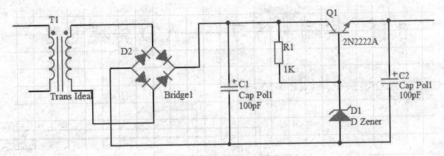

图 3-51　完成其余导线的连接

（14）选择"放置"→"电源端口"命令，光标变成十字形，并浮动着"地"符号，移动光标至 C2 下方单击，放置第一个"地"符号，如图 3-52 所示。

（15）放置完第一个"地"符号后，系统仍处于"地"放置状态，移动鼠标到 T1 左下方适当位置单击，放置第二个"地"符号，如图 3-53 所示，然后右击工作区退出端口放置状态。

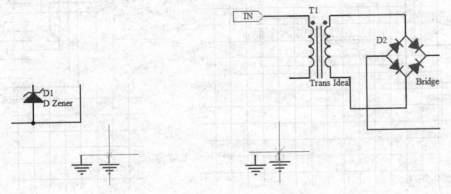

图 3-52　放置第一个"地"　　　　　　　　图 3-53　放置第二个"地"

（16）选择"放置"→"导线"命令，按照导线连接方法，分别完成 T1 和 C2 与"地"符号的连接，如图 3-54 所示。

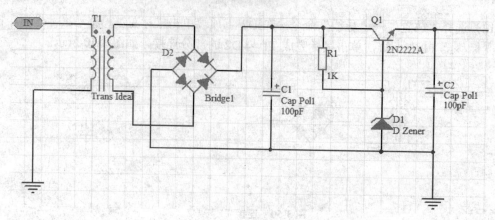

图 3-54 完成"地"的连接

（17）选择"文件"→"保存文件"或按 Ctrl+S 快捷键保存文件。

3.11 实例·练习——A/D 转换电路

本例中使用的 A/D 转换电路如图 3-55 所示。

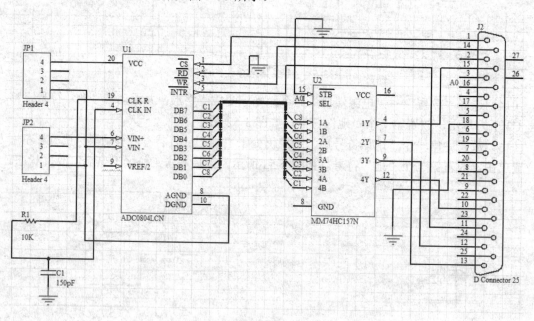

图 3-55 A/D 转换电路

【思路分析】

该原理图由电阻、电容、"地"符号、AD 芯片、集成芯片、接插件、连接器、电源符号和导线组成，绘制此图的方法是先放置所有元件，确定 AD 芯片和集成芯片的位置后进行元件布局，然后用导线将其连接起来，其中，可利用总线连接两芯片，最后放置"地"符号，可完成全图，如图 3-56 所示。

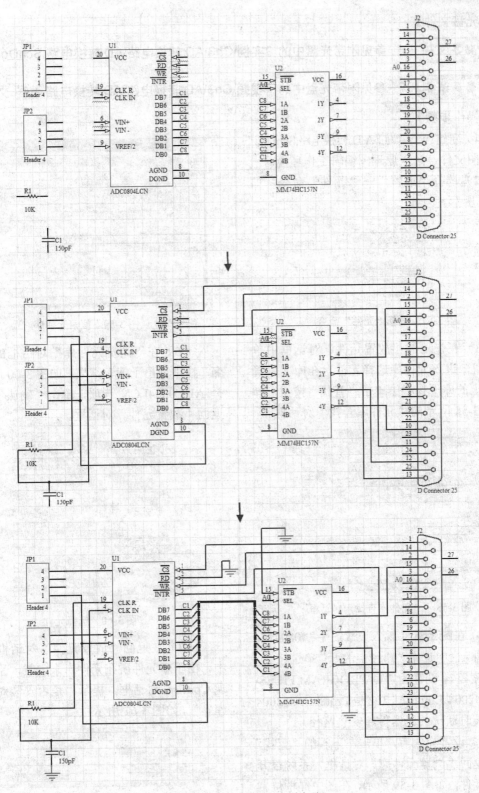

图 3-56　A/D 转换的绘制步骤

【光盘文件】

结果文件——参见附带光盘中的"实例\Ch3\AD 转换电路\AD 转换电路.SchDoc"文件。

动画演示——参见附带光盘中的"视频\Ch3\AD 转换电路\AD 转换电路.avi"文件。

【操作步骤】

（1）新建一个名为"A/D 转换电路.SchDoc"的原理图文件，进入原理图编辑工作环境。

（2）选择"放置"→"元件"命令，如图 3-57 所示。

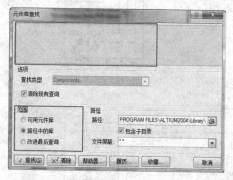

图 3-57　选择"元件"命令

（3）在弹出的"放置元件"对话框中单击▦按钮，进入元件库选择元件，在库文件管理面板上的库选择栏中单击"查找"按钮，弹出如图 3-58 所示的"元件库查找"对话框。

图 3-58　"元件库查找"对话框

（4）在图 3-58 中输入搜索条件"*0804*"，在"范围"栏中选中"路径中的库"单选按钮，并将搜索路径设置为"C:\PROGRAM FILES\ALTIUM2004\Library\"（这是 Protel DXP 2004 系统安装时默认的元器件库安装路径）。

（5）设置完成后，单击左下端的"查找"按钮，返回"浏览元件库"对话框，系统已开始搜索元件，如图 3-59 所示，在图中红框位置会显示搜索进度。

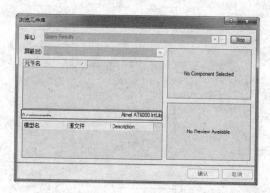

图 3-59　搜索元件库

（6）在"浏览元件库"对话框的"元件名"栏中列出了搜索结果，如图 3-60 所示，选择 ADC0804LCN 选项，单击"确认"按钮，返回"放置元件"对话框。

图 3-60　选择元件

（7）在返回"放置元件"对话框的过程中，由于新元件所在元件库未安装，系统会出现 Confirm 对话框，提示"是否安装对应元件库？"，如图 3-61 所示。

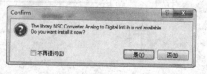

图 3-61　Confirm 对话框

（8）在 Confirm 对话框中单击"是"按钮，返回"放置元件"对话框，在"标识符"文本框中设置元件标识符，将"U？"改成"U1"，如图 3-62 所示，然后单击"确认"按钮。

图 3-62 "放置元件"对话框

（9）光标变成十字形，并浮动着注释 ADC0804LCN。按 X 键将芯片水平翻转，如图 3-63 所示。移动光标到适当位置，单击鼠标左键放置该 AD 芯片，右击工作区退出放置状态。

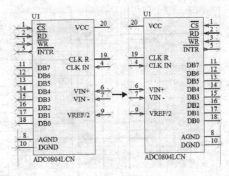

图 3-63 水平翻转 AC 芯片

（10）重复步骤（2）～（9）的方法找到另外一个芯片 MM74HC157N，它存在于 NSC Logic Multiplexer.IntLib 库中，然后放置到原理图纸上。

（11）继续选择"放置"→"元件"命令，在弹出的"放置元件"对话框中单击▣按钮，进入元件库选择元件，在库文件管理面板上的库选择栏中选择 Miscellaneous Connectors.IntLib 选项。

（12）在"浏览元件库"对话框中选择 D Connector 25 选项，单击"确认"按钮，返回"放置元件"对话框，在"标识符"文本框中设置元件标识符，将"J？"改成"J2"，然后单击"确认"按钮。移动光标到适当位置，单击鼠标左键放置该连接器，右击工作区退出连接器放置状态，如图 3-64 所示。

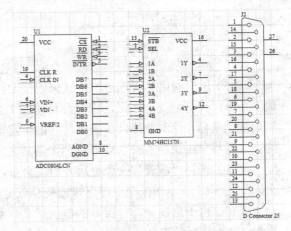

图 3-64 完成关键元件的放置

（13）重复步骤（11）和（12）的方法放置其余元件，并设置其参数，元件的标识符和参数如表 3-3 所示。

表 3-3 元件参数表

标 识 符	封 装 形 式	值
U1	ADC0804LCN	
U2	MM74HC157N	
C1	Cap	150pF
R1	Res1	10kΩ
JP1	Header 4	
JP2	Header 4	
J2	D Connector 25	

（14）放置完所有元件后，需要将元件放置在合理的布置位置，在元器件上方单击，选中元器件，并调整位置，以方便导线连接，方法是先将 U1 和 U2 的位置确定，然后再将其他元器件按照本讲开头的"A/D 转换电路"原理图放置，布局完成后如图 3-65 所示。

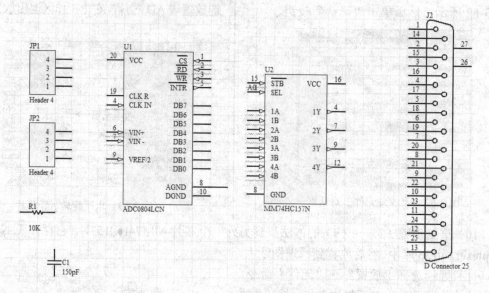

图 3-65　移动元件

（15）这里利用总线连接的方式来连接 U1 和 U2 之间需要连接的引脚。选择"放置"→"总线"命令，光标变成十字形，将光标移动到 U1 和 U2 之间合适位置单击，确定总线的起始点，然后拖动鼠标，绘制总线，在需要转弯的位置单击，到总线的终点位置，单击鼠标左键确定总线终点，最后单击鼠标右键，即可在两个芯片之间绘制出一条总线，如图 3-66 所示。

（16）选择"放置"→"总线入口"命令，用"总线入口"将总线和芯片的各个引脚连接起来，如图 3-67 所示。按空格键可以改变总线分支的倾斜方向。

（17）由于总线并没有实际的电气意义，所以在应用总线时要和网络标签相配合。选择"放置"→"网络标签"命令，在芯片的引脚上放置对应的网络标签，确保电气相连接的引脚具有相同的网络标签，放置完网络标签后如图 3-67 所示。

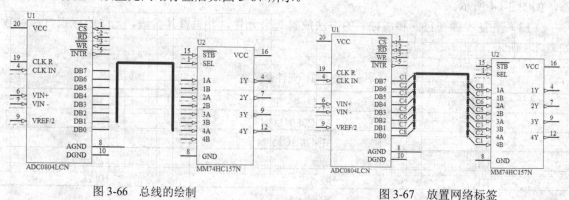

图 3-66　总线的绘制　　　　　　　　　　　　图 3-67　放置网络标签

（18）选择"放置"→"导线"命令，绘制导线连接原理图其他需要连接的部分，如图 3-68

所示。线路要尽量少交叉，且清晰。

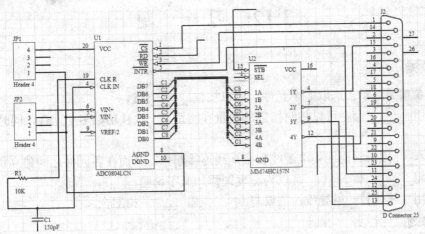

图 3-68　完成导线连接

（19）选择"放置"→"网络标签"命令，在 U2 的引脚 1-SEL 和 J2 的引脚 16 放置网络标签 A0，如图 3-69 所示。

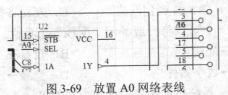

图 3-69　放置 A0 网络表线

（20）选择"放置"→"电源端口"命令，光标变成十字形，并浮动着"地"符号，在需要放置接地符号的位置放置接地符号，放置完成后原理图如图 3-70 所示。

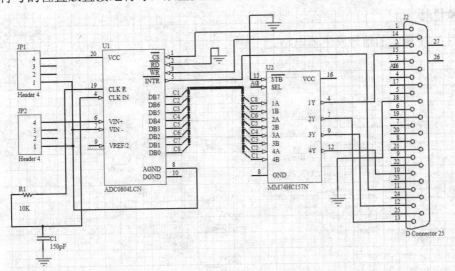

图 3-70　A/D 转换电路原理图

（21）选择"文件"→"保存文件"命令或按 Ctrl+S 快捷键保存文件。

3.12 习　　题

一、填空题

（1）若希望通过单击选取多个元件，可以按住_____键。

（2）利用_____命令可以按照指定的数量和间距，一次性粘贴多个元件，同时还可以对元件进行编号。

（3）_____用于将同一类电源线和接地线连接起来，从而在各元件之间建立供电关系。

（4）利用_____和_____可以为原理图添加文字说明。

（5）使用总线代替一组导线，需要与_____和_____相配合。

二、选择题

（1）在各元件之间建立电气连接的方法，不包括下面的（　　）。

    A．用导线   B．用总线   C．用网络标签   D．用输入/输出端口

（2）利用（　　）命令可将元件对齐到附近的网格上。

    A．捕获网格   B．排列到网格   C．左对齐排列   D．右对齐排列

（3）执行菜单命令（　　）可以打开或关闭"配线"工具栏。

    A．查看→工具栏→配线   B．查看→工具栏→绘制

    C．查看→工具栏→数字器件   D．查看→工具栏→电源器件

（4）在自动标识元件时，系统提供的处理顺序方案不包括（　　）。

    A．由下而上，从左至右   B．从左至右，由下而上

    C．由上而下，从左至右   D．从右至左，由上而下

三、操作题

绘制图3-71所示的信号发生器电路。

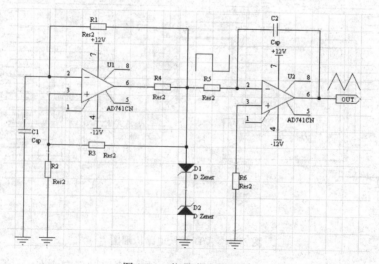

图3-71　信号发生器电路

第4讲 制作元件库

Protel DXP 2004 软件自带集成多个公司的元件库，达数万个元件。虽然软件拥有丰富的元件，但有时仍旧无法满足用户的需求和日益增多的元件，因此，软件同样提供制作元件和元件库的工具，本讲也着重讲解元件库编辑器和如何制作元件。

本讲内容

- ↳ 实例·模仿——制作变压器
- ↳ 元件库编辑器
- ↳ 元件绘图工具
- ↳ 手工制作元件
- ↳ 实例·操作——绘制七节显示器
- ↳ 实例·练习——绘制 OP07 运算放大器

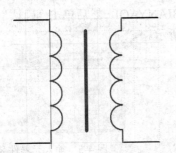

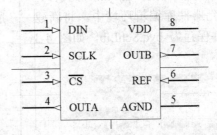

4.1 实例·模仿——制作变压器

本例中所绘变压器在标准库中已存在，这里仅作练习参考，其模型如图 4-1 所示。

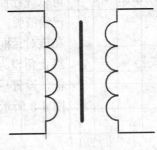

图 4-1 变压器

【思路分析】
　　该元件图由圆弧、直线和引脚组成。绘制此元件的方法是先绘制出一个半圆，复制并排列得出原副线圈的模型，然后绘制出中间直线和线圈引线，最后添加4个变压器引脚可完成该元件的绘制，如图4-2所示。

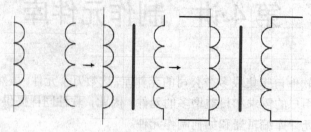

图4-2　变压器绘制步骤

【光盘文件】

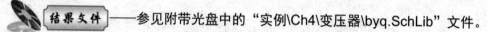

结果文件——参见附带光盘中的"实例\Ch4\变压器\byq.SchLib"文件。

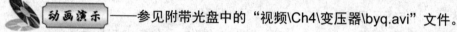

动画演示——参见附带光盘中的"视频\Ch4\变压器\byq.avi"文件。

【操作步骤】

（1）选择"文件"→"创建"→"库"→"原理图库"命令，新建一原理图库文件，进入到原理图元器件库编辑环境中。将新建的元器件库文件保存为 byq.SchLib，如图4-3所示。

图4-3　新建的元器件库

（2）在元器件绘制工具栏中选择"绘图工具 ☑"→"创建新元件 ☑"选项，如图4-4所示。

图4-4　选择"创建新元件"选项

（3）在打开的对话框中输入元器件名称 BIANYAQI，然后单击"确认"按钮，如图4-5所示。

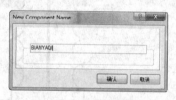

图4-5　输入元器件名称

（4）由于变压器线圈主要是由半圆弧组成的，所以首先绘制半圆弧。选择"放置"→"圆弧"命令，开始绘制半圆弧。

（5）由于想要画一完全半圆弧比较困难，可以先绘制一段圆弧，如图4-6所示，再双击已绘圆弧，弹出"圆弧"对话框，如图4-7所示，在该对话框中将半圆弧的起始角设为270°，将终止角设为90°，单击"确认"按钮退出对话框，设置后的圆弧变成一个标准的右半圆，如图4-8所示。

图4-6　绘制圆弧

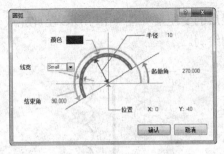

图 4-7 "圆弧"对话框

图 4-8 设置属性后生成的圆弧

（6）变压器的左右线圈由 8 个半圆弧组成，所以还需要 7 个类似的半圆弧。选中已绘制的半圆弧，单击工具栏中的"复制"按钮，如图 4-9 所示，或按 Ctrl+C 快捷键进行元件复制。

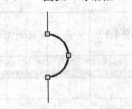

图 4-9 单击"复制"按钮

（7）在元器件绘制工具栏中选择"绘图工具 🖊"→"设定粘贴队列 🔲"选项，如图 4-10 所示。

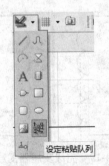

图 4-10 选择"设定粘贴队列"选项

（8）系统将弹出"设定粘贴队列"对话框，其中可设置"放置变量"和"间距"等参数，这里主要设置"项目数"为 7，即复制 7 个目标对象。设置完成后单击"确认"按钮，

返回工作区，在适当位置单击鼠标左键，完成 7 个圆弧的放置，如图 4-11 所示。

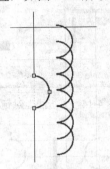

图 4-11 完成圆弧的粘贴

（9）将所有圆弧一一排列好，对于右侧的线圈，选中移动圆弧后，需要按一次 X 键，将线圈在 X 方向翻转，绘制好的原副线圈如图 4-12 所示。

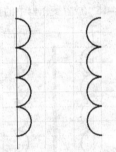

图 4-12 变压器的原副线圈

（10）绘制原副线圈中间的直线，在元器件绘制工具栏中选择"绘图工具 🖊"→"放置直线 ╱"选项，如图 4-13 所示。

图 4-13 选择"放置直线"选项

（11）光标变成十字形后，在原副线圈中间适当位置绘制一条直线。双击绘制好的直线，打开"折线"对话框，在该对话框中将直线的宽度设置为 Medium，如图 4-14 所示，设置后的变压器如图 4-15 所示。

（12）按照步骤（10）方法，用直线工具在线圈上引出 4 条直线，如图 4-16 所示。

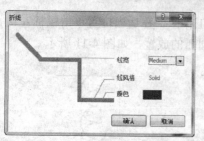

图 4-14　"折线"对话框

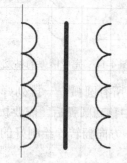

图 4-15　放置变压器中的直线

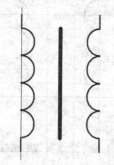

图 4-16　放置变压器线圈的引出线

（13）在元器件绘制工具栏中选择"绘图工具 ✏"→"放置引脚 🖉"选项，在 4 个引线端放置变压器的 4 个引脚，如图 4-17 所示，同样地，放置右侧引脚时需要按 X 键，翻转引脚。

（14）放置引脚后，双击引脚，打开"引脚属性"对话框，如图 4-18 所示。在该对话框中取消选中"显示名称"和"标识符"文本框后的"可视"复选框，表示隐藏引脚名和标号，

设置后的变压器如图 4-19 所示。至此完成变压器的绘制。

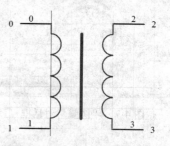

图 4-17　放置变压器的 4 个引脚

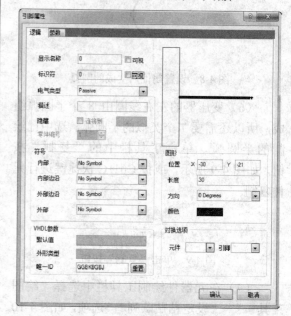

图 4-18　"引脚属性"对话框

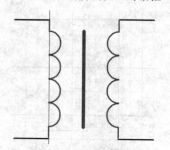

图 4-19　完成变压器的绘制

4.2　元件库编辑器

元件库编辑器的操作界面与原理图编辑器的操作界面基本相同，仅区别于部分工具栏是用于

编辑新元件库，其编辑界面如图 4-20 所示。

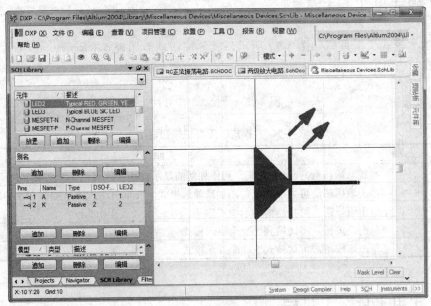

图 4-20　元件库编辑器界面

打开元件库编辑器，即新建库文件的常用方式有以下两种。

◆　菜单栏："文件"→"创建"→"库"→"原理图库"。
◆　工具栏："创建任意文件"→Other Document（其他文件）→Schematic Library Document（元件库文件）。

除工具栏之外，元件库编辑器还包括元件库管理器，默认位置为编辑器界面左边，分别包括"元件"、"别名"、"引脚清单"和"模型" 4 部分。

◆　元件：主要提供显示、选择、放置以及编辑元件的操作。
◆　别名：主要是用于设置元器件的别名，因为很多元器件在功能和引脚上完全一样，仅因为公司不同而导致命名不一样。
◆　引脚清单：主要用于显示和编辑当前元器件的名称、类型及状态的信息。
◆　模型：主要用于显示元件的类型和简单描述。

4.3　元件绘图工具

元件绘图工具，即元件库编辑器自带的工具栏，包括"导航"、"模式"、"实用工具"和"原理图库标准" 4 部分，如图 4-21 所示，其中"原理图库标准"和"导航"工具栏与原理图中工具栏的使用操作一样，本节不再讲解，着重讲解"模式"和"实用工具"两部分。

图 4-21　元件库编辑器工具栏

4.3.1 "模式"工具栏

库文件的"模式"工具栏如图 4-22 所示，其各按钮功能如表 4-1 所示。

图 4-22 "模式"工具栏

表 4-1 "模式"工具栏按钮说明

图标	说明
模式 ▾	系统默认只有 Normal 模式，当添加新的显示模式后，可在下拉列表中选择
✚	单击该按钮，可为当前元件添加新显示模式，Protel DXP 2004 提供 255 种模式
━	单击该按钮，可将当前显示模式删除
◁	单击该按钮，可切换到上一个显示模式
▷	单击该按钮，可切换到下一个显示模式

4.3.2 "实用工具"工具栏

"实用工具"工具栏如图 4-23 所示，Protel DXP 2004 的原理图库编辑工具均主要由其提供，分为 IEEE 符号▫、绘图工具▨、网络工具▦和模型管理器▣四大类。

图 4-23 "实用工具"工具栏

◆ IEEE 符号：可为新建元件引脚上放置各种标准的电气符号，表 4-2 列出了软件中能实现的所有 IEEE 符号。
◆ 绘图工具：与第 3 讲中绘制图形的使用基本相同，也可通过选择菜单"放置"或右击工作区选择"放置"命令，调出各种绘图功能。
◆ 网络工具：如图 4-24 所示，可显示和设置网络。
◆ 模型管理器：可用于显示模型列表和详情，如图 4-25 所示。

表 4-2 "IEEE 符号"按钮说明

图标	说明	图标	说明
○	放置低电平触发符号	⊣	放置低态触发输出符号
←	放置信号由右至左传输符号	π	放置 π 符号
▷	放置时钟符号	≥	放置大于等于符号
⊣	放置电平触发输入符号	⊴	放置具有上拉电阻的开集极输出符号
⊿	放置模拟信号输入符号	◇	放置开射极输出信号
✳	放置非逻辑性连接符号	◇	放置具有上拉电阻的开射极输出符号
⌐	放置延时输出符号	#	放置数字信号输入符号
◇	放置开集级输出符号	▷	放置反向器符号

续表

图　标	说　明	图　标	说　明
▽	放置高阻抗状态符号	◁▷	放置双向符号流符号
▷	放置大电流符号	◁	放置信号左移传输符号
⊓	放置脉冲符号	≤	放置小于等于符号
⊢⊣	放置延迟符号	Σ	放置 Σ 符号
⌐	放置多条 I/O 线组合符号	⊐	放置施密特触发输入符号
}	放置二进制组合符号	▷	放置信号右移符号

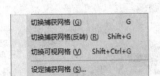

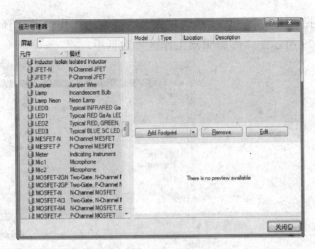

图 4-24　网络工具　　　　　　　　图 4-25　模型管理器

4.4　手工制作元件

本节将利用上述软件提供的工具制作一个 Protel DXP 2004 没有的元件，要制作的新元件为 DA 芯片 TLV5618，如图 4-26 所示。

首先，启动 Protel DXP 2004 软件，选择"文件"→"创建"→"库"→"原理图库"命令，新建原理图库文件，进入原理图元件库编辑器，文件管理器如图 4-27 所示。

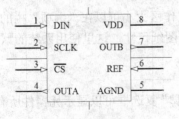

图 4-26　TLV5618

图 4-27　原理图元件库管理器

选择"工具"→"重命名元件"命令，在弹出的重命名对话框中输入新元件名 TLV5618，如图 4-28 所示，单击"确认"按钮后完成元件名更改。

图 4-28 新元件重命名

4.4.1 设置工作区参数和文档属性

选择"工具"→"文档选项"命令或右击工作区并选择"选项"→"文档选项"命令，弹出如图 4-29 所示的"库编辑器工作区"对话框。

图 4-29 "库编辑器工作区"对话框

该对话框主要包括工作区大小、引脚的显示与隐藏、颜色、网格和单位设置 5 部分，下面将对此进行讲解。

（1）设置工作区大小

系统默认工作区的长度和宽度均为 2000，单位为 Protel 的默认单位，设计人员可以根据自己的需求修改大小，具体操作步骤如下：

① 在"自定义尺寸"栏中选中"使用自定义尺寸"复选框。

② 在其下面的文本框中输入 X 方向和 Y 方向的长度，单击"确认"按钮，完成工作区大小的设置。

如果取消选中"使用自定义尺寸"复选框，则工作区大小可以在"选项"栏的"尺寸"下拉列表中选择，设定值为 Protel DXP 2004 提供的标准图纸尺寸，这里使用系统的默认工作区大小设置。

（2）设置引脚的显示与隐藏

系统默认不显示隐藏的引脚，选中"显示隐藏引脚"复选框可以显示元器件所有隐藏的引脚。这里使用系统的默认设置，即不显示隐藏引脚。

（3）设置颜色

颜色设置区域主要设置工作区边界和图纸工作区的颜色，具体设置步骤如下：

① 在"颜色"栏中单击"边界"选项，系统弹出"选择颜色"对话框。系统提供了 3 种颜色设置方案，用户可以自定义图纸边界的颜色，如图 4-30 所示。

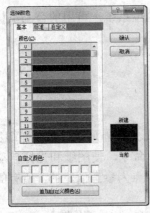

图 4-30　"选择颜色"对话框

② 在"颜色"栏中单击"工作区"选项，系统弹出与图 4-30 所示一样的"选择颜色"对话框，可以根据需要自定义图纸工作区的颜色。

这里均使用系统的默认颜色设置。

（4）设置网格

"捕获"复选框用于在放置管脚或图形时进行对象捕捉；"可视"复选框用于在工作区中显示网格。系统默认对象捕捉和网格大小均为 10，单位为 Protel 的默认单位，设计人员可以根据自己的需求设置，具体操作方法如下：

① 在"网格"栏中选中"捕获"和"可视"复选框。

② 在对应的文本框中输入对象捕捉的大小和网格显示的大小。

这里使用系统的默认网格设置。

（5）设置单位

在"单位"选项卡中可选择使用英制单位系统或公制单位系统，其界面如图 4-31 所示，具体设置如下所示：

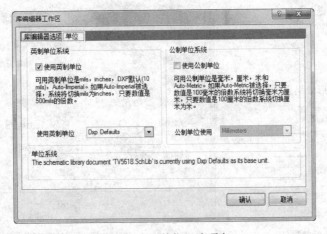

图 4-31　"单位"选项卡

① 选中"使用英制单位"复选框，工作区则采用英制单位系统。可用的英制单位有 mils、inches、DXP 默认和 Auto-Imperial。其中 DXP 默认相当于 10mils。

② 选中"使用公制单位"复选框，工作区则采用公制单位系统。可用的公制单位有毫米、厘米、米和 Auto-Metric，设计人员可以从下拉列表中选择。

这里使用系统的默认单位设置。

4.4.2 绘制元件外形和引脚

在新建文件、重命名元件和设置参数之后，紧接着是绘制元件外形和引脚，详细步骤如下：

（1）确定原点，选择"编辑"→"跳转到"→"原点"命令，使图纸和光标自动调整至中心位置，并使光标指向图纸的原点。Protel 的元件都是以该原点为参考创建的，所有的引脚都在该点附近放置。

（2）选择"放置"→"矩形"命令，光标变成十字形，并带一个矩形，在适当位置单击确定矩形的左上角，移动光标并确定右下角，完成矩形的放置，并调整矩形位置和大小，如图 4-32 所示，一般以两轴线对称放置，网格间距大小为 10（默认）。

（3）添加引脚。选择"放置"→"引脚"命令，光标处于放置引脚状态，依次放置 8 个引脚，如图 4-33 所示。如果放置引脚前第一根管脚编号不为 1，可以按 Tab 键，弹出如图 4-34 所示的"引脚属性"对话框，将其中的"显示名称"和"标识符"均设置为 1 即可，但连续放置其他引脚时"显示名称"和"标识符"均会自动递增。放置引脚前按 X 键可水平翻转引脚。

图 4-32 绘制矩形效果图

图 4-33 添加引脚后的图形

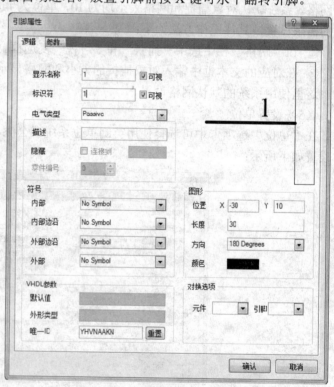

图 4-34 "引脚属性"对话框

（4）编辑引脚属性。双击需要编辑的引脚，在弹出的"引脚属性"对话框中对引脚属性进行修改，具体修改内容如表 4-3 所示，未列出的选项均按默认设置。

表 4-3　引脚属性修改

标 识 符	显 示 名 称	电 气 类 型
1	DIN	Input
2	SCLK	Input
3	*CS*	Input
4	OUTA	Output
5	AGND	Power
6	REF	Input
7	OUTB	Output
8	VDD	Power

其中电气类型选项用于设置引脚的电气属性，此属性在进行电气规则检查时将起作用，如 Output 类型的引脚不能直接接电源端，否则会提示错误。第 3 引脚显示名称上面的取反号可以通过加反斜杠 "\" 来实现，即在 "引脚属性" 对话框的 "显示名称" 文本框中输入 "C\S\"，则引脚上显示 $\overline{\text{CS}}$。设置完成后的效果如图 4-35 所示。

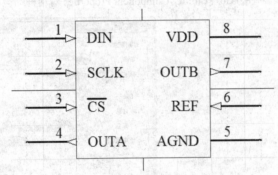

图 4-35　修改引脚属性后的图形

4.4.3　设置元件属性

单有原理图库文件还不能完整描述元件的特性，每一个元件都有默认标识、PCB 封装等属性。选择 "工作" → "元件属性" 命令，即可弹出如图 4-36 所示的 Library Component Properties 对话框，下面分别对各项参数进行设置。

（1）在 Default Designator 文本框中输入默认元件标识，这里输入 "U？"。设置完成后，在原理图放置该元件时，元件标识号就会自动递增，如 U1、U2 等。

（2）在 "注释" 文本框中输入默认的元件注释，这里输入 "TLV5618"。设置完成后，在原理图放置该元件时，在元件符号附近会显示元件注释 "TLV5618"。

（3）添加 PCB 封装。在元器件属性对话框右下角的 Models for TLV5618 栏中单击 "追加" 按钮，弹出 "加新的模型" 对话框，如图 4-37 所示。

（4）在该对话框的下拉列表中选择 Footprint 选项，单击 "确认" 按钮，弹出 "PCB 模型" 对话框，如图 4-38 所示。

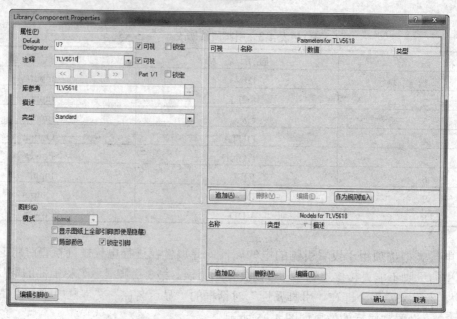

图 4-36　Library Component Properties 对话框

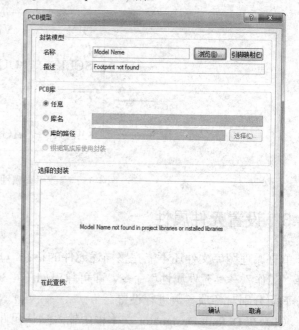

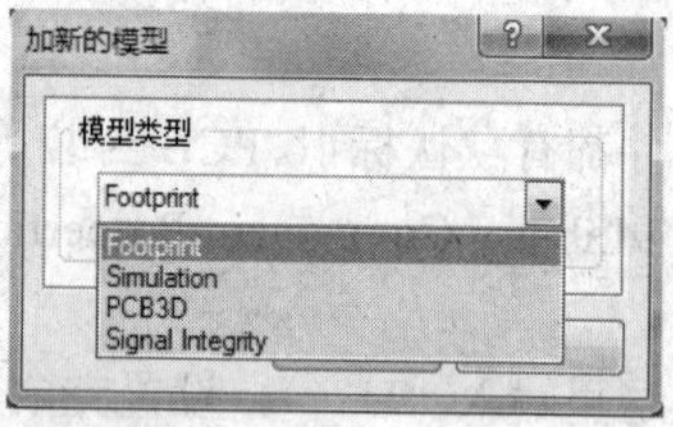

图 4-37　"加新的模型"对话框

图 4-38　"PCB 模型"对话框

（5）单击"浏览"按钮，弹出"库浏览"对话框，如图 4-39 所示。第一次添加元件封装时，"库"下拉列表没有任何选项，需要自行添加。这里为了方便，可直接使用"查找"功能。单击 查找 按钮，进入"元件库查找"对话框，查找元件封装。

（6）由于 TLV5618 芯片是 8 引脚 DIP 封装，因此在文本框中输入"DIP8"，其他设置如图 4-40 所示，单击"查找"按钮开始搜索。从搜索结果中选择一个，然后单击"确认"按钮返回"PCB 模型"对话框。

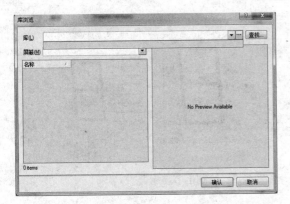

图 4-39 "库浏览"对话框

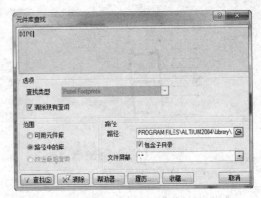

图 4-40 "元件库查找"对话框

（7）继续单击"确认"按钮返回 Library Component Properties 对话框，完成 PCB 封装的添加。

（8）单击 Library Component Properties 对话框左下角的"编辑引脚"按钮，弹出"元件引脚编辑器"对话框，如图 4-41 所示。设计人员可以在该对话框的引脚列表内查看当前元件的引脚属性，并进行修改。

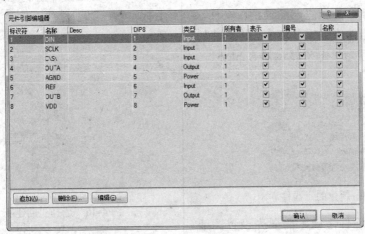

图 4-41 "元件引脚编辑器"对话框

（9）至此，新的库文件已编辑完成，选择"文件"→"保存文件"命令或按 Ctrl+S 快捷键保存文件。

4.5 实例·操作——绘制七节显示器

七节显示器属于常见器件，广泛应用于各种仪器中，其模型如图 4-42 所示。

【思路分析】

该元件图主要由直线和引脚组成。绘制此元件的方法是先放置七节显示器外框，然后绘制"日"字形发光二级管，放置对应发光二极管文本，最后放置引脚并修改属性可完成该元件的绘制，如图 4-43 所示。

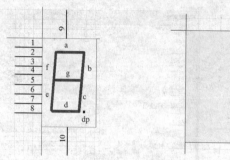

图 4-42　七节显示器

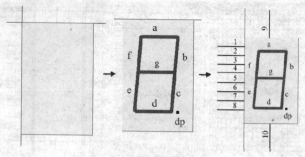

图 4-43　绘制七节显示器

【光盘文件】

——参见附带光盘中的"实例\Ch4\七节显示器\七节显示器.SchLib"文件。

——参见附带光盘中的"视频\Ch4\七节显示器\七节显示器.avi"文件。

【操作步骤】

（1）选择"文件"→"创建"→"库"→"原理图库"命令，新建一原理图库文件，进入到原理图元器件库编辑环境中。将新建的元器件库文件保存为"七节显示器.SchLib"，如图 4-44 所示。

图 4-44　新建的元器件库

（2）在绘制元件之前，需要先设置图纸环境。选择"工具"→"文档选项"命令，打开"库编辑器工作区"对话框，如图 4-45 所示。设置图纸的捕获网格为 1，可视网格为 5。

图 4-45　"库编辑器工作区"对话框

（3）在元器件绘制工具栏中选择"绘图工具 🖊"→"创建新元件 🔲"选项，如图 4-46 所示。

图 4-46　选择"创建新元件"选项

（4）在打开的对话框中输入元器件名称 LEDS，然后单击"确认"按钮，如图 4-47 所示。

图 4-47　输入元器件名称

（5）绘制七节显示器的原理图外形，选择"放置"→"矩形"命令，光标变成十字形，并带一个矩形，在原点位置单击确定矩形的左上角，移动光标并确定右下角，完成矩形的放置，并调整矩形位置和大小，如图 4-48 所示。

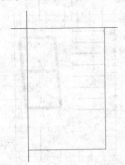

图 4-48　七节显示器的外形

（6）在原理图符号中，可以直线代替发光二极管，选择"绘图工具 ✎"→"放置直线 ╱"选项，先绘制出"日"字形最上面的一条横线，如图 4-49 所示。

图 4-49　绘制出一条横线

（7）绘制两条斜线，仍然在绘制直线的命令状态下，按空格键切换到绘制一般斜线的模式，绘制出两条有一定倾斜角度的直线，如图 4-50 所示。

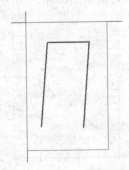

图 4-50　绘制出两段斜线

（8）将"日"字形中间和最下面的两条横线添加进去，这就是七节显示器的显示部

分，如图 4-51 所示。

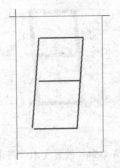

图 4-51　调整属性前的显示部分

（9）双击已绘制各段直线，弹出"折线"对话框，将"线宽"从 Small 改成 Medium，修改后整体显示更加美观，如图 4-52 所示。

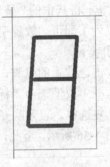

图 4-52　调整属性后的显示部分

（10）选择"放置"→"矩形"命令，在"日"字形的右下角添加一个点，这是用来显示小数点的，将小矩形的填充色设置为黑色，如图 4-53 所示。

图 4-53　添加小数点

（11）选择"放置"→"文本字符串"命令，在每段发光二级管附近放置文本字符串，用于注明段名称，如图 4-54 所示。

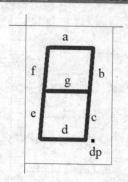

图 4-54　放置文本字符串

（12）添加引脚。选择"放置"→"引脚"命令，光标处于放置引脚状态，依次放置 10个引脚，如图 4-55 所示。如果放置引脚前第一根管脚编号不为 1，可以按 Tab 键，弹出"引脚属性"对话框，将其中的"显示名称"和"标识符"均设置为 1 即可。放置引脚前按空格键可 90°旋转引脚。

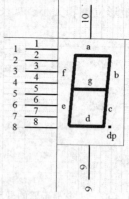

图 4-55　放置引脚

（13）双击已放置的引脚，在弹出的"引脚属性"对话框中取消选中"标识符"文本框后的"可视"复选框，表示隐藏标号，设置后的变压器如图 4-56 所示。至此，完成七节显示器的绘制。

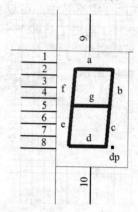

图 4-56　完成七节显示器的绘制

（14）选择"文件"→"保存文件"命令或按 Ctrl+S 快捷键保存文件。

4.6　实例·练习——绘制 OP07 运算放大器

OP07 运算放大器属于常见器件，广泛应用于各种电路中，其模型如图 4-57 所示。

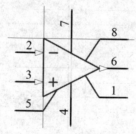

图 4-57　OP07 运算放大器

【思路分析】

该元件图主要由直线和引脚组成。绘制此元件的方法是先放置运算放大器轮廓，然后放置对应的"+"和"−"，最后放置引脚并修改属性可完成该元件的绘制，如图 4-58 所示。

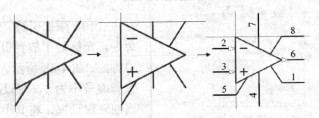

图 4-58　绘制 OP07 运算放大器

【光盘文件】

 结果文件——参见附带光盘中的"实例\Ch4\运算放大器\OP07.SchLib"。

动画演示——参见附带光盘中的"视频\Ch4\运算放大器\OP07.avi"文件。

【操作步骤】

（1）选择"文件"→"创建"→"库"→"原理图库"命令，新建一原理图库文件，进入到原理图元器件库编辑环境中。将新建的元器件库文件保存为 OP07.SchLib，如图 4-59 所示。

图 4-59　新建的元器件库

（2）在绘制元件之前，需要先设置图纸环境。选择"工具"→"文档选项"命令，打开"库编辑器工作区"对话框，如图 4-60 所示。设置图纸的捕获网格为 1，可视网格为 5。

图 4-60　"库编辑器工作区"对话框

（3）在元器件绘制工具栏中选择"绘图工具"→"创建新元件"选项，如图 4-61

所示。

图 4-61　选择"创建新元件"选项

（4）在打开的对话框中输入元器件名称 OP07，然后单击"确认"按钮，如图 4-62 所示。

图 4-62　输入元器件名称

（5）绘制 OP07 轮廓，选择"绘图工具"→"放置直线"选项，先绘制出中间三角形的竖直边，长度横跨 4 个网格，如图 4-63 所示。

（6）绘制两条斜线，仍然在绘制直线的命令状态下，按空格键切换到绘制一般斜线的模式，绘制出两条有一定倾斜角度的直线，刚好在中点处，同样横跨 4 个网格，如图 4-64 所示。

图 4-63　绘制出竖直线

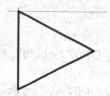

图 4-64　绘制出两段斜线

（7）在三角形中间添加两段竖直导线，位置刚好在中间网格交点处，即斜线的中点处，如图 4-65 所示。

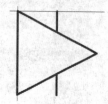

图 4-65　绘制出两段中间竖直线

（8）绘制其余三段斜线，位置和长度分别以网格为单位绘制，如图 4-66 所示。

图 4-66　绘制出三段斜线

（9）在三角形内部用"导线"命令再绘制"+"和"−"符号，位置和长度分别同样以网格为单位绘制，如图 4-67 所示。

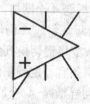

图 4-67　绘制出"+"和"−"

（10）添加引脚。选择"放置"→"引脚"命令，光标处于放置引脚状态，依次放置 8 个引脚，如图 4-68 所示。如果放置引脚前第一根管脚编号不为 1，可以按 Tab 键，弹出"引脚属性"对话框，将其中的"显示名称"和"标识符"均设置为 1 即可。放置引脚前按空格键可对引脚进行 90°旋转。

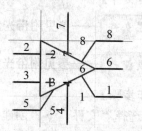

图 4-68　放置引脚

（11）双击已放置的引脚，在弹出的"引脚属性"对话框中取消选中"标识符"文本框后的"可视"复选框，表示隐藏标号，并按表 4-4 设置显示名称和电气类型，设置后的变压器如图 4-69 所示。至此，完成 OP07 运算放大器的绘制。

表 4-4　设置显示名称和电气类型

标　识　符	显　示　名　称	电　气　类　型
1	OS NUL	Passive
2	IN−	Input
3	IN+	Input
4	V−	Power
5	OS NUL	Passive
6	OUT	Output
7	V+	Power
8	TAB	Passive

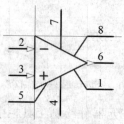

图 4-69　完成 OP07 运算放大器的绘制

（12）选择"文件"→"保存文件"命令或按 Ctrl+S 快捷键保存文件。

4.7 习 题

一、填空题

（1）新建原理图元件必须在＿＿＿＿编辑器中进行。

（2）原理图元件库编辑器工作区的中心有一个十字坐标轴，将工作区划分为 4 个象限，一般在第＿＿＿＿象限绘制原理图元件。

（3）管脚只有一端具有电气特性，与光标相连的一端＿＿＿＿电气特性，将其与元件外形相连，使＿＿＿＿电气特性的一端离开元件外形。

（4）启动元件库编辑器有两种方法，一种方法是＿＿＿＿，另一种方法是＿＿＿＿。

（5）原理图元件由两部分组成：＿＿＿＿和＿＿＿＿。

二、选择题

（1）执行文件/创建/原理图可以生成（　　　）文件。

    A．原理图　　　　　　B．元件封装库　　　　C．原理图元件库　　　D．项目

（2）原理图元件库文件名的后缀为（　　　）。

    A．.Schlib　　　　　　B．.SchDoc　　　　　　C．.PcbDoc　　　　　　D．.PcbLib

（3）Protel DXP 集成元件库后缀为（　　　）。

    A．.Lib　　　　　　　B．.SchLib　　　　　　C．PcbLib　　　　　　D．.IntLib

（4）在原理图元件库编辑器中，单击 Library Editor 面板中的（　　　）按钮，可将元件放置到原理图编辑器。

    A．Place　　　　　　B．Add　　　　　　　C．Delete　　　　　　D．Edit

（5）在原理图元件库编辑器中要修改元件属性，单击 Library Editor 面板中的（　　　）按钮即可。

    A．Place　　　　　　B．Add　　　　　　　C．Delete　　　　　　D．Edit

三、操作题

（1）Protel DXP 2004 的 PCB 元件向导提供哪几种元件模型？

（2）请打开"C:\Program Files\Altium2004\Library\Analog Devices\AD Operational Amplifier.IntLib"元件库文件，然后观察其中的元件外观及其相关特性。

（3）新建一个元件库，并在该库中添加本讲中介绍的所有原理图符号。

第 5 讲 设计层次原理图

在实际设计过程中，往往会有庞大的电路图，如果在一张原理图中全部画出来，一方面，图纸尺寸会变得非常大；另一方面，整个电路的结构层次会显得杂乱无章，不易于浏览。设计人员将电路图按功能或位置分成不同模块，在不同模块中再进行电路图的绘制。总体来说，电路结构就是由相对简单的几个模块组成的。因此，Protel DXP 2004 也为层次原理图设计方法提供了绘制功能，整张原理图可分成若干子原理图，子原理图可再细分。本讲主要介绍层次原理图的设计和层次原理图之间的切换。

本讲内容

❯ 实例·模仿——两级放大电路层次原理图

❯ 层次原理图的设计方法

❯ 层次原理图设计的常用工具

❯ 不同层次原理图之间的切换

❯ 生成层次表

❯ 实例·操作——AC-DC 电路层次图

❯ 实例·练习——层次原理图之间的切换

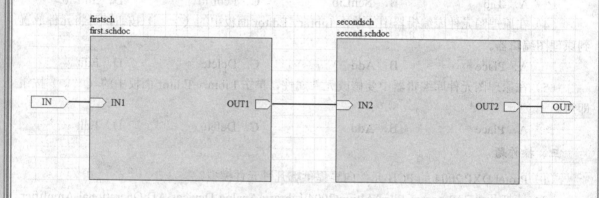

5.1 实例·模仿——两级放大电路层次原理图

两级放大电路在第 3 讲中已讲解过如何绘制，该电路可将两级放大电路分开，可用层次原理图表示，如图 5-1 所示。

【思路分析】

该层次图由一张母图和两张子原理图组成。绘制此图的方法是先在母图里绘制出两个图纸符号，并设置各个端口属性，然后分别绘制两个子原理图电路即可完成全图，如图 5-2 所示。

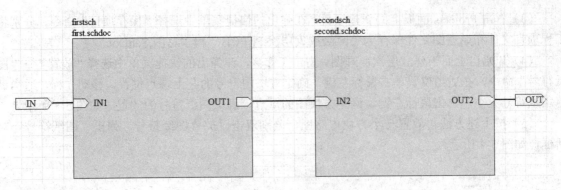

图 5-1　两级放大电路层次原理图

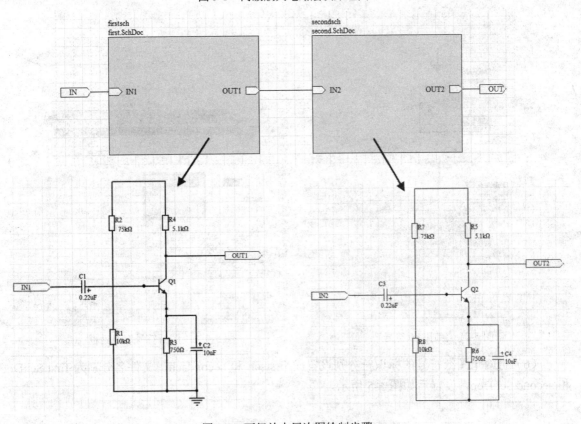

图 5-2　两级放大层次图绘制步骤

【光盘文件】

结果文件——参见附带光盘中的"实例\Ch5\两级放大层次\两级放大层次.PrjPCB"文件。

动画演示——参见附带光盘中的"视频\Ch5\两级放大层次\两级放大层次.avi"文件。

【操作步骤】

（1）选择"文件"→"创建"→"项目"→"PCB 项目"命令，创建一个 PCB 项目文档。

（2）选择"文件"→"创建"→"原理图"命令，创建一个原理图文档。

（3）右击 Projects 面板上的新建项目，在弹出的快捷菜单中选择"保存项目"命令，分别将工程项目文件和原理图文件保存为"两级放大层次.PrjPCB"和"总图.SchDoc"。

（4）开始自上而下建立层次原理图。右击工作区，在弹出的快捷菜单中选择"放置"→"图纸符号"命令，在适当位置单击鼠标左键，确定方块图符号的左上端点位置，移动光标，适当调整图纸符号大小，单击鼠标左键，确定方块图的重点，确认图纸符号的放置，如图 5-3 所示。

（5）按上述方法再放置一个方块电路图，分别双击已放置图纸符号，弹出"图纸符号"对话框，如图 5-4 所示。

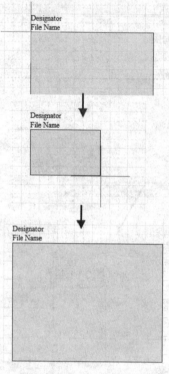

图 5-3 绘制图纸符号

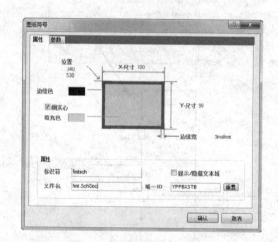

图 5-4 "图纸符号"对话框

（6）将两个图纸符号的标识符分别设置成 firstsch 和 secondsch，文件名分别为 first.SchDoc 和 second.SchDoc，设置后如图 5-5 所示。

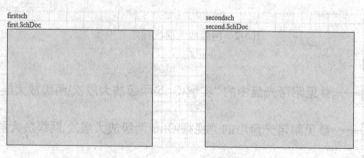

图 5-5 设置图纸符号

（7）右击工作区，在弹出的快捷菜单中选择"放置"→"加图纸入口"命令，分别放置在两个方块电路的 I/O 端口，放置后如图 5-6 所示。

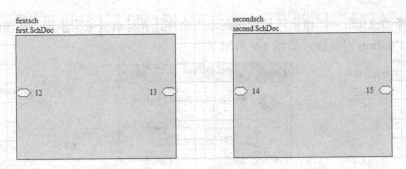

图 5-6　放置"图纸入口"

（8）选择"放置"→"端口"命令或者单击"配线"工具栏中的"端口"按钮，进入端口放置命令，在图纸符号左右两侧分别放置一个端口符号。

（9）分别双击 4 个图纸入口和两端口，弹出"图纸入口"或"端口属性"对话框，在其中设置"图纸入口"的名称和 I/O 类型、"端口属性"的名称和 I/O 类型，各个端口参数如表 5-1 所示。修改完成后原理图如图 5-7 所示。

表 5-1　端口参数

名　　称	I/O 类型	所属图纸符号	名　　称	I/O 类型	所属图纸符号
IN	Iuput		IN2	Iuput	second.SchDoc
IN1	Iuput	first.SchDoc	OUT2	Output	second.SchDoc
OUT1	Output	first.SchDoc	OUT	Output	

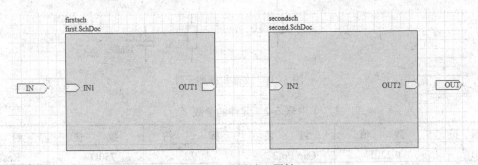

图 5-7　设置端口属性

（10）选择"放置"→"导线"命令，将上述端口相连接，完成连接后的原理图如图 5-8 所示。

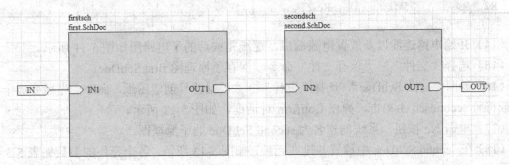

图 5-8　连接电路图

（11）选择"设计"→"根据符号创建图纸"命令，光标将变成十字形，在图纸符号 firstsch 上单击，弹出 Confirm 对话框，如图 5-9 所示。

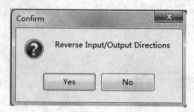

图 5-9　Confirm 对话框

（12）单击 No 按钮，系统创建名为 first.SchDoc 的子原理图。

（13）在 first.SchDoc 中放置并排布元件，如图 5-10 所示，各个元件的参数如表 5-2 所示。

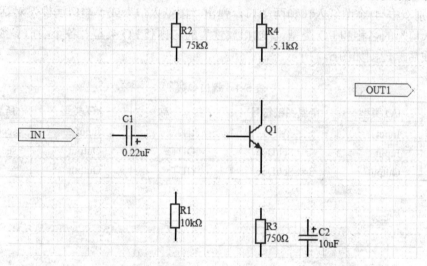

图 5-10　放置和排列元件

表 5-2　元件的参数

标　识　符	数　　值	封　　装	标　识　符	数　　值	封　　装
C1	0.22μF	Cap Pol2	R3	750Ω	Res2
C2	10μF	Cap Pol2	R4	5.1kΩ	Res2
R1	10kΩ	Res2	Q1		2N3904
R2	75kΩ	Res2			

（14）开始电路连线以及放置电源端口，连线完成后的子电路图如图 5-11 所示。

（15）选择"文件"→"保存文件"命令，保存子原理图 first.SchDoc。

（16）返回"总图.SchDoc"，选择"设计"→"根据符号创建图纸"命令，光标变成十字形，在图纸符号 secondsch 上单击，弹出 Confirm 对话框，如图 5-12 所示。

（17）单击 No 按钮，系统创建名为 second.SchDoc 的子原理图。

（18）在 second.SchDoc 中放置并排布元件，如图 5-13 所示，各个元件的参数如表 5-3 所示。

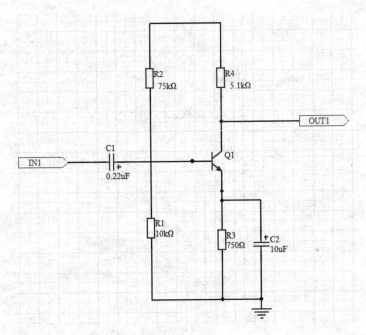

图 5-11　连线

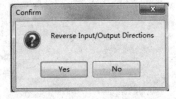

图 5-12　Confirm 对话框

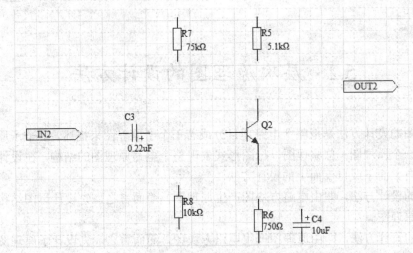

图 5-13　放置和排列元件

表 5-3　元件的参数

标　识　符	数　值	封　装	标　识　符	数　值	封　装
C3	0.22μF	Cap Pol2	R7	75kΩ	Res2
C4	10μF	Cap Pol2	R8	10kΩ	Res2
R5	5.1kΩ	Res2	Q2		2N3904
R6	750Ω	Res2			

（19）开始电路连线以及放置电源端口，连线完成后的子电路图如图 5-14 所示。

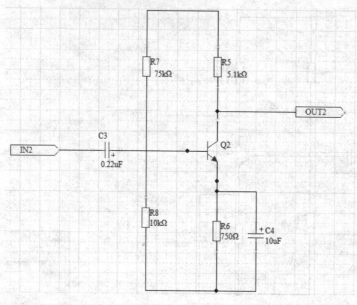

图 5-14　连线

（20）选择"文件"→"保存文件"命令，保存子原理图 second.SchDoc。至此，整个层次电路图设计完毕。

5.2　层次原理图的设计方法

　　层次原理图的设计方法是把整个电路项目分成若干个子原理图来描述。多个子原理图能联合起来共同描述一个原理图，总原理图以母图形式表现整个电路原理图的结构。在设计层次原理图时，可以采用自上而下或自下而上的设计方法。

　　自上而下的设计方法，即由电路方块图产生原理图，简而言之，先设计母图结构，进而在每个子图中绘制原理图。

　　自下而上的设计方法，即由原理图产生电路方块图，简而言之，先设计子原理图，进而产生方块图到母图中，与其他方块图连成整体。

5.2.1　自上而下设计层次原理图

　　采用自上而下设计方法，首先要根据总原理图的结构，将整个电路分解成不同功能的子模块，并先将层次原理图的母图绘制出来，然后分别绘制各个方块图对应的子原理图，这样层层绘制下去，完成整个层次原理图的设计，其设计流程如图 5-15 所示。

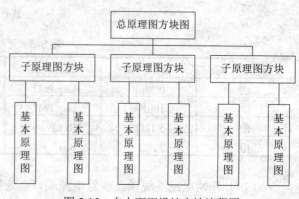

图 5-15　自上而下设计方法流程图

5.2.2　自下而上设计层次原理图

采用自下而上设计方法，首先要设计子原理图，进而设计方块图，形成上层原理图。这样的设计思路，往往在对模块的应用背景或具体端口不明的情况下采用，其设计流程如图 5-16 所示。

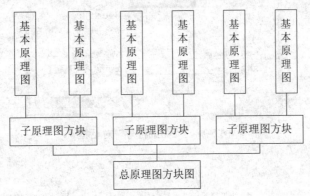

图 5-16　自下而上设计方法流程图

5.3　层次原理图设计的常用工具

在层次原理图中，信号的传递主要依靠放置图纸符号、图纸吐口和 I/O 端口来实现。下面针对这 3 种常用工具进行讲解。

5.3.1　图纸符号

在层次原理图中，图纸符号是自上而下设计方法中首先要用到的单元。用一张带有若干 I/O 端口的图纸符号可以代表一张完整的电路图。在层次原理图设计中，用图纸符号代替子原理图，也可将图纸符号看成原理图的封装，其放置步骤如下：

（1）选择"放置"→"图纸符号"命令或在"配线"工具栏中单击"放置图纸符号"按钮。

（2）执行命令后光标将变成十字状，将光标移至欲确定图纸的左上角位置，在起点位置单击后，移动光标至欲确定图纸的右下角位置单击，完成图纸符号放置，如图 5-17 所示。

如果需要修改放置的图纸符号的参数，可以通过前面章节所讲的方法进入属性对话框，如图 5-18 所示，其中"标识符"文本框用于设置图纸符号的名称，只是一个符号，没有电器特性；"文件名"文本框用于设置符号所代表的子原理图的文件名，是图纸符号中唯一具有电气特性的参数，且设置"唯一 ID"作为标识。

图 5-17　图纸符号的放置

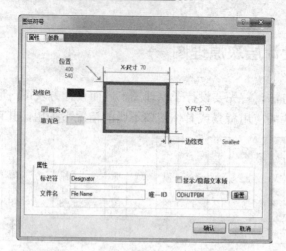

图 5-18　"图纸符号"对话框

5.3.2　图纸入口

图纸入口用在母原理图的图纸符号中，可以体现图纸符号对外呈现出来的特性。在层次原理图设计中，如果将图纸符号看成是一个元件封装，那么图纸入口相当于元件的引脚。其放置步骤如下：

（1）选择"放置"→"加图纸入口"命令或在"配线"工具栏中单击"放置图纸入口"按钮。

（2）执行命令后光标将变成十字状，并带一个图纸入口符号，将光标移至图纸符号内，则图纸入口自动定位在图纸符号的边界上，移动光标，图纸入口会沿着图纸符号边界移动，在合适位置单击后，完成图纸入口放置，如图 5-19 所示。

如果需要修改放置的图纸符号的参数，可以通过前面章节所讲的方法进入属性对话框，如图 5-20 所示，其中"名称"文本框表明了图纸入口的名称，此名称必须与其代表的子原理图中端口的名称相同，两者才能建立电气连接关系。"位置"文本框表明了图纸入口的放置位置，"I/O类型"下拉列表框提供了 Unspecified（不确定性）、Input（输入型）、Output（输出型）和 Bidirectional（双向型）4 种端口类型，说明图纸入口的电气性质，即电气信号的传输方向。

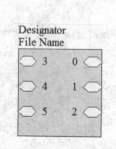

图 5-19　图纸入口的放置

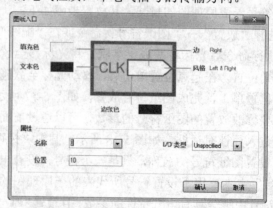

图 5-20　"图纸入口"对话框

5.3.3　I/O 端口

端口是不同原理图之间的连接通道，实现了原理图的纵向链接。需要注意的是，I/O 端口具有方向性，因此使用 I/O 端口表示元件引脚或者导线之间的电气连接关系时，同时也会指定引脚或者导线上的信号传输方向。其放置步骤如下：

（1）选择"放置"→"端口"命令或在"配线"工具栏中单击"放置端口"按钮。

（2）执行命令后光标将变成十字状，并带一个端口符号，在合适位置单击，确定端口的左侧端点，移动光标，在合适位置单击后，确定右侧端点，完成端口放置，如图 5-21 所示。

如果需要修改端口的参数，可以通过前面章节所讲的方法进入属性对话框，如图 5-22 所示，其中"名称"下拉列表框表明了端口的名称，具有电气连接特性，并且指定"唯一 ID"文本框作为端口表示，"I/O 类型"下拉列表框提供了 Unspecified（不确定性）、Input（输入型）、Output（输出型）和 Bidirectional（双向型）4 种端口类型，说明端口的电气性质，即电气信号的传输方向。

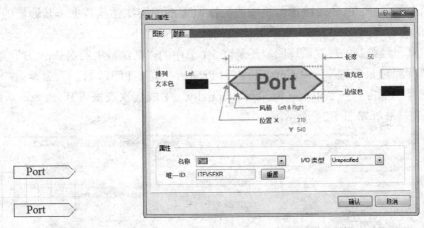

图 5-21　端口的放置　　　　　　　　图 5-22　"端口属性"对话框

5.4　不同层次原理图之间的切换

当进行较大规模的原理图设计时，层次原理图结构比较复杂，由多个子原理图和母原理图构成，同时读入或编辑的具有层次关系的原理图张数较多时，经常需要在不同层次原理图之间来回切换，Protel DXP 2004 也包含这部分功能，下面将对其进行讲解。

5.4.1　项目管理器切换原理图

在比较简单的项目中，即原理图较少，层次较少，易于管理。设计好的层次原理图，在左侧的项目管理器中可以看到层次原理图的结构，单击母图前面的"＋"号，展开树状结构，在树状结构中单击欲打开的原理图文件图标，即可切换到相应的原理图，如图 5-23 所示。

图 5-23　用设计管理器切换层次原理图

5.4.2　菜单命令切换原理图

除了项目管理器切换原理图之外，还有两种主要的菜单命令切换方法。

（1）选择"工具"→"改变设计层次"命令。

（2）单击"原理图标准"工具栏中的 按钮。

执行该命令时光标将变成十字状，若是由总原理图切换到子图，应将光标移动到子图的方块图输入/输出端口上，双击鼠标左键，即可切换到该子图；若是由子图切换到总原理图，即可将光标移动到与总图连接的一个电路端口，双击鼠标左键，即可切换到总原理图。

5.5　生成层次表

层次表记录了一个由多张绘图页组成的层次原理图的层次结构数据，其输出的结构为 ASCII 文件，文件的存盘扩展名为.rep。生成层次表的操作步骤如下：

（1）打开已经绘制的层次原理图，还是以 5.1 节中的"两级放大层次.PrjPCB"为例进行介绍。

（2）选择"项目管理"→"Compile PCB Project（编译 PCB 项目）"命令。

（3）选择"报告"→"Report Project Hierarchy（生成层次表报告）"命令，系统将会产生该原理图的层次关系，如图 5-24 所示。

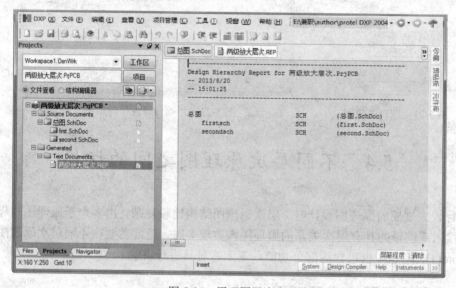

图 5-24　原理图层次表

5.6　实例·操作——AC-DC 电路层次图

AC-DC 电路在第 3 讲中已讲解过如何绘制，该电路可将整流电路和稳压电路分开，可用层次原理图表示，如图 5-25 所示。

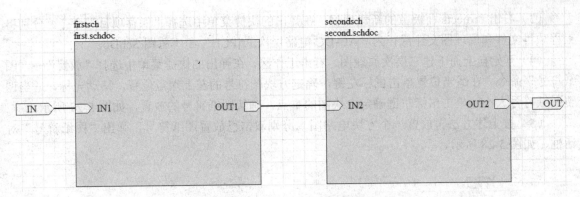

图 5-25　两级放大电路层次原理图

【思路分析】

该层次图由一张母图和两张子原理图组成。绘制此图的方法是先在母图里绘制出两个图纸符号，并设置各个端口属性，然后分别绘制两个子原理图电路即可完成全图，如图 5-26 所示。

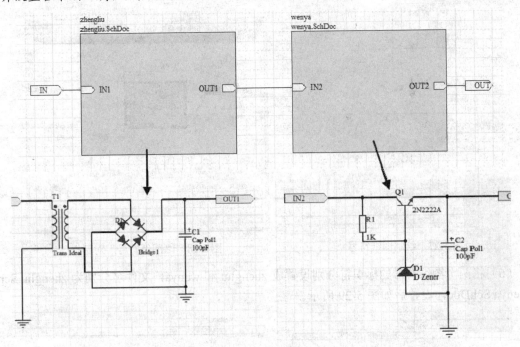

图 5-26　两级放大层次图绘制步骤

【光盘文件】

结果文件——参见附带光盘中的"实例\Ch5\AC-DC 层次\AC-DC 层次.PrjPCB"文件。

动画演示——参见附带光盘中的"视频\Ch5\AC-DC 层次\AC-DC 层次.avi"文件。

【操作步骤】

（1）选择"文件"→"创建"→"项目"→"PCB 项目"命令，创建一个 PCB 项目文档。

（2）选择"文件"→"创建"→"原理图"命令，创建一个原理图文档。

（3）右击 Projects 面板上的新建项目，在弹出的快捷菜单中选择"保存项目"命令，分别将工程项目文件和原理图文件保存为"AC-DC 电路层次.PrjPCB"和"总图.SchDoc"。

（4）开始自上而下建立层次原理图。右击工作区，在弹出的快捷菜单中选择"放置"→"图纸符号"命令，在适当位置单击鼠标左键，确定方块图符号的左上端点位置，移动光标，适当调整图纸符号大小，单击鼠标左键确定方块图的重点，确认图纸符号的放置，如图 5-27 所示。

（5）按上述方法再放置一个方块电路图，分别双击已放置图纸符号，弹出"图纸符号"对话框，如图 5-28 所示。

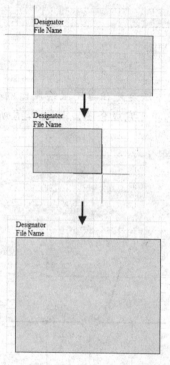

图 5-27　绘制图纸符号

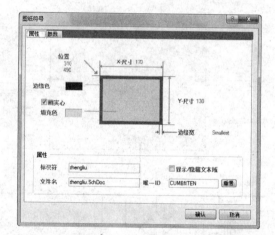

图 5-28　"图纸符号"对话框

（6）将两个图纸符号的标识符分别设置成 zhengliu 和 wenya，文件名分别为 zhengliu.SchDoc 和 wenya.SchDoc，设置后如图 5-29 所示。

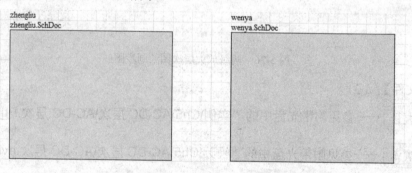

图 5-29　设置图纸符号

（7）右击工作区，在弹出的快捷菜单中选择"放置"→"加图纸入口"命令，分别放置在两个方块电路的 I/O 端口，放置后如图 5-30 所示。

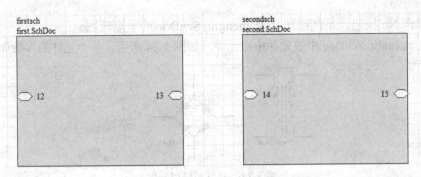

图 5-30　放置"图纸入口"

（8）选择"放置"→"端口"命令或者单击"配线"工具栏中的"端口"按钮，进入端口放置命令，在图纸符号左右两侧分别放置一个端口符号。

（9）分别双击 4 个图纸入口和两端口，弹出"图纸入口"或"端口属性"对话框，在其中设置"图纸入口"的名称和 I/O 类型、"端口属性"的名称和 I/O 类型，各个端口的参数如表 5-4 所示。修改完成后的原理图如图 5-31 所示。

表 5-4　端口的参数

名　　　称	I/O 类型	所属图纸符号	名　　　称	I/O 类型	所属图纸符号
IN	Iuput		IN2	Iuput	wenya.SchDoc
IN1	Iuput	zhengliu.SchDoc	OUT2	Output	wenya.SchDoc
OUT1	Output	zhengliu.SchDoc	OUT	Output	

（10）选择"放置"→"导线"命令，将上述端口相连接，完成连接后的原理图如图 5-32 所示。

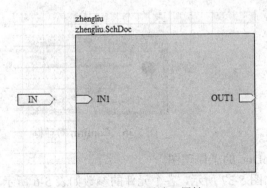

图 5-31　设置端口属性

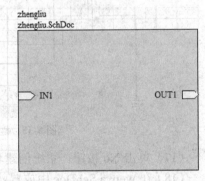

图 5-32　连接电路图

（11）选择"设计"→"根据符号创建图纸"命令，光标将变成十字形，在图纸符号 firstsch 上单击，弹出 Confirm 对话框，如图 5-33 所示。

图 5-33　Confirm 对话框

（12）单击 No 按钮，系统创建名为 zhengliu.SchDoc 的子原理图。

（13）在 zhengliu.SchDoc 中放置并排布元件，如图 5-34 所示，各个元件的参数如表 5-5 所示。

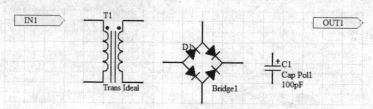

图 5-34　放置和排列元件

表 5-5　元件的参数

标　识　符	数　　值	封　　装
C1	100pF	Cap Pol1
D1		Bridge1
T1		Trans Ideal

（14）开始电路连线以及放置电源端口，连线完成后的子电路图如图 5-35 所示。

（15）选择"文件"→"保存文件"命令，保存子原理图 zhengliu.SchDoc。

（16）返回"总图.SchDoc"，选择"设计"→"根据符号创建图纸"命令，光标将变成十字形，在图纸符号 wenya 上单击，弹出 Confirm 对话框，如图 5-36 所示。

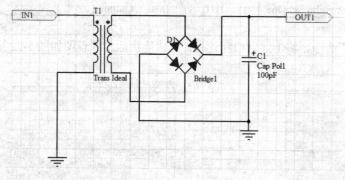

图 5-35　连线

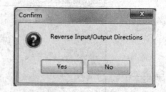

图 5-36　Confirm 对话框

（17）单击 No 按钮，系统创建名为 wenya.SchDoc 的子原理图。

（18）在 wenya.SchDoc 中放置并排布元件，如图 5-37 所示，各个元件的参数如表 5-6 所示。

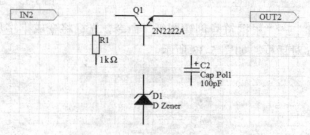

图 5-37　放置和排列元件

表 5-6　元件参数

标　识　符	数　　值	封　　装	标　识　符	数　　值	封　　装
R1	1kΩ	Res2	D1		D Zener
C2	100pF	Cap Pol1	Q1		2N2222A

（19）开始电路连线以及放置电源端口，连线完成后的子电路图如图 5-38 所示。

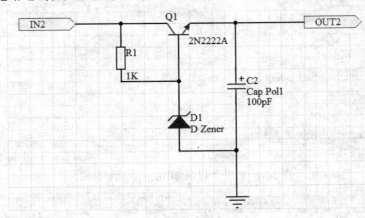

图 5-38　连线

（20）选择"文件"→"保存文件"命令，保存子原理图 wenya.SchDoc。至此，整个层次电路图设计完毕。

5.7　实例·练习——层次原理图之间的切换

【光盘文件】

结果文件——参见附带光盘中的"实例\Ch5\层次切换\AC-DC 电路层次.PrjPCB"文件。

动画演示——参见附带光盘中的"视频\Ch5\层次切换\层次切换.avi"。

在本实例中，以 5.6 节中的"AC-DC 电路层次.PrjPCB"为例练习层次原理图之间的切换，具体步骤如下：

（1）应用 Projects 工作面板来完成原理图母图和子图之间的切换。先打开 PCB 设计项目，在 Projects 工作面板中可以看到，在工程文件下列出了该工程中包含的各种文件，这里主要是原理图文件。在 Projects 工作面板中依次双击各个原理图文件，将它们打开，如图 5-39 所示。

（2）这种状态下，要在原理图母图和子图之间切换就非常容易，只需要在 Projects 工作面板中单击要切换的目标原理图，即可将工作区切换到对应原理图，如图 5-40 所示。

（3）在这种状态下，也可以单击工作区上方的标签来完成原理图母图和子图之间的切换。但如果设计项目中有大量的原理图，这时可以用命令的方法来完成原理图母图和子图的切换。

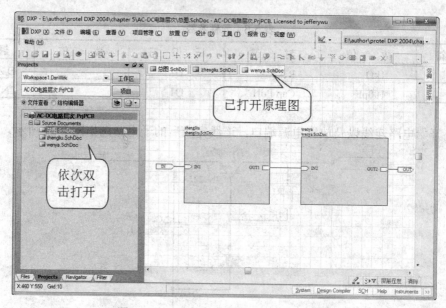

图 5-39　打开工程项目中的层次化原理图

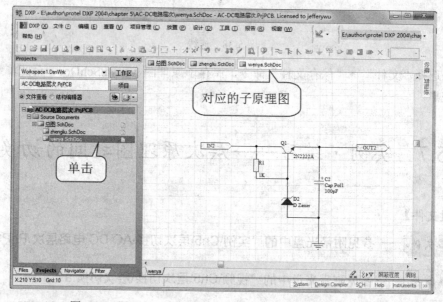

图 5-40　用 Projects 工作面板完成层次化原理图之间的切换

（4）选择"项目"→"编译 PCB 项目"命令，对整个工程进行编译。在工作区右下角单击 Navigator 标签，打开该工作面板。单击 Navigator 工作面板上的 交互式导航 按钮，光标会变成十字形，移动光标到原理图子图中，缓慢单击子图中的任意一点 input 或 output 端口两次，如图 5-41 所示。

（5）工作区即切换到原理图母图，如图 5-42 所示。

（6）当然，也可以从原理图母图切换到子图，单击 Navigator 工作面板上的 交互式导航 按钮，光标会变成十字形，移动光标到原理图子图中，缓慢单击母图中的任意一点 input 或 output 端口两次，如图 5-43 所示，就可以切换到子图，如图 5-44 所示。

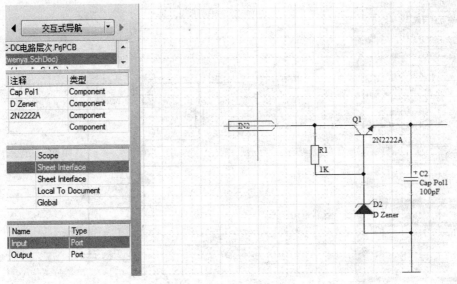

图 5-41 用命令的方式完成层次化原理图之间的切换

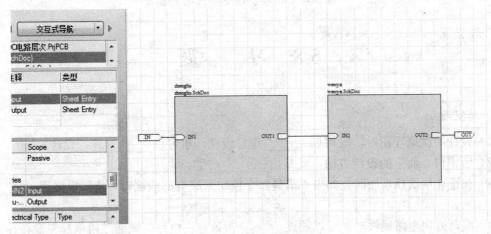

图 5-42 切换到原理图母图

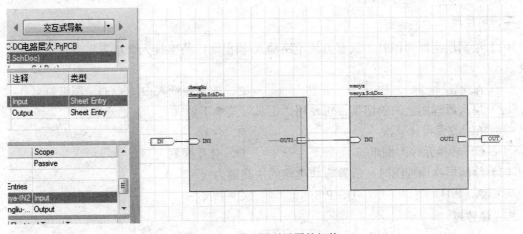

图 5-43 从母图到子图的切换

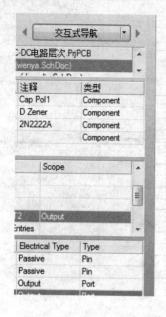

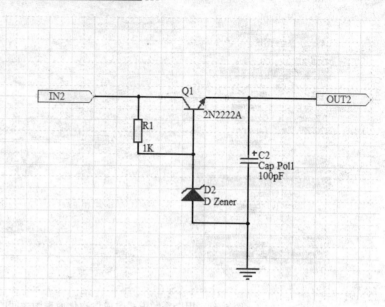

图 5-44　切换到对应的原理图子图

5.8　习　　题

一、填空题

（1）设计层次原理图时，既可以_____进行设计，也可以_____进行设计。

（2）所谓自上而下的设计方法，就是由_____产生_____。

（3）在设计层次原理图时，如果不清楚每个模块到底有哪些端口，就可以采用_____设计方法。

（4）编辑方块电路属性时，可以通过_____击该方块电路，或通过用鼠标左键按住方块电路的同时按_____键进行编辑。

二、选择题

（1）绘制层次原理图时，放置方块电路输入/输出端口的工具为"放置"菜单下的（　　）命令。

　　A. 端口　　　　　　　B. 元件　　　　　　C. 放置图纸入口　　　D. 图纸符号

（2）层次原理图之间的切换，可使用"工具"菜单下的（　　）命令。

　　A. 改变设计层次　　　　　　　　　　　B. 注释

　　C. 转换元件为图纸符号　　　　　　　　D. 交互探测

（3）绘制层次原理图时，放置方块电路的快捷键为（　　）。

　　A. P/U　　　　　　　B. P/S　　　　　　C. P/N　　　　　　　D. P/A

三、操作题

绘制图 5-45 所示信号发生器电路，并将电路改画为层次原理图电路，其中方波形成电路为子图 1，三角波形成电路为子图 2。

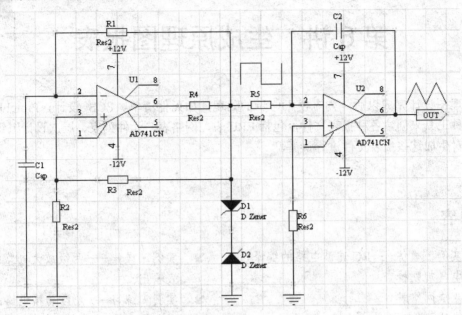

图 5-45　信号发生器电路

第6讲　生成原理图报表

当原理图设计完成以后，为方便下一步的处理，如元件清单、PCB 设计，Protel DXP 2004 提供了多种工具来创建各种报表文件，包括 ERC 表、网络表、元件列表、层次设计组织列表等，本讲主要对生成这些报表文件进行讲解。

本讲内容

➡ 实例·模仿——RC 滤波电路的编译
➡ 电气规则检查
➡ 生成网络表
➡ 生成元件列表
➡ 生成交叉元件参考表

➡ 实例·操作——两级放大电路的报表输出
➡ 实例·练习——A/D 转换电路的编译和报表输出

6.1　实例·模仿——RC 滤波电路的编译

【思路分析】

该原理图的编译，先设置一般需要设置的检查规则，编译后查看 Message 进行检查，如果存在部分提示可去掉，再重新设置检查规则。

【光盘文件】

　结果文件——参见附带光盘中的"实例\Ch6\RC 滤波器\RC 滤波器.PrjPCB"文件。

　动画演示——参见附带光盘中的"视频\Ch6\RC 滤波器\RC 滤波器.avi"文件。

【操作步骤】

（1）单击工具栏中的"打开"按钮 🗁，在打开的对话框中选择附带光盘中的"实例\Ch6\RC 滤波电路\RC 滤波电路.PrjPCB"，然后单击"打开"按钮将原理图文件打开，在 Projects 工作面板中双击"RC 滤波电路.SchDoc"，将原理图打开，如图 6-1 所示。

（2）选择"项目管理"→"项目管理选项"命令，系统将弹出"Options for PCB Project RC 滤波电路原理图.PrjPCB"对话框。在 Error Reporting 选项卡中，单击 Duplicate Component Models 后的错误报告等级，出现一个下拉列表，在下拉列表中选择"错误"选项，如图 6-2 所示。

（3）选择 Connection Matrix 选项卡，将无源元器件未连接的报告类型更改为橙色，找到无源元器件（Passive Pin）所对应的行，再找到未连接（Unconnected）所对应的列，在行列交叉处的颜色块上单击，直至其变为橙色，如图 6-3 所示。

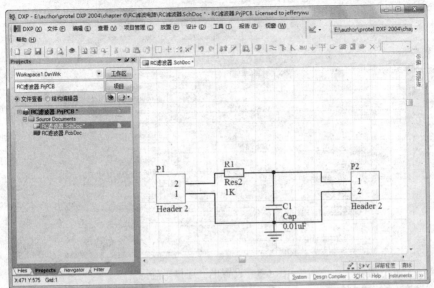

图 6-1　打开原理图

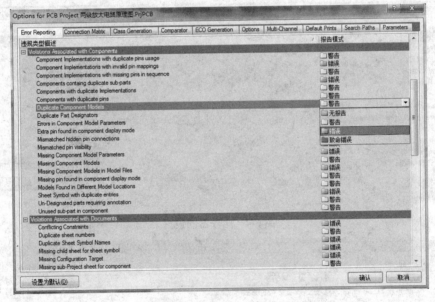

图 6-2　更改错误报告等级

（4）选择 Comparator 选项卡，在其中设置比较器。将不同封装（Different Footprints）的报告模式改为忽略差异（Ignore Differences），单击 Different Footprints 行的右侧，在下拉列表中选择"忽略差异"选项，如图 6-4 所示。

（5）设置完成后，单击"确认"按钮退出对话框。选择"项目管理"→"Compile Document RC 滤波电路.SchDoc"命令，对工程进行编译。编译完成后，单击右下角工作面板中的 System-Messages 标签，打开 Messages 窗口，如图 6-5 所示，出现了较多 Off grid 的 Warning，这是由于绘制电路图时未将元件放置在网格点上。

图6-3 设置电气连接矩阵

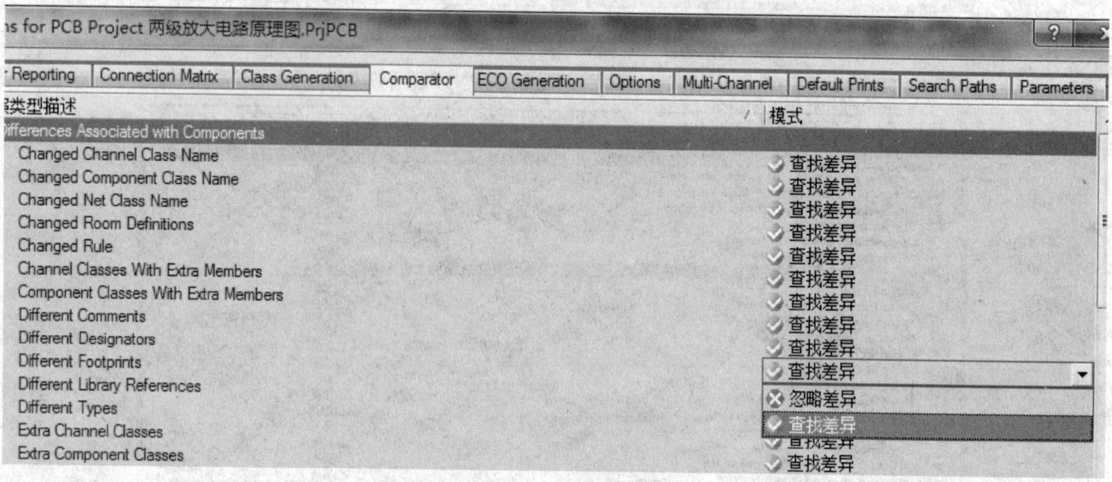

		模式
类型描述		
Differences Associated with Components		
Changed Channel Class Name		查找差异
Changed Component Class Name		查找差异
Changed Net Class Name		查找差异
Changed Room Definitions		查找差异
Changed Rule		查找差异
Channel Classes With Extra Members		查找差异
Component Classes With Extra Members		查找差异
Different Comments		查找差异
Different Designators		查找差异
Different Footprints		查找差异 ▼
Different Library References		✕ 忽略差异
Different Types		✓ 查找差异
Extra Channel Classes		查找差异
Extra Component Classes		查找差异

ns for PCB Project 两级放大电路原理图.PrjPCB

Reporting | Connection Matrix | Class Generation | Comparator | ECO Generation | Options | Multi-Channel | Default Prints | Search Paths | Parameters

图6-4 比较器的设置

Class	Document	Source	Message	Time	Date	No.
[Warning]	RC滤波器.Sc...	Comp...	Off grid at 408,578	9:01:48	2013/7/2	1
[Warning]	RC滤波器.Sc...	Comp...	Off grid Pin -2 at 438,568	9:01:48	2013/7/2	2
[Warning]	RC滤波器.Sc...	Comp...	Off grid Pin -1 at 398,568	9:01:48	2013/7/2	3
[Warning]	RC滤波器.Sc...	Comp...	Off grid at 448,528	9:01:48	2013/7/2	4
[Warning]	RC滤波器.Sc...	Comp...	Off grid Pin -1 at 458,518	9:01:48	2013/7/2	5
[Warning]	RC滤波器.Sc...	Comp...	Off grid Pin -2 at 458,548	9:01:48	2013/7/2	6
[Warning]	RC滤波器.Sc...	Comp...	Off grid at 538,568	9:01:48	2013/7/2	7
[Warning]	RC滤波器.Sc...	Comp...	Off grid Pin -1 at 518,558	9:01:48	2013/7/2	8
[Warning]	RC滤波器.Sc...	Comp...	Off grid Pin -2 at 518,548	9:01:48	2013/7/2	9
[Warning]	RC滤波器.Sc...	Comp...	Off grid at 368,538	9:01:48	2013/7/2	10

Messages

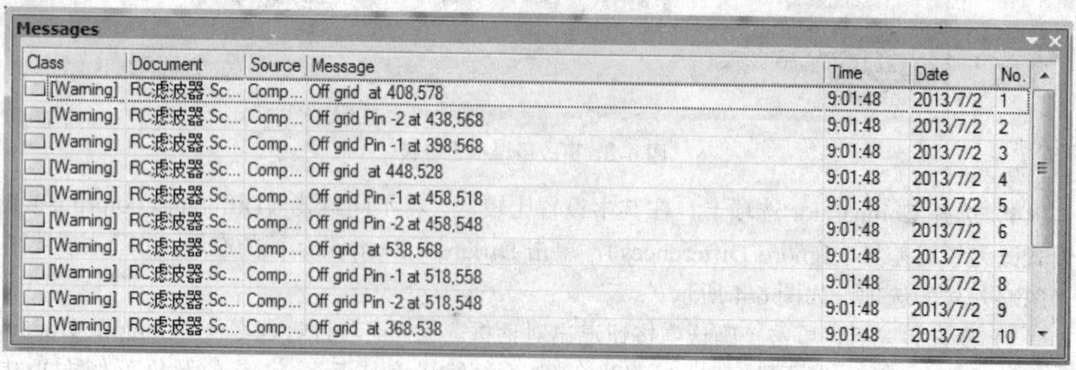

图6-5 编译结果

🔊 提示：双击 Messages 中任意一条信息，系统将直接跳到原理图中出错的地方。

（6）为消除上述 Warning，可重新打开"Options for PCB Project RC 滤波电路原理图.PrjPCB"对话框，在 Error Reporting 选项卡中，单击 Off-Grid object 后的错误报告等级，出现一个下拉列表，在下拉列表中选择"无报告"选项。再一次编译该文档，Messages 窗口已清空，说明没检查出任何问题，如图 6-6 所示。

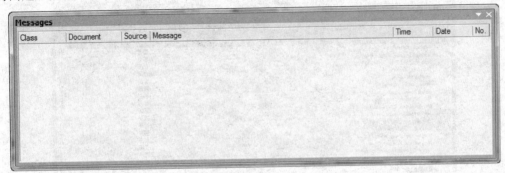

图 6-6　再次编译后的 Messages 窗口

6.2　电气规则检查

设计原理图的目的不仅是绘图，更重要的是建立元件之间正确的电气连接，以便后续设计和制作电路板，完成特定的功能，应用到生产实践中。

原理图设计基本完成后，需要对电路进行电气规则检查，以排除电路中有违反电气规则的错误。Protel DXP 2004 可以按照设计的电气规则进行自动检查。

原理图电气规则检查简称 ERC（Electrical Rule Check），即按照指定的物理、逻辑特性进行检测，找出人为的疏漏和错误，如未连接的电源和引脚、重复的元件编号等，对于以上各种不合理的电气冲突，Protel DXP 会按照设计者的设置规则生成错误报表并根据问题的严重性分别以 Error（错误）或者 Warning（警告）等信息来提醒，同时在原理图中有错误的地方做出标记。

6.2.1　设置电气检查规则

Protel DXP 2004 设置电气检查规则，是在项目选型设置中完成的。在原理图完成后，可以选择 Project→Project Options 命令，系统会弹出项目选项对话框，如图 6-7 所示，在其中的 Error Reporting 和 Connection Matrix 选项卡中设置检查规则。

（1）设置错误报告（Error Reporting）

该选项卡指出了电气规则检查项目并设置错误报告的类型，共有 6 种，如图 6-8 所示，分别为 Violations Associated with Buses（总线违规）、Violations Associated with Components（元件违规）、Violations Associated with Documents（文件违规）、Violations Associated with Nets（网络违规）、Violations Associated with Others（其他违规）和 Violations Associated with Parameters（参数违规）。

对应每项违规描述都有 4 种错误报告类型，分别是"无报告"、"警告"、"错误"和"致命错误"，反映了错误的严重程度。

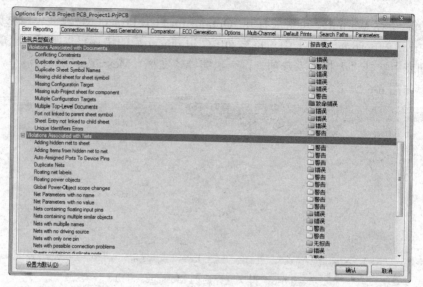

图 6-7　项目选项对话框

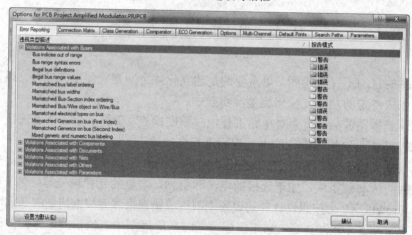

图 6-8　Error Reporting 选项卡

（2）设置电气连接矩阵（Connection Matrix）

该选项卡是用来设置元件引脚以及 I/O 端口之间的电气连接属性，如图 6-9 所示。

在进行电气规则检查时，通过该选项卡中有颜色的方格矩阵描述对应的元器件引脚的链接是否符合原则，在交叉点处用不同颜色的方格代表了不同的错误等级，其中红色代表致命错误，橙色代表错误，黄色代表警告，绿色代表不报告。

该选项卡中主要描述了以下几类引脚的连接情况。

- ◆ Input Pin：输入型引脚。
- ◆ I/O Pin：I/O 引脚。
- ◆ Output Pin：输出型引脚。
- ◆ Open Collector Pin：集电极开路引脚。
- ◆ Passive Pin：无源元件引脚。
- ◆ Hiz Pin：三态引脚。

◆　Open Emitter Pin：发射极开路引脚。

◆　Power Pin：电源引脚。

◆　Input Port：输入端口。

◆　Output Port：输出端口。

◆　Bidirectional Port：双向端口。

◆　Unspecified Port：无方向端口。

◆　Input Sheet Entry：输入型图纸符号端口。

◆　Output Sheet Entry：输出型图纸符号端口。

◆　Bidirectional Sheet Entry：双向图纸符号端口。

◆　Unspecified Sheet Entry：无方向图纸符号端口。

◆　Unconnected：无连接。

实际设计中，根据设计需要，可以修改错误等级。将光标移动到星航相交处的方块上，当光标变成手形后单击，选择适当的颜色即可。

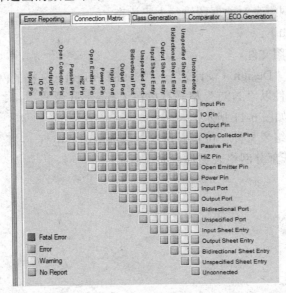

图 6-9　Connection Matrix 选项卡

6.2.2　生成 ERC 报告

当设置了需要检查的电气连接及检查规则后，就可以对原理图进行检查。Protel DXP 2004 中检查原理图是通过编译项目来实现的，编译的过程中会对原理图进行电气连接和规则检查。编译项目的操作步骤如下：

（1）打开需要编译的项目，选择 Project→Compile PCB Project 命令。

（2）当项目被编译时，任何已经启动的错误均会显示在工作区右下角的 Messages 窗口中。如果电路绘制正确，Messages 窗口应该是空白的。如果电路出现错误，列表中会显示出错的地方，如图 6-10 所示，图中英文菜单分别为等级、文件、来源、信息、时间、日期，则需要检查电路并确认所有的导线和连接是正确的。

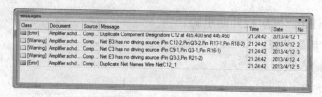

图 6-10　Messages 窗口

6.3　生成网络表

原理图设计系统除了生成原理图以外，还有一个重要任务是将原理图转化成各种报表文件。网络表包含着元件和网络连接的关系，是原理图和 PCB 之间的桥梁。网络表文件的作用主要有以下两点：

◆　支持 PCB 自动布线和电路的模拟仿真。

◆　必要时，根据网络表对原理图进行人工检查。

生成网络表的步骤如下：

（1）双击打开原理图文件。

（2）在菜单中选择"Design（设计）"→"Netlist Project（文档的网络表）"→Protel 命令。

（3）生成网络表文件以".NET"格式存放在 Generated 文件夹下的 Netlist Files 中，如图 6-11 所示。

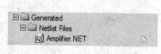

（4）双击打开该网络表文件，可查看所绘制原理图的各电气连接关系，节选模仿例子部分网络表文件，如下所示：

图 6-11　网络表文件

```
[
C1
RAD-0.3
Cap
]


[
P1
HDR1X2
Header 2
]


[
P2
HDR1X2
Header 2
]


[
```

```
R1
AXIAL-0.4
Res2
]


(
GND
C1-1
P1-1
P2-2
)


(
NetC1_2
C1-2
P2-1
R1-2
)


(
NetP1_2
P1-2
R1-1
)
```

整个网络表分成两大部分。第 1 部分是元器件描述，主要描述元器件属性（包括元件标识符、封装形式、文本注释和附加说明），声明以"["为开始标志，并以"]"为结束标志。以上述网络表 C1 为例，其列表为：

```
[
C1
RAD-0.3
Cap
]
```

表示的是，元件标识为 C1，元件封装为 RAD-0.3，元件注释为 Cap，即电容。

第 2 部分是元件网络连接描述，主要描述元器件连接（包括网络名称、网络连接点一和网络连接点二），网络定义以"（"为开始标志，并以"）"为结束标志，以上述网络表第一段网络连接为例，其列表为：

```
(
GND
C1-1
P1-1
```

P2-2
)

表示为网络标签 GND、元件标识为 C1 的引脚 1、元件标识为 P1 的引脚 1 和元件标识为 P2 的引脚 2 在网络连接上是在同一网络点。

🔊 提示：若网络名称出现格式为"Net+网络连接点一"的名称，是因为未设置网络标号，如若设置网络标号，即会显示为所标网络标号。

6.4　生成元件列表

元件列表主要用于整理某个原理图或整个原理图项目的所有元器件，主要包括元器件的名称、标注和封装等内容，其生成步骤如下：

（1）打开原理图文件，选择"报告"→"元件列表"命令，软件将弹出元件报表对话框，如图 6-12 所示，图中英文菜单含义分别为描述、标识符、封装、封装索引、数量，在表中可查看各种元件参数。

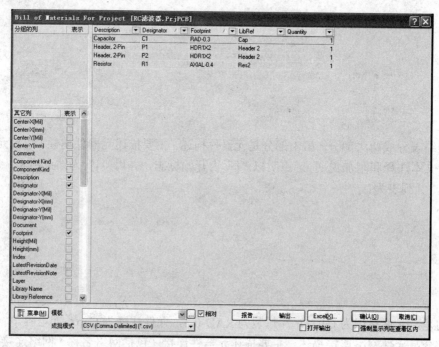

图 6-12　"元件报表"对话框

🔊 提示：生成报表时，如果出现图 6-13 所示的错误，其原因为 Windows 7 版本的 Protel DXP 2004 兼容性问题，用 Windows XP 系统即可。

（2）在"元件报表"对话框中单击"报告"按钮，可以生成预览文件报表，如图 6-14 所示；也可以单击"输出"按钮，将元件报表导出。

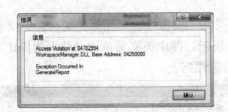

图 6-13　出现错误

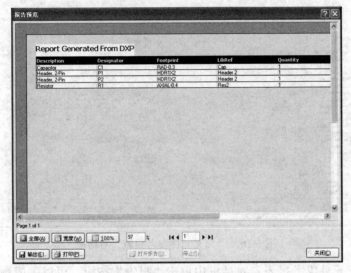

图 6-14　"元件报表"报告预览

（3）在"元件报表"对话框中，在"输出"区域内的"文件格式"选项中选择 Excel 格式，然后选择"打开输出"，即可调出元件报表的 Excel 格式文件，如图 6-15 所示。

图 6-15　保存元件报表报告

6.5　生成交叉元件参考表

交叉元件参考报表，是为多张原理图中每个元件列出元件类型、标识和隶属的图纸名称。通过交叉元件参考报表，用户能查阅元件的引用情况，其生成步骤如下：

（1）打开原理图文件，选择"报告"→"元件交叉列表"命令，软件将弹出"交叉元件参考报表"对话框，如图 6-16 所示，图中英文菜单含义分别为描述、标识符、封装、封装索引、数量，在表中可查看原理图的元件列表。

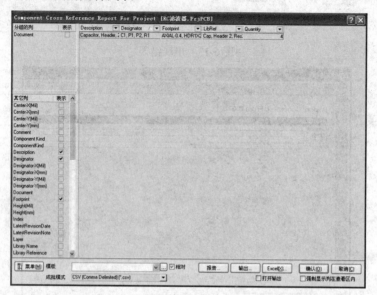

图 6-16　"交叉元件参考报表"对话框

（2）在"交叉元件参考报表"对话框中单击"报告"按钮，可以生成预览交叉元件参考报表，如图 6-17 所示；也可以单击"输出"按钮，将交叉元件参考报表导出。

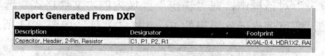

图 6-17　"交叉元件参考报表"报告预览

（3）在"交叉元件参考报表"对话框中，在"输出"区域的"文件格式"选项中选择 Excel 格式，然后选择"打开输出"，即可调出交叉元件参考报表的 Excel 格式文件。

6.6　实例·操作——两级放大电路的报表输出

【思路分析】

参照 6.3、6.4 和 6.5 节所讲述的内容和步骤，对已绘制的两级放大电路进行报表输出。

【光盘文件】

结果文件——参见附带光盘中的"实例\Ch6\两级放大电路报表输出.PrjPCB"文件。

动画演示——参见附带光盘中的"视频\Ch6\两级放大电路报表输出.avi"文件。

【操作步骤】

（1）单击工具栏中的"打开"按钮 ，在打开的对话框中选择附带光盘中的"实例\Ch6\两

级放大电路\两级放大电路.PrjPCB"，然后单击"打开"按钮将原理图文件打开，在 Projects 工作
面板中双击"两级放大电路.SchDoc"，将原理图打开，如图 6-18 所示。

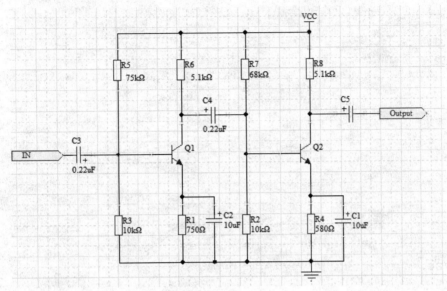

图 6-18　打开原理图

（2）重复 6.1 节中的编译步骤，确保原理图无错误。

（3）在菜单中选择"Design（设计）"→"Netlist Project（文档的网络表）"→Protel 命令，生成的网络表文件以".NET"格式存放在 Generated 文件夹下的 Netlist Files 中，如图 6-19 所示。

图 6-19　网络表文件

（4）双击打开该网络表文件，可查看所绘制原理图的各电气连接关系，如下所示：

```
[
C1
POLAR0.8
Cap Pol2
]

[
C2
POLAR0.8
Cap Pol2
]

[
C3
POLAR0.8
Cap Pol2
```

]

[
C4
POLAR0.8
Cap Pol2
]

[
C5
POLAR0.8
Cap Pol2
]

[
Q1
BCY-W3/E4
2N3904
]

[
Q2
BCY-W3/E4
2N3904
]

[
R1
AXIAL-0.4
Res2
]

[
R2
AXIAL-0.4
Res2
]

[
R3
AXIAL-0.4
Res2
]

```
[
R4
AXIAL-0.4
Res2
]

[
R5
AXIAL-0.4
Res2
]

[
R6
AXIAL-0.4
Res2
]

[
R7
AXIAL-0.4
Res2
]

[
R8
AXIAL-0.4
Res2
]

(
GND
C1-2
C2-2
R1-1
R2-1
R3-1
R4-1
)
(
NetC1_1
C1-1
```

```
Q2-1
R4-2
)
(
NetC2_1
C2-1
Q1-1
R1-2
)
(
NetC3_1
C3-1
Q1-2
)
(
NetC4_1
C4-1
Q1-3
R6-1
)
(
NetC4_2
C4-2
Q2-2
R2-2
R7-1
)
(
NetC5_1
C5-1
Q2-3
R8-1
)
(
NetR3_2
R3-2
R5-1
)
(
VCC
R5-2
R6-2
R7-2
```

R8-2

)

（5）选择"报告"→"元件列表"命令，软件将弹出"元件报表"对话框，如图 6-20 所示，图中英文菜单含义分别为描述、标识符、封装、封装索引、数量。在表中可查看各种元件参数。

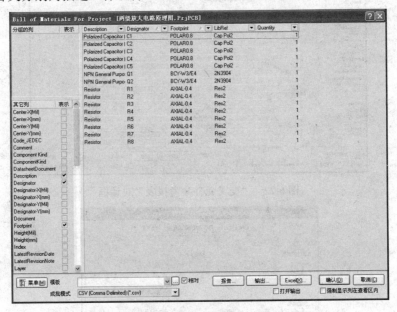

图 6-20 "元件报表"对话框

（6）在"元件报表"对话框中单击"输出"按钮，弹出如图 6-21 所示的"保存"对话框，单击"保存"按钮将元件报表导出。

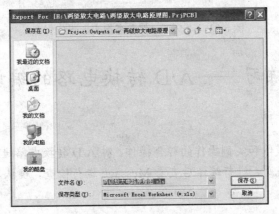

图 6-21 "元件报表"报告保存

（7）选择"报告"→"元件交叉列表"命令，软件将弹出"交叉元件参考报表"对话框，如图 6-22 所示，图中英文菜单含义分别为描述、标识符、封装、封装索引、数量。

（8）在"交叉元件参考报表"对话框中单击"输出"按钮，弹出如图 6-23 所示的"保存"对话框，单击"保存"按钮将交叉元件参考报表导出。

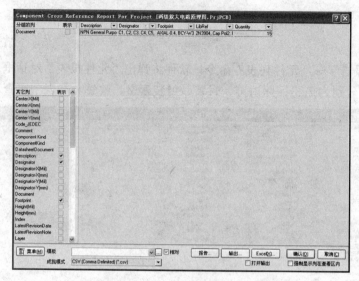

图 6-22 "交叉元件参考报表"对话框

图 6-23 "交叉元件参考报表"报告保存

6.7 实例·练习——A/D 转换电路的编译和报表输出

【思路分析】

此实例为本讲实例模仿和实例操作的综合操作。对 A/D 转换电路进行编译和报表输出，先设置一般需要设置的检查规则，进行编译后查看 Message 进行检查，确认不存在错误后进行报表输出的操作。

【光盘文件】

结果文件——参见附带光盘中的"实例\Ch6\AD 转换电路\AD 转换电路.PrjPCB"文件。

动画演示——参见附带光盘中的"视频\Ch6\AD 转换电路\AD 转换电路.avi"文件。

【操作步骤】

（1）单击工具栏中的"打开"按钮，在打开的对话框中选择附带光盘中的"实例\Ch6\AD

转换电路\AD 转换电路.PrjPCB"，然后单击"打开"按钮将原理图文件打开，在 Projects 工作面
板中双击"AD 转换电路.SchDoc"，将原理图打开，如图 6-24 所示。

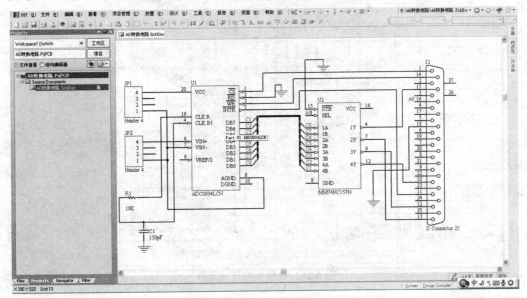

图 6-24　打开原理图

（2）选择"项目管理"→"项目管理选项"命令，系统将弹出"Options for PCB Project 两
级放大电路原理图.PrjPCB"对话框。在 Error Reporting 选项卡中，单击 Duplicate Component Models
后的错误报告等级，出现一个下拉列表，在下拉列表中选择"错误"选项；单击 Nets with no driving
source 后的错误报告等级，出现一个下拉列表，在下拉列表中选择"无报告"选项，如图 6-25
所示。

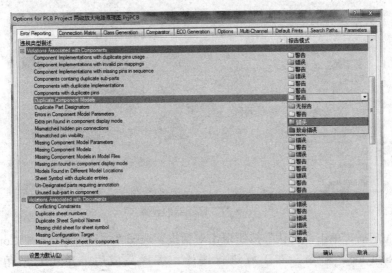

图 6-25　更改错误报告等级

（3）选择 Connection Matrix 选项卡，将无源元器件未连接的报告类型更改为橙色，找到无
源元器件（Passive Pin）所对应的行，再找到未连接（Unconnected）所对应的列，在行列交叉处

的颜色块上单击，直至其变为橙色，如图 6-26 所示。

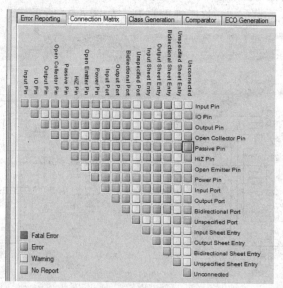

图 6-26　设置电气连接矩阵

（4）选择 Comparator 选项卡，在其中设置比较器。将不同封装（Different Footprints）的报告模式改为忽略差异（Ignore Differences），单击 Different Footprints 行的右侧，在下拉列表中选择"忽略差异"选项，如图 6-27 所示。

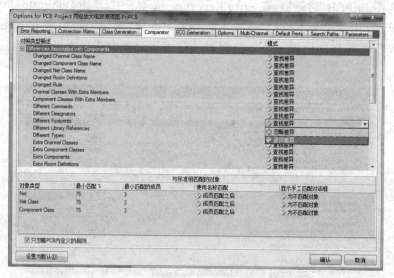

图 6-27　比较器的设置

（5）设置完成后，单击"确认"按钮退出对话框。选择"项目管理"→"Compile Document AD 转换电路.SchDoc"命令，对工程进行编译。编译完成后，单击右下角工作面板中的 System-Messages 标签，打开 Messages 窗口，空白的 Messages 窗口如图 6-28 所示。

（6）在菜单中选择"Design（设计）"→"Netlist Project（文档的网络表）"→Protel 命令，生成的网络表文件以".NET"格式存放在 Generated 文件夹下的 Netlist Files 中，如图 6-29 所示。

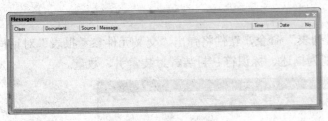

图 6-28　Messages 窗口

图 6-29　网络表文件

（7）双击打开该网络表文件，可查看所绘制原理图的各电气连接关系，部分如下所示：

```
[
C1
RAD-0.3
Cap
]
[
J2
DSUB1.385-2H25A
D Connector 25
]
.
.
.
```

（8）选择"报告"→"元件列表"命令，软件将弹出"元件报表"对话框，如图 6-30 所示，图中英文菜单含义分别为描述、标识符、封装、封装索引、数量。在表中可查看各种元件参数。

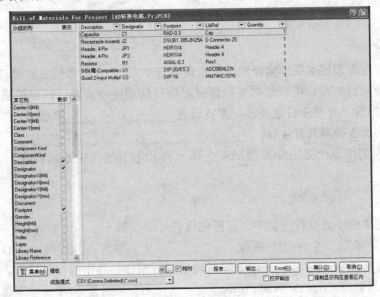

图 6-30　"元件报表"对话框

（9）在"元件报表"对话框中单击"输出"按钮，弹出"保存"对话框，单击"保存"按钮将元件报表导出。

（10）选择"报告"→"元件交叉列表"命令，软件将弹出"交叉元件参考报表"对话框，如图6-31所示，图中英文菜单含义分别为描述、标识符、封装、封装索引、数量。

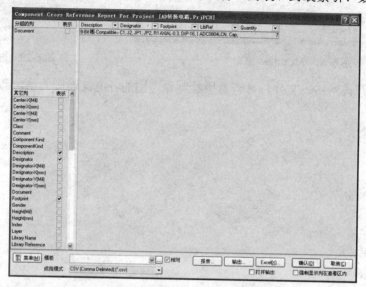

图6-31　"交叉元件参考报表"对话框

（11）在"交叉元件参考报表"对话框中单击"输出"按钮，弹出"保存"对话框，单击"保存"按钮将交叉元件参考报表导出。

6.8　习　　题

一、填空题

（1）对于层次原理图来说，编译的过程也是将若干_____联系起来的过程。

（2）在编译项目之前，可以根据实际情况对项目选项进行设置，以便按照我们的要求进行电气检查和生成报告。设置项目选项时，主要设置_____、_____等选项。

（3）错误的报告类型共有4种：_____、_____、_____和_____。

（4）网络表文件是一张电路原理图中全部元件和电气连接关系的列表，它包含电路中的_____和_____。

二、选择题

（1）电气连接的检查报告类型中，其橙色代表（　　　）。

　　A．严重错误　　　　　B．错误　　　　　　C．警告　　　　　　D．不报告

（2）执行菜单命令（　　　），系统开始对项目进行编译，并生成信息报告。

　　A．项目管理/Compile PCB Project　　　　B．项目管理/项目管理选项

　　C．设计/网络表/Protel　　　　　　　　　D．设计/建立设计项目库

（3）生成项目元件采购报表，应执行的命令为（　　　）。

A．报告/生成项目层次报告　　　　　　B．报告/元件清单

C．报告/网络表/Protel　　　　　　　　D．设计/建立设计项目库

（4）生成层次原理图中各原理子图元件报表，应执行的命令为（　　　）。

A．报告/生成项目层次报告　　　　　　B．报告/元件清单

C．报告/生成元件交叉列表　　　　　　D．设计/建立设计项目库

（5）生成项目元件库，应执行的命令为（　　　）。

A．报告/生成项目层次报告　　　　　　B．报告/元件清单

C．设计/网络表/Protel　　　　　　　　D．设计/建立设计项目库

三、操作题

绘制如图 6-32 所示信号发生器电路，并进行电气规则检查，练习元件的定位和浏览、修改违反设计规则的信息，检查无误后生成相应的网络表、可以使用 Excel 打开的元件采购列表、项目元件库。

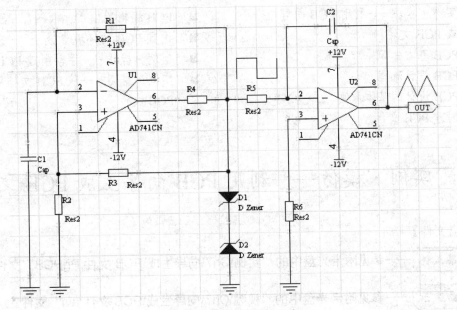

图 6-32　信号发生器电路

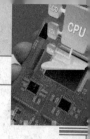

第 7 讲　印制电路板设计基础

原理图设计的下一步是印制电路板（Printed Circuit Board，PCB）设计，通过印制电路板的设计和制作才能实现电子产品和设计功能。Protel DXP 2004 为设计人员提供了完整的印制电路板设计环境，本讲主要介绍印制电路板（PCB）设计的基本概念和编辑环境。

本讲内容

- ➽ 实例·模仿——利用 PCB 向导生成 PCB 文件
- ➽ PCB 基本知识
- ➽ PCB 设计流程
- ➽ PCB 设计的基本原则
- ➽ 创建 PCB 文件

- ➽ PCB 编辑器
- ➽ 设置 PCB 的环境参数
- ➽ 实例·操作——手动新建 PCB 文件
- ➽ 实例·练习——从 SCH 文档更新 PCB 文件

7.1　实例·模仿——利用 PCB 向导生成 PCB 文件

【光盘文件】

——参见附带光盘中的"实例\Ch7\向导生成\PCB 文件.PrjPCB"文件。

——参见附带光盘中的"视频\Ch7\向导生成\PCB 文件.avi"文件。

【操作步骤】

（1）选择"文件"→"创建"→"项目"→"PCB 项目"命令，新建一个 PCB 项目。选择"文件"→"保存项目"命令或右击工作面板上的新建文件名，在弹出的"保存文件"对话框中输入"PCB 文件.PrjPCB"，单击"保存"按钮并返回。此时 Projects 工作面板内容如图 7-1 所示。

图 7-1　Projects 工作面板内容

（2）在 Files 工作面板中找到"根据模板新建"列表，如图 7-2 所示，单击 PCB Board Wizard 选项，系统会弹出如图 7-3 所示的 PCB 生成向导界面。

（3）单击"下一步"按钮，进入如图 7-4 所示的对话框，在该对话框中设置 PCB 上使用的尺寸单位，默认选中"英制"单选按钮。

（4）继续单击"下一步"按钮，进入如图 7-5 所示的对话框，在左边的列表框中选择 Custom 自定义项。

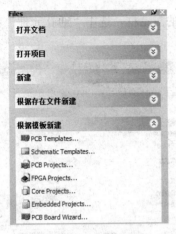

图 7-2　Files 工作面板

图 7-3　PCB 生成向导界面

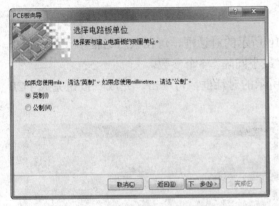

图 7-4　设置 PCB 的尺寸单位

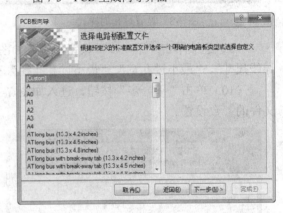

图 7-5　选择 PCB 模板

（5）继续单击"下一步"按钮，进入如图 7-6 所示的对话框，在其中设置 PCB 的各项参数。

（6）继续单击"下一步"按钮，进入如图 7-7 所示的对话框，在其中设置信号层（Signal Layers）的层数和内部电源层（Power Planes）的层数分别为 2 和 0。

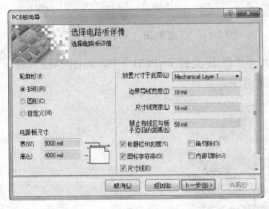

图 7-6　设置 PCB 的各项参数

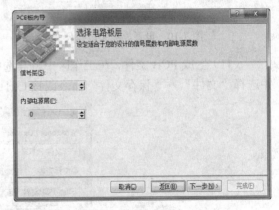

图 7-7　设置 PCB 的层数

（7）继续单击"下一步"按钮，进入如图 7-8 所示的对话框，在其中设置过孔的样式（Via）为"只显示通孔"。

（8）继续单击"下一步"按钮，进入如图 7-9 所示的对话框，选中"通孔元件"和"一条导线"单选按钮。

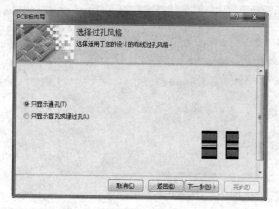

图 7-8　设置过孔的样式

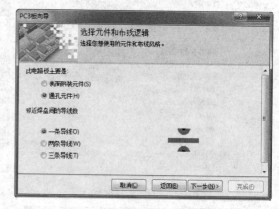

图 7-9　设置 PCB 的元件样式

（9）继续单击"下一步"按钮，进入如图 7-10 所示的对话框，可在该对话框中设置"最小导线尺寸"、"最小过孔宽"、"最小过孔孔径"和"最小间隔"4 个参数。

（10）单击"下一步"按钮，进入如图 7-11 所示的对话框，再单击"完成"按钮完成 PCB 文件的参数设置。

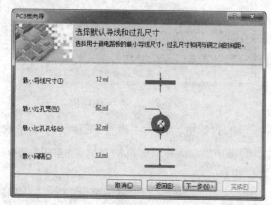

图 7-10　设置导线和过孔尺寸

图 7-11　完成 PCB 文件的参数设置

（11）生成 PCB 文件，在工作区中将其选中后移至"PCB 文件.PrjPCB"中，如图 7-12 所示，并选择"文件"→"保存文件"命令或按 Ctrl+S 快捷键保存文件。

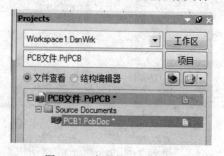

图 7-12　生成的 PCB 文件

7.2　PCB 基本知识

本节主要学习印制电路板设计的基本知识，如印制电路板的材料和类型、元件的封装类型、常用元件的封装、铜膜导线等。

7.2.1　印制电路板的材料和类型

印制电路板的制作材料主要是绝缘材料、金属铜、银和焊锡等。

其中，印制电路板主体是由绝缘材料制作的，早期使用的是电木，目前一般采用 SiO_2，板的厚度越来越薄，韧性也越来越强。

金属铜或银主要是通过蚀刻，在 PCB 上形成导线，一般还会在导线表面再附上一层薄绝缘层。

焊锡主要附着在元件引脚和焊盘的表面，一般用于电路板过孔和直插式芯片引脚之间或焊盘表面与贴片式元件引脚之间的焊接。

最常用的印制电路板分类方式是根据板层的数目多少，分成单层板、双层板和多层板。

◆　单层板（Single-Sided Boards）：指只有一面可以走线而另一面没有覆铜的电路板。它结构简单，成本低廉，适用于相对简单的电路设计。但是对于稍复杂的电路，由于单层板只能在一面走线，所以布线困难，容易造成无法布线的局面。

◆　双层板（Double-Sided Boards）：包含顶层（Top Layer）和底层（Bottom Layer）两个信号层的电路板。两面都有覆铜，中间为绝缘层。双层板两面均可布线，两层之间走线一般由过孔或焊盘连通。习惯上顶层为元件面，底层一般为焊接面。双层板可用于较复杂的电路，由于相对于多层板成本较低，且布线容易，因此双层板被广泛采用，是目前最常用的一种印制电路板。

◆　多层板（Multi-Layer Boards）：包含了多个工作层面的电路板。它是在双层板的顶层和底层基础上，增加了内部电源层、内部接地层和若干中间布线层。板层越多，则布线的区域就越多，布线也越简单，但由于多层板制作工艺复杂，因此其成本较高。当然，随着电子技术的快速发展，越来越小巧的电子产品需求更多，电路板的制作也越来越复杂，多层板的应用也会越来越广泛。

7.2.2　元件的封装类型

在设计 PCB 时，除了要考虑元件的型号和数量之外，设计者还需要考虑元件的外观和尺寸。元件封装就是实际元件焊接到电路板上时所显示的外观和焊盘形状。

因此，元件的封装形式是一个空间的概念，它描述了元件的空间尺寸，是元件的一个特性。但元件的封装形式与元件本身并不是一一对应的，即不同的元件可以共用一个封装形式，而同一种元件也可以有不同的封装形式，这好比我们现实中不同大小的电阻可以共用同种直插式封装，而同样大的电阻可以有几种不同外观。在 Protel DXP 2004 中，RES2 代表普通金属膜电阻，它的封装形式却有多种，如 AXIAL-0.3、AXIAL-0.4、AXIAL-0.5 等，所以在使用同一种元件时，不但要了解它的电气特性，还要了解它的封装形式。

元件的封装形式可以分为两大类，即针脚式（DIP，亦称直插式）元件封装和表面粘贴式（SMT，亦称贴片式）元件封装。

（1）针脚式元件封装

针脚式元件封装，亦称为双列直插式元件封装。它是指焊接时先要将元件针脚插入焊盘导通孔，然后再进行焊接。针脚式元件封装是针对针脚类元件的，如图 7-13 所示。由于针脚式元件封装的焊盘导通孔贯穿整个电路板，所以在其"焊盘"对话框中的"层"必须设置为 Multi-Layer，如图 7-14 所示。

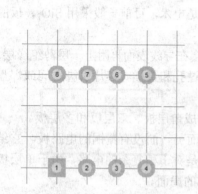

图 7-13 针脚式元件封装

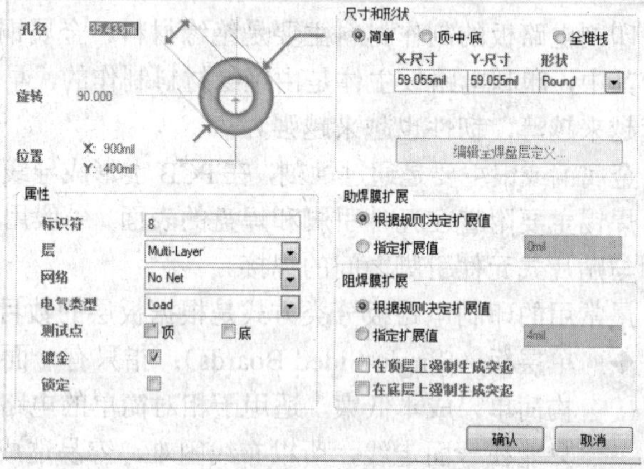

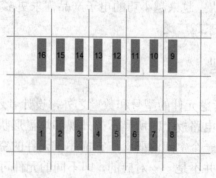

图 7-14 针脚式元件封装的层属性设置

（2）表面粘贴式元件封装

表面粘贴式元件封装的焊盘只限于表面信号层，即顶层或底层。在其"焊盘"对话框中，层属性必须为单一表面，如 Top-Layer（顶层）或 Bottom-Layer（底层）。随着芯片集成技术与电子技术的发展，越来越多的芯片采用表面粘贴式封装，它的突出优点是体积非常小，且元器件不易受干扰。

常用的表面粘贴式元件封装有无引线芯片载体（LCC）、小尺寸封装（SOP）、塑料四边扁平封装（PQFP）和薄塑料四方扁平封装（TQFP），如图 7-15 所示为小尺寸封装（SOP）。

图 7-15 小尺寸封装（SOP）

（3）元件封装的命名规则

元件封装命名规则一般是"元件封装类型+焊盘距离/焊盘数+元件外形尺寸"，设计者可根据元件封装名来判断元件的外形规格。例如，AXIAL-0.4 表示该元件外形是轴状的，两个焊盘的距离为 400mil；DIP-20 表示双列直插式元件封装，共 20 个引脚；RB.2/.6 表示极性电容类元件封装，引脚间距为 200mil，元件直径为 600mil。

📢 提示：Protel DXP 2004 系统中采用两种单位，公制和英制。英制单位为毫英寸，用 mil 表示，1mil=0.0254mm；公制单位为毫米，用 mm 表示，1mm=39.37mil。

7.2.3　常用元件的封装

常用的元件封装有电阻类（AXIAL-0.3～AXIAL-1.0）、可变电阻类（VR1～VR5）、二极管类（DIODE-0.5～DIODE-0.7）、极性电容类（RB5-10.5～RB7.6-15）、非极性电容类（RAD-0.1～RAD-0.4）等，这些元件的封装均存放在 Miscellaneous Devices.IntLib 元件库中，详细见以下说明。

（1）电阻类

电阻类常用的元件封装如图 7-16 所示。编号为 AXIAL-xx，数字"xx"表示两个焊盘间的距离，如 AXIAL-0.3。

（2）可变电阻类

可变电阻类常用的元件封装如图 7-17 所示。编号为 VRx，数字"x"表示管脚的形状，如 VR5。

（3）二极管类

二极管常用的元件封装如图 7-18 所示。编号为 DIODE-xx，数字"xx"表示二极管管脚间的间距，如 DIODE-0.4。

图 7-16　电阻的元件封装

图 7-17　可变电阻的元件封装

图 7-18　二极管的元件封装

（4）电容类

电容分为极性电容和无极性电容。与其对应的封装形式也有两种：极性电容封装如图 7-19 所示，编号为 RB-xx；无极性电容封装如图 7-20 所示，编号为 RAD-xx。数字"xx"表示焊盘间距的大小，数值越大焊盘间距也越大。

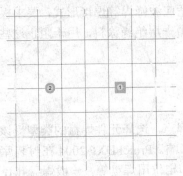
图 7-19　极性电容的元件封装

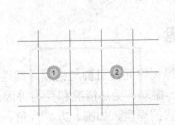
图 7-20　无极性电容的元件封装

（5）双列直插式集成芯片

双列直插式集成芯片常用的元件封装，一般命名为 DIP-x，数字"x"表示总引脚数，如 DIP-8 的封装，如图 7-21 所示。

（6）晶体管类

晶体管类的元件封装形式较多，以 BCY-W3 封装为例，如图 7-22 所示。

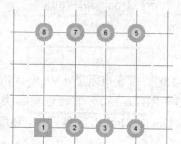

图 7-21　双列直插式集成芯片的元件封装

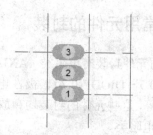

图 7-22　晶体管类的元件封装

7.2.4　铜膜导线

铜膜导线也称为铜膜走线，简称导线。它就是电路板上的实际走线，用于连接各元器件的各个焊盘。PCB 设计很大一部分任务就是围绕如何合理布置导线进行的。

与铜膜导线相关的另一种线是飞线，也称为预拉线。它是在系统装入网络表后，根据规则生成的，用来指引布线的一种连线。

飞线与铜膜导线的本质区别在于是否具有电气连接特性。飞线只是一种在形式上表现出各个焊盘间的连接关系，没有电气的连接意义。导线则是根据飞线指示的焊盘间的连接关系而布置的，具有电气连接意义。

7.2.5　助焊膜和阻焊膜

各种膜不仅是 PCB 制作工艺过程中必不可少的，而且是元器件焊接的必要条件。按"膜"所处的位置及其作用，可分为元件面（或焊接面）助焊膜（Top or Bottom Solder）和元件面（或焊接面）阻焊膜（Top or Bottom Paste Mask）两类。

助焊膜是涂于焊盘上，提高焊接性能的一层膜，即在绿色的 PCB 板子上比焊盘略大的浅色圆。阻焊膜的情况正好相反，为了使制成的板子适应波峰焊等焊接形式，要求板子上非焊盘处的铜箔不能粘锡。因此在焊盘以外的各部位都要涂覆一层绝缘涂料，用于阻止这些部位上锡。助焊膜和阻焊膜是一种互补关系。

7.2.6　焊盘

焊盘是用焊锡将元件引脚与铜膜导线连接的焊点。选择元件焊盘的类型受该元件的形状、大小、布置形式、振动、受热情况和受力等因素的影响。Protel DXP 2004 在封装库中给出了一系列不同大小和形状的焊盘，如圆、方、八角、圆方和定位用焊盘等。一般焊盘孔径的尺寸要比元件引脚的直径大 8～20mil，设计时还需要考虑以下原则：

◆　形状上长短不一致时，要考虑连线宽度与焊盘特定边长的大小差异不能过大。

◆　如需要在元件引脚之间走线时，选用长短不对称的焊盘往往事倍功半。

7.2.7　过孔

过孔（Via），也称为导孔，是用来连接不同层之间的铜箔导线，作用与铜箔导线一样，都是用来连接元件之间的引脚。过孔有穿透式过孔、半盲孔和盲孔 3 种形式，如图 7-23 所示。

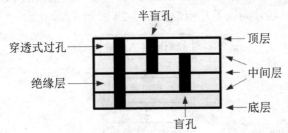

图 7-23　3 种过孔示意图

◆　穿透式过孔（Through）：从顶层贯通到底层的过孔。

◆　半盲孔（Blind）：从顶层或底层到某个中间层，不打通但外部可见。

◆　盲孔（Buried）：只用于中间层的导通连接，而没有穿透到顶层或底层的过孔。

一般而言，设计线路时对过孔的处理有以下原则：

◆　尽量少用过孔。一旦使用了过孔，必须处理好它与周边各实体的间隙，特别要注意容易被忽略的中间信号层与过孔之间的间隙。

◆　依据载流量的大小确定过孔尺寸的大小。

7.2.8　信号层、电源层、接地层与丝印层

在 PCB 的各层中，主要可以划分为信号层（Signal Layer）、电源层（Power Layer）、接地层（Ground Layer）和丝印层（Silk Screen Layer）。其中，信号层主要用于放置各种信号线和电源线，电源层和接地层主要用于对信号线进行修正，并为电路板提供足够的电力供应。各层电路板之间整体上互相绝缘，并通过"过孔"连接信号线或电源线。

就单层板和双层板而言，它们只有信号层，而没有专门的电源层和节点层。就多层板而言，它们可能有多个信号层、多个电源层和一个接地层。例如，在常见的 4 层电路板中，顶层和底层两层是信号层，中间两层是接地层和电源层；在常见的 6 层板中，可能有 3 个或 4 个信号层、一个接地层以及一个或两个电源层。

📢 提示：通过应用专门的电源层和接地层，可以扩大信号层的布线面积，从而降低信号线的密度，以防止电磁干扰。

丝印层（Silkscreen Top/Bottom Overlay）是为了方便电路的安装和维修，在印制板的表面印上所需的标志图案和文字代号等，如元件编码、元件外形、厂家标志和生产日期等。在设计 PCB 时放置元件封装，该元件的编号和轮廓均自动地放置在丝印层上。设计人员在设计丝印层的有关内容时，应注意文字符号放置的整齐美观，同时更应该注意实际制出的 PCB 效果，否则，将会

给装配和维修带来很多不便。

7.3　PCB 设计流程

利用 Protel DXP 2004 制作一块实际的电路板，设计人员要了解它的 PCB 设计流程。按照流程一步一步地往下做，保证每一步都正确，最后就能制出一块正确的 PCB。

PCB 的设计流程可以划分为以下几步，如图 7-24 所示。

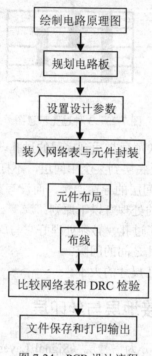

图 7-24　PCB 设计流程

（1）绘制电路原理图

电路原理图是设计 PCB 的基础，它是 PCB 设计的前期工作，主要是在 Protel DXP 2004 原理图编辑器中完成，在前面第 2 讲和第 3 讲已作了详细讲解。绘制完原理图后，必然对该项目工程进行编译，用于电气规则检测、生成网络表和检查元件的封装形式。

（2）规划电路板

设计的 PCB 是一个实实在在的电路板，其除了具体电气特性外，还具有机械特性，因此在绘制 PCB 时，设计人员要对电路板有一个总体的规划。具体是确定电路板的物理尺寸、采用几层板（单层板、双层板还是多层板）、各个元件的大致摆放位置。

（3）设置设计参数

用户可以根据自己的习惯来设置 PCB 编辑器的环境参数，包括电路板的结构及尺寸、板层参数、网格属性、布局属性、层参数和布线参数等。当然，大多数参数可以采用系统默认值。

（4）装入网络表与元件封装

网络表是电路原理图与 PCB 之间的纽带。它是电路板自动布线的灵魂，只有把网络表装入

PCB，才有可能完成电路板的自动布线。另外，由于 PCB 对应着实际元件，因此必须把各元件的封装信息载入 PCB 中，才能进行 PCB 的元件布局和布线。然而由于 Protel DXP 集成度很高，故不需要设计人员手动生成网络表并把网络表和元件封装信息载入 PCB 系统中，但一旦出现错误，设计人员还是需要手工生成网络表来检查错误。

（5）元件布局

载入网络表后，可以让系统对元件进行自动布局，也可以自己手工布局，或者先进行自动布局，然后对该布局进行手工调整。只有布局合理，才能进行下一步的布线工作。

（6）布线

布线工作是完成元件之间的电路连接。布线有两种方式：自动布线和手工布线。若装入网络表，则可采用自动布线。在布线之前，还要设置好布线规则。布线规则是设置布线时的各个规范，如安全距离、导线宽度等。自动布线之后，设计人员可以进行手工调整不合理或不满意的地方。

（7）比较网络表和 DRC 检验

对于由网络表装入的 PCB 设计文件，在进行手工调整时，会进行一些添加连线、拆线等操作，有可能会造成人为的错误。设计人员可以把由 PCB 生成的网络表文件与由原理图生成的网络表文件相比较，以判断这两个网络表的差别，进而确定绘制的 PCB 是否正确。

在布线完成后，需要对电路板做 DRC 检验，以确认电路板是否符合设计规则，网络是否连接正确。

（8）文件保存和打印输出

文件保存和打印输出的主要工作包括：保存印制电路板文件、利用各种图形输出设备，如打印机或绘图仪输出 PCB 板图、根据需要导出元件明细表等。

7.4　PCB 设计的基本原则

对于电子产品来说，其设计的合理性与产品生产及产品质量密切相关，PCB 设计的好坏对电路板抗干扰能力影响很大。因此，在进行 PCB 设计时，必须遵守 PCB 设计的一般原则，并应符合抗干扰设计的要求，本节将讲解一些 PCB 设计的基本原则，包括电路板的选材和尺寸、布局、布线、焊盘、大面积覆铜和去耦电容配置等。

7.4.1　PCB 的选材和尺寸确定

印制电路板的板材一般是采用铂箔缚贴树脂胶合层板。这类板材的品种很多，其纤维有纸质、棉质、石棉质和玻璃布质等，可用的树脂有酚醛树脂、密胺甲醛树脂、有机硅树脂和环氧树脂等。如果所用纤维材料的比例及胶合剂略有不同，则层压板的性能就会有很大差别，特别是与高频 PCB 的介电常数和功率因素的关系极为密切。不同的材料压板有不同的特点，具体如下：

◆　一般来说，各种规格的玻璃布层压板的工作温度、电性能（如电弧电阻、损耗因数和绝缘电阻等），要比纸胶板或布胶板的要高。

◆　酚醛树脂胶板的耐潮湿性能较差，在长时间潮湿的条件下，其电性能会降低很多。

◆　密胺甲醛树脂板的高频性能较差，耐潮性也不好，但这种电路板的电弧电阻、机械强度等性能均不错，且工作温度也高，因此常用来制作转换器或开关装置的电路板。

◆ 环氧树脂浸渍的玻璃布层压板是最为常用的电路板板材。由于环氧树脂和金属具有极好的亲和力，因此铜箔的附着力强，板材的电弧电阻也高，介电常数和绝缘电阻也比较理想。所以在一般情况下，我们都采用环氧布层压板作为板材。

◆ 在频率要求很高的情况下，如微波电路板，最好采用 PTFE 树脂浸渍的玻璃布层压板，这种材料的损耗因数相当低，工作温度非常高，且不怕任何溶剂，耐潮性也不错，但这种板材的价格过高，一般不予采用。

从成本、铜膜导线长度、抗噪声能力考虑，电路板的尺寸越小越好。但是电路板尺寸太小，则散热不良，且相邻的导线容易引起干扰。PCB 尺寸过大时，导线线路长，阻抗增加，抗噪声能力下降，成本也增加。

当电路板具备外机壳时，电路板尺寸还受机箱大小限制，必须在确定电路板尺寸之前确定机箱大小。

一般来说，电路板的最佳形状为矩形，长宽比为 3:2 或 4:3 均可。电路板面积大于 200mm×150mm 时，应考虑电路板所受的机械强度。

7.4.2 元件布局顺序

在确定 PCB 元件布局时，应首先留出印制板的定位孔和固定支架所占用的位置，然后合理安排各个功能单元的位置，并以每个功能单元的核心元件为中心，将其他元件围绕该元件进行均匀、整齐、紧凑的排列，从而尽量减少和缩短各元件之间的连线，使布局利于信号流通并使信号保持方向一致。例如，在设计 CPU 板时，时钟发生器、晶振和 CPU 的时钟输入端都易产生噪声，要互相靠近些。一般来说，布局应遵循以下原则：

◆ 应按照关键元件来布局，先布置关键器件如单片机、DSP、存储器、FPGA 等，然后按照地址线和数据线的走向布置其他元器件。

◆ 模拟电路通道应与数字电路分开布置，不能混乱地放置在一起。

◆ 尽可能缩短高频元件之间的连线。易受干扰的元件不能相互挨得太紧，输入和输出元件应尽量远离。

◆ 某些元件或导线之间可能有较高的电位差，应加大它们之间的距离，以免放电引起意外短路。带强电的元件应尽量布置在调试时手不易触及的地方。

◆ 重量大的元件应用支架加以固定。那些又大又重、发热量高的元件应装在整机的机箱底板上，且应考虑散热问题。

◆ 对于电位器、微动开关等可调元件的布局应考虑整机的结构要求。

◆ 各元件之间应尽量平行摆放，以减小元件之间的分布参数，且显得美观大方。

◆ 位于电路板边缘的元器件，离电路板边缘一般不小于 2mm。

7.4.3 PCB 布线原则

布线的方法以及布线的结果对 PCB 性能有很大影响，一般布线要遵循以下原则：

◆ MCU 芯片的数据线和地址线尽量要平行布置。

◆　输入、输出端导线都应尽量避免平行布置，以免发生反馈耦合。

◆　铜箔导线在条件许可的范围内，最好取 15mil 以上，最好不能小于 10mil，导线间的最小间距是由线间绝缘电阻和击穿电压决定的，一般不能小于 12mil。

◆　铜箔导线拐弯时，一般取 45°走向或圆弧形。特别是在高频电路下，不能取直角和锐角，以防止高频信号在导线拐弯发生信号反射现象。

◆　只要条件许可，应尽量加粗电源线，同时使电源线、底线与其他导线的走向一致，这样有助于增强抗噪声能力。

◆　如果电路板上既有数字电路，又有模拟电路，则应使数字地与模拟地分开，或在二者之间串入一无极性电容，最后到电源模块上数字地和模拟地才能汇合。

◆　在高频元件周围尽量采用包地技术，用栅格状的铜箔网，以起到屏蔽作用。

◆　对于数字电路构成的 PCB，把接地电路布置成环状能提高整个电路板的抗干扰能力。

7.4.4　焊盘

一般来说，分立元件和接插件大都采用圆形焊盘，且焊盘直径可设置为 62mil（1.55mm），内孔直径可设置为 32mil（0.8mm）。对于采用 DIP 或 PGA 封装的集成芯片而言，也大都采用圆形焊盘，且焊盘直径可设置为 50mil（1.25mm），内孔直径可设置为 32mil（0.8mm）。

对于采用扁平封装的元件来说，大都采用矩形焊盘，其内径可设置为 0，宽度约为 23.622mil（0.6mm），长度约为 86.614mil（2.2mm）。

当与焊盘连接的走线较细时，要将焊盘与走线之间的连接设计成水滴状，称之为补泪滴。这样能使焊盘不容易起皮，而且走线与焊盘不易断开。

提示：焊盘孔边缘到电路板边缘的距离要大于 1mm，这样可以避免加工时导致焊盘缺损；相邻的焊盘要避免有锐角。

7.4.5　大面积覆铜

印制电路板上的大面积覆铜主要有两个用途，一是散热，二是用于屏蔽以减小干扰。为了避免焊接时产生的热量使电路板产生气体而无处排放，导致铜膜脱落，应该在大面积覆铜上开窗口，而后使其填充为网格状。

7.4.6　去耦电容配置

配置去耦电容可以抑制因负载变化而产生的噪声，是 PCB 可靠性设计的一种常规做法，一般配置原则如下：

◆　电源输入端跨接 10～100μF 的电解电容器，如有可能，接 100μF 以上的更好。

◆　原则上每个集成芯片都应布置一个 0.01pF 的瓷片电容，如果印制板空间不够，可每 4～8 个芯片布置一个 1～10pF 的钽电容。

◆　对于抗噪声能力弱、关断时电源变化大的元器件，如 RAM、ROM 存储器，应在芯片的电源线和地线之间接入去耦电容。

◆ 电容引线不能太长，尤其是高频旁路电容不能有引线。

◆ 在印制板中有接触器、继电器、按钮等元件时，操作它们均会产生较大火花放电，必须采用 RC 电路吸收放电电流。一般 R 取 1~2kΩ，C 取 2.2~47μF。

7.4.7 抗干扰设计

除了以上部分原则能够提高 PCB 的抗干扰能力，PCB 的抗干扰能力还与电源线和地线的设计密切相关。

（1）电源线设计

根据 PCB 电流的大小，尽量加粗电源线宽度，减少环路电路。同时使电源线、地线的走向和数据传递的方向一致，这样有助于增强抗噪声能力。

（2）地线设计

◆ 数字信号地线与模拟信号地线分开；低频电路的地线应尽量采用单点并联接地，布线确实存在困难可部分串联后再并联接地。高频电路则宜采用多点串联接地，地线应短而粗，高频元件周围尽量用栅格状的大面积覆铜。

◆ 接地线应尽量加粗。若接地线用细线条，则接地电位随电流的变化而变化，使抗噪声性能降低。因此应将接地线加粗，使其能通过 3 倍于印制板上的允许电流。如允许，接地线应在 2~3mm 以上。

◆ 接地线构成闭环路。只由数字电路组成的印制板，其接地电路构成闭环能提高抗噪声能力。

7.5 创建 PCB 文件

在 Protel DXP 2004 中创建新的 PCB 文件有两种方法：一是利用 PCB 文件生成向导，二是直接通过执行菜单命令创建 PCB 文件。

7.5.1 利用 PCB 生成向导创建 PCB 文件

利用 PCB 生成向导创建一个 PCB 文件的步骤如下：

（1）启动 PCB 文件生成向导。在 Files 工作面板中找到"根据模板新建"列表，如图 7-25 所示，单击 PCB Board Wizard 选项，系统会弹出如图 7-26 所示的 PCB 生成向导界面。

（2）单击"下一步"按钮，进入如图 7-27 所示的对话框，在该对话框中设置 PCB 上使用的尺寸单位。假如系统没有汉化，则 Imperial 表示英制，单位为 mil；Metric 表示公制，单位为 mm。这里选中"英制"单选按钮。

（3）继续单击"下一步"按钮，进入如图 7-28 所示的对话框，在左边的列表框中选择一种 PCB 模板，也可以选择 Custom 自定义项。这里选择 Custom 选项。

（4）继续单击"下一步"按钮，进入如图 7-29 所示的对话框，在其中设置 PCB 的各项参数，大部分参数可从字面含义得知，下面介绍复选框参数的具体意义。

图 7-25　Files 工作面板

图 7-26　PCB 生成向导界面

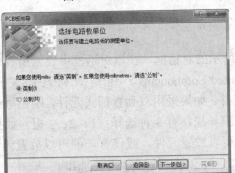

图 7-27　设置 PCB 的尺寸单位

图 7-28　选择 PCB 模板

◆ "标题栏和刻度"复选框：若选中该复选框，PCB 文件中将显示标题栏与图纸比例。

◆ "图标字符串"复选框：若选中该复选框，则在 PCB 文件中显示图例字符串。

◆ "尺寸线"复选框：若选中该复选框，则在 PCB 文件中显示尺寸标注线。

◆ "角切除"复选框：该复选框只有在选择电路板外形为矩形时才有效。若选中该复选框，则可在电路板的四周截去矩形角，如图 7-30 所示。

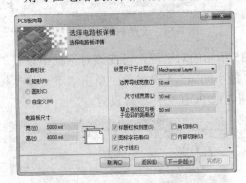

图 7-29　设置 PCB 的各项参数

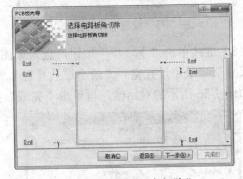

图 7-30　设置"角切除"

◆ "内部切除"复选框：该复选框只有在选择电路板外形为矩形时才有效。若选中该复选框，则可在电路板内部挖掉一小矩形，如图 7-31 所示，在布线时，该小矩形内是禁止布线的。

（5）继续单击"下一步"按钮，进入如图 7-32 所示的对话框，在其中设置信号层（Signal Layers）的层数和内部电源层（Power Planes）的层数。

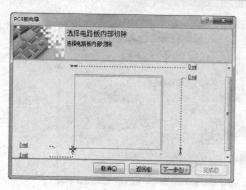

图 7-31　设置"内部切除"

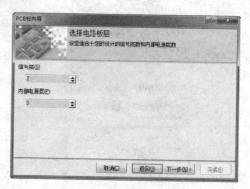

图 7-32　设置 PCB 的层数

（6）继续单击"下一步"按钮，进入如图 7-33 所示的对话框，在其中设置过孔的样式（Via），此处选择过孔样式为"只显示通孔"。

（7）继续单击"下一步"按钮，进入如图 7-34 所示的对话框，在该对话框中设置所设计的电路板主要采用表面贴装式元件（Surface-mounted Components）还是双列直插式元件（Through-hole Components）。这里设置双列直插式元件。如果采用双列直插式元件，则还可设置本电路板上双列直插式元件的焊盘间可以通过几根铜膜导线，有 3 种选择：1、2、3 根；如果采用表面贴装式元件，则还可设置本电路板是双面且都可以放置元件，或仅有一面可以放置元件。

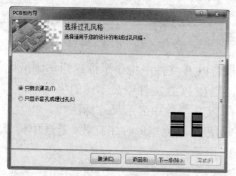

图 7-33　设置过孔的样式

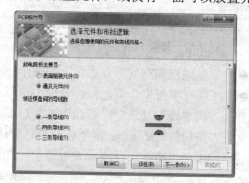

图 7-34　设置 PCB 的元件样式

（8）继续单击"下一步"按钮，进入如图 7-35 所示的对话框，可在该对话框中设置"最小导线尺寸"、"最小过孔宽"、"最小过孔孔径"和"最小间隔"4 个参数。单击"下一步"按钮，进入如图 7-36 所示的对话框，再单击"完成"按钮完成 PCB 文件参数设置。

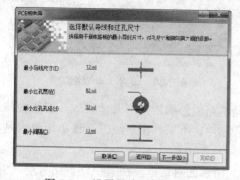

图 7-35　设置导线和过孔尺寸

图 7-36　完成 PCB 的生成设置

注意：在利用此方法创建新 PCB 文件时，并不是一定要设置完所有参数才能创建文件，在第
（3）步设置完后，或采用自定义后，就可以单击对话框中的"完成"按钮，创建一个
不完整的 PCB 文件，其他参数可在 PCB 编辑器中利用菜单命令编辑。

7.5.2　利用执行菜单命令创建 PCB 文件

打开一个工程项目，选择 File→New→PCB 命令，将直接进入 PCB 编辑界面，同时创建了一
个未设置任何电路板参数的 PCB 文件，后续可通过编辑器中的菜单命令设置电路板的所有参数。

如果是创建新 PCB 文件，建议尽量使用第一种方式，即 PCB 文件生成向导，而不要采用新
建命令。因为利用 PCB 文件生成向导创建的 PCB 文件，设计者不会遗漏参数的设置。

7.6　PCB 编辑器

利用 Protel DXP 2004 进行 PCB 图设计，是在 PCB 编辑器中进行的，本讲将主要介绍 PCB
编辑器的工作环境。

7.6.1　启动 PCB 编辑器

启动 PCB 编辑器主要有两种方式：一是通过新建 PCB 文档，二是通过打开已建立的 PCB 文档。

（1）新建 PCB 文档

Protel DXP 2004 的 PCB 文档一般位于项目文件之下，建立 PCB 文档之前应先创建项目文件，
然后建立 PCB 文档，具体步骤如下：

◆　创建项目文件，选择"文件"→"创建"→"项目"→"PCB 项目"命令，就会出现新
　　建的项目文件，默认文件名为 PCB_Project1.PrjPCB。

◆　创建 PCB 文档，创建方法参照 7.5 节所讲内容。启动命令后，进入如图 7-37 所示的 PCB
　　编辑器界面。

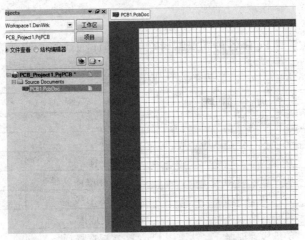

图 7-37　PCB 编辑器界面

（2）打开 PCB 文档

如果 PCB 文档已经建立，可以通过打开 PCB 文档来启动 PCB 编辑器，打开方法有两种：

◆ 选择"文件"→"打开"命令，打开 PCB 文档所在的项目文件。

◆ 在 Projects 面板中双击要打开的 PCB 文档图标。

7.6.2 常用菜单

PCB 编辑环境下菜单栏的内容和原理图编辑环境下的菜单栏的内容相似，如图 7-38 所示，利用菜单栏可以完成对 PCB 的各种编辑操作。本节将介绍几个 PCB 编辑器特有的菜单命令。

DXP (X) 文件 (F) 编辑 (E) 查看 (V) 项目管理 (C) 放置 (P) 设计 (D) 工具 (T) 自动布线 (A) 报告 (R) 视窗 (W) 帮助 (H)

图 7-38 Protel DXP 2004 主菜单栏

（1）"放置"菜单

"放置"菜单提供了 PCB 编辑器中放置各种对象的功能，其详细功能介绍如表 7-1 所示。

表 7-1 "放置"菜单

命　令	命　令　解　释	命　令	命　令　解　释
圆弧（中心）	圆心法放置圆弧	交互式布线	交互式布线
圆弧（90 度）	边缘法放置圆弧	元件	放置元件
圆弧（任何角度）	边缘法放置任意角度圆弧	坐标	放置坐标
圆	放置圆	尺寸	放置尺寸标注
矩形填充	放置矩形填充	内嵌电路板队列	放置内嵌电路板
实心和区域	放置实心区域	覆铜	放置覆铜平面
直线	放置直线	多边形灌铜切块	放置切块区域
字符串	放置字符串	分割覆铜平面	分割覆铜平面
焊盘	放置焊盘	禁止布线	放置禁止布线区域
过孔	放置过孔		

（2）"设计"菜单

"设计"菜单提供了对 PCB 各种高级编辑功能，其详细功能介绍如表 7-2 所示。

表 7-2 "设计"菜单

命　令	命　令　解　释	命　令	命　令　解　释
更新原理图	更新源文件	Room 空间	编辑 Room 空间
输入变化	从源文件输入变化	对象类	编辑对象类
规则	设计规则	浏览元件	浏览元件
规则向导	运行设计规则向导	追加/删除库文件	追加/删除库文件
PCB 形状	编辑 PCB 形状	生成 PCB 文件	由 PCB 生成 PCB 库
网络表	编辑网络表	生成集成库	生产集成库
层堆栈管理器	层堆栈管理器	PCB 板选择项	编辑 PCB 板选择项
PCB 板层次颜色	配置 PCB 板各层颜色		

（3）"工具"菜单

"工具"菜单提供了对 PCB 各种后期编辑功能，其详细功能介绍如表 7-3 所示。

表 7-3 "工具"菜单

命 令	命 令 解 释
设计规则检查	运行设计规则检查
重置错误标记	重置错误标记
多边形覆铜	编辑覆铜
放置元件	编辑所放置的元件
取消布线	取消 PCB 布线
密度分析	密度分析
重新注释	重新注释
FPGA 引脚交换	FPGA 引脚转换
交叉探测	快速定位文件中的错误
切换快速交叉选择模式	切换快速交叉选择模式
转换	转换 PCB 对象
泪滴焊盘	设置泪滴焊盘
匹配网络长度	匹配网络长度
生成选定对象的包络线	在选定对象外围生成包络线
层堆栈符号	层堆栈符号
查找并设定测试点	查找并设定测试点
清除全部测试点	清除全部测试点
优先选定	配置系统优先选定

（4）"自动布线"菜单

"自动布线"菜单提供各种自动布线的功能，其详细功能介绍如表 7-4 所示。

表 7-4 "自动布线"菜单

命 令	命 令 解 释
全部对象	对电路板全部对象自动布线
网络	自动布置指定网络中的全部连线
网络线	自动布线网络类
连接	自动布置指定的焊盘之间的连线
整个区域	区域自动布线
Room 空间	对位于 Room 空间中的全部连接自动布线
元件	对于选定与元件的焊盘相连的连接自动布线
元件类	自动布线元件类
在选择的元件上连接	在选择的元件上自动布线连接
在选择的元件之间连接	在选择的元件之间自动布线
扇出	输出对象
设定	设置自动布线器
停止	停止布线器

续表

命 令	命 令 解 释
重置	重置布线器
Pause（暂停）	暂停自动布线器

（5）"报告"菜单

"报告"菜单提供生成 PCB 各种报表和测量信息的功能，其详细功能介绍如表 7-5 所示。

表 7-5 "报告"菜单

命 令	命 令 解 释	命 令	命 令 解 释
PCB 板信息	PCB 板信息报告	测量距离	测量两点间距离
Bill of Materials（元件清单）	生成元件报表	测量图元	测量两图元对象间的距离
项目报告	生成项目报告	测量选定对象	测量选择的短线段的长度
网络表状态	网络表状态报告		

7.6.3 常用工具

Protel DXP 2004 的 PCB 编辑器提供了丰富的工具栏，下面介绍几个常用的工具栏。

（1）"PCB 标准"工具栏

"PCB 标准"工具栏为 PCB 文件提供基本的操作功能，如创建、保存、缩放等，如图 7-39 所示，表 7-6 列出了该工具栏各个按钮的命令解释，有以下两种方法调用或隐藏该工具栏。

◆ 菜单栏："查看"→"工具栏"→"PCB 标准"工具栏。

◆ 工具栏：空白处右击，在弹出的列表框中选择 ✓ PCB 标准 。

图 7-39 "PCB 标准"工具栏

表 7-6 "PCB 标准"工具栏各个按钮的命令解释

按 钮	命 令 解 释	按 钮	命 令 解 释
	创建任意文件		粘贴
	打开已存在文件		橡皮图章
	保存当前文件		在区域内选取对象
	直接打印当前文件	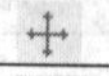	移动选取的对象
	生成当前文件的打印预览		取消选择全部当前文档
	打开器件视图页面		清除当前过滤器
	显示全部对象		取消
	缩放整个区域		重做
	缩放选定对象		快速定位文件中的错误
	放大显示过滤对象		浏览元件
	裁剪		顾问式帮助
	复制		

（2）"过滤器"工具栏

"过滤器"工具栏如图 7-40 所示，表 7-7 列出了该工具栏各个按钮的命令解释，有以下两种方法调用或隐藏该工具栏。

◆　菜单栏："查看"→"工具栏"→"过滤器"工具栏。
◆　工具栏：空白处右击，在弹出的列表框中选择 ▼ 过滤器 。

图 7-40　"过滤器"工具栏

表 7-7　"过滤器"工具栏各个按钮的命令解释

按　　钮	命　令　解　释
▼	用过滤器选择网络
▼	使用过滤器选择元件
(All) ▼	选择过滤器
◌	放大显示过滤对象
✕	清除当前过滤器

（3）"实用工具"工具栏

"实用工具"工具栏如图 7-41 所示，有以下两种方法调用或隐藏该工具栏。

◆　菜单栏："查看"→"工具栏"→"实用工具"工具栏。
◆　工具栏：空白处右击，在弹出的列表框中选择 ▼ 实用工具 。

图 7-41　"实用工具"工具栏

❖　"实用工具" ▼：该系列提供了放置直线、圆弧、坐标、原点等，可进一步完善 PCB 图。表 7-8 列出了该系列各个按钮的命令解释。

表 7-8　"实用工具"按钮

按　　钮	命　令　解　释	按　　钮	命　令　解　释
	放置直线	+10,10	放置坐标
10	放置标准尺寸	⊗	设定原点
	中心法放置椭圆弧		边缘法放置任意角度圆弧
	放置圆		粘贴队列

❖　"调准工具" ▼：该系列提供了左对齐、右对齐、中心对齐等多种元件封装位置调整功能。表 7-9 列出了该系列各个按钮的命令解释。

表 7-9　"调准工具"按钮

按　　钮	命　令　解　释	按　　钮	命　令　解　释
	以元件左对齐排列		元件垂直等距排列
	以水平中心排列		元件的垂直间距递增
	以元件右对齐排列		元件的垂直间距递减

按　钮	命 令 解 释	按　钮	命 令 解 释
	元件水平等距排列		排列元件于 Room 空间内部
	元件的水平间距递增		排列元件于矩形区域内部
	元件的水平间距递减		排列所选元件到当前网格
	以元件顶部对齐排列		根据元件创建联合
	以元件垂直中心排列		从联合中删除元件
	以元件底部对齐排列		排列元件

❖　"查找选择" ：用来查找所有标记为 Selection 的电气符号（Primitive），以供用户选择。表 7-10 列出了该系列各个按钮的命令解释。

表 7-10　"查找选择"按钮

按　钮	命 令 解 释	按　钮	命 令 解 释
	跳转到第一个基本图对象		跳转到选择的第一组对象
	跳转到前一个基本图对象		跳转到选择的前一组对象
	跳转到下一个基本图对象		跳转到选择的下一组对象
	跳转到最后一个基本图对象		跳转到选择的最后一组对象

❖　"放置尺寸" ：利用这些按钮可以在 PCB 图上进行各种方式的尺寸标注。表 7-11 列出了该系列各个按钮的命令解释。

表 7-11　"放置尺寸"按钮

按　钮	命 令 解 释	按　钮	命 令 解 释
	放置直径尺寸标注		放置角度尺寸标注
	放置半径尺寸标注		放置前导标注
	放置数据尺寸标注		放置基线尺寸标注
	放置中心尺寸标注		放置直线式直径尺寸标注
	放置射线式直径尺寸标注		放置标准尺寸

❖　"放置 Room 空间" ：用来放置各种形式的 Room 空间。表 7-12 列出了该系列各个按钮的命令解释。

表 7-12　"放置 Room 空间"按钮

按　钮	命 令 解 释	按　钮	命 令 解 释
	放置矩形 Room 空间		根据元件创建非直角 Room 空间
	放置多边形 Room 空间		根据元件创建矩形 Room 空间
	复制 Room 空间		分割 Room 空间
	根据元件创建直角 Room 空间		

❖　"网格" ：用来切换、设置网格，如图 7-42 所示。

图 7-42　"网格"按钮

（4）"配线"工具栏

"配线"工具栏如图 7-43 所示，表 7-13 列出了该工具栏各个按钮的命令解释，有以下两种方法调用或隐藏该工具栏。

◆　菜单栏："查看"→"工具栏"→"配线"工具栏。

◆　工具栏：空白处右击，在弹出的列表框中选择 配线 。

图 7-43　"配线"工具栏

表 7-13　"配线"工具栏各个按钮的命令解释

按　钮	命 令 解 释	按　钮	命 令 解 释
	交互式布线		放置铜区域
	放置焊盘		放置覆铜
	放置过孔	A	放置字符串
	边缘法放置圆弧		放置元件
	放置矩形填充		

（5）"导航"工具栏

"导航"工具栏如图 7-44 所示，与原理图编辑器的工具栏一样，这里不再详述。

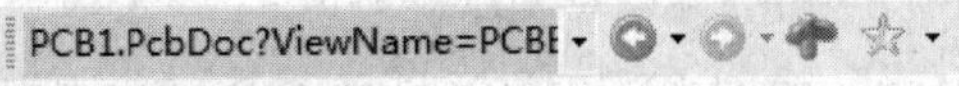

PCB1.PcbDoc?ViewName=PCBE ▾ ◐ ▾ ◑ ▾ ✦ ☆ ▾

图 7-44　"导航"工具栏

7.6.4　窗口管理

Protel DXP 2004 可以同时编辑多个工程文件，在不同工程文件下多个文件窗口之间可以非常方便地进行切换。同时，Protel DXP 2004 还提供了同一工程文件下不同文件的窗口管理功能。

（1）窗口平铺显示

在 Protel DXP 2004 中，选择"视窗"→"平铺排列"命令，可以将多个工程文件的工作窗口平铺显示在一个屏幕中，如图 7-45 所示。

（2）窗口水平层叠显示

在 Protel DXP 2004 中，选择"视窗"→"水平排列"命令，可以将多个工程文件的工作窗口水平层叠显示在一个屏幕中。

（3）窗口垂直层叠显示

在 Protel DXP 2004 中，选择"视窗"→"垂直排列"命令，可以将多个工程文件的工作窗口垂直层叠显示在一个屏幕中。

（4）窗口切换

如果想从一个窗口切换到另外一个窗口，可以直接将鼠标移到该窗口内，然后单击鼠标左键即可，或者从"视窗"菜单中用鼠标选中所要的窗口，如图 7-46 所示。

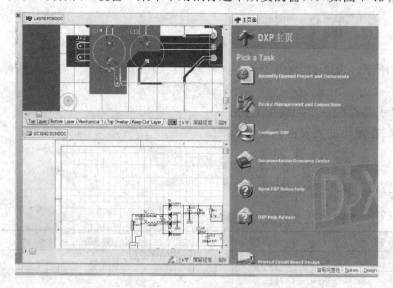

图 7-45　窗口平铺显示

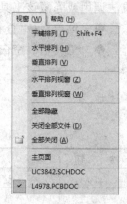

图 7-46　窗口切换

（5）关闭文件

选择"视窗"→"全部关闭"/"关闭全部文件"命令，可以关闭所有窗口或所有文件。

7.7　设置 PCB 的环境参数

在使用 PCB 编辑器绘制 PCB 图之前，应对其环境参数进行设置，使系统满足设计者的要求工作，启动设置 PCB 图的环境参数设置命令有以下两种方法。

◆　菜单："工具"→"优先设定"。

◆　工作区：右击→"选项"→"优先设定"。

"优先设定"对话框如图 7-47 所示，包括 Protel PCB-General、Protel PCB-Display、Protel PCB-Show/Hide、Protel PCB-Defaults、Protel PCB-PCB 3D 5 个选项卡，这里主要详述常用的 Protel

PCB-General、Protel PCB-Display、Protel PCB-Show/Hide 和 Protel PCB-Defaults 选项卡。

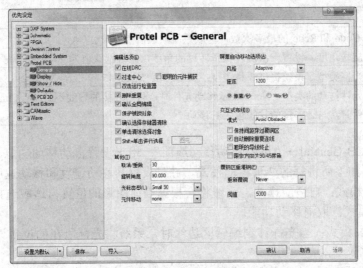

图 7-47　"优先设定"对话框

7.7.1　Protel PCB-General 选项卡

在该选项卡中包含以下 5 个栏。

（1）Protel PCB-General→"编辑选项"：该栏中共有 11 个复选框，其意义如表 7-14 所示。

表 7-14　Protel PCB-General→"编辑选项"设置意义

复　选　框	解　　　释
在线 DRC	选中该复选框，则在进行 PCB 布线时，系统实时在后台进行 DRC 检验，在手工调整时，一旦违反 DRC 规则，系统将立刻用 DRC 校验错误层的颜色显示错误的地方
对准中心	选中该复选框，则在选择元器件时，光标自动跳到该元件的中心点，可能是元件的位置中心，也可能是元件的第一引脚，这与元件制作时设定的基准点有关
双击运行检查器	选中该复选框，则在 PCB 编辑器中双击元件、导线或焊盘等图元时，系统将弹出该图元的检查面板 Inspector；如果不选中该复选框，则双击时会出现该图元的属性窗口
删除重复	选中该复选框，系统将自动删除 PCB 上的元件序号重复的元件
确认全局编辑	选中该复选框，则在 PCB 编辑器中进行全局操作时会给出确认信息
保护被锁对象	选中该复选框，则在对那些选择 Locked 属性的图元进行操作时，系统将给出确认信息，以保护被锁定的对象
确认选择存储器清除	选中该复选框，用来确认选择存储器被清空
单击清除选择对象	选中该复选框，则当选择电路板组件时，系统不会取消原来选中的组件，连同新选中的组件一起处于选中状态
Shift+单击进行选择	选中该复选框，则选择多个元件时，需要按 Shift 键
聪明的元件捕获	选中该复选框，则在对图元对象进行操作时，指针会自动捕获小的图元对象

（2）Protel PCB-General→"其他"：用来设置光标类型、元件移动等属性，其意义如表 7-15 所示。

表 7-15　Protel PCB-General→"其他"设置意义

设　置　项	解　　释
取消/重做	设置 Undo 和 Redo 的最多次数，一般系统默认值为 30 次
旋转角度	设置旋转角度，设置一次旋转操作转过的角度，系统默认值为 90°
光标类型	设置光标类型，系统提供 3 种类型：Small 90、Small 45 和 Large 90
元件移动	设置元件拖动的类型，None 表示移动元件时，与之连接的导线不移动；Connected Task 表示移动元件时，与之连接的导线也跟着移动

（3）Protel PCB-General→"屏幕自动移动选项"：用来设置自动移动功能，如图 7-48 所示，主要是系统提供了如下所讲解的 7 种移动模式，并可设置其移动速度和移动速度单位。

◆　Adaptive 模式：自适应模式，系统将会根据当前图形的位置自适应选择移动方式。

◆　Disable 模式：取消移动功能。

◆　Re-Center 模式：当光标移到编辑区边缘时，系统将光标所在的位置设置为新的编辑区中心。

◆　Fixed Size Jump 模式：当选择此模式时，对话框会显示如图 7-49 所示，当光标移到编辑区边缘时，系统将以"步长"的设定值为移动量向未显示的部分移动。当按 Shift 键后，系统将以"移步"的设定值为移动量向未显示的部分移动。

图 7-48　"屏幕自动移动选项"栏　　　　图 7-49　选中 Fixed Size Jump 模式的"屏幕自动移动选项"区域

◆　Shift Accelerate 模式：当光标移到编辑区边缘时，如果"移步"的设定值比"步长"的设定值大，系统将以"步长"的设定值为移动量向未显示的部分移动。当按 Shift 键后，系统将以"移步"项的设定值为移动量向未显示的部分移动。如果"移步"项的设定值比"步长"项的设定值小，不管按不按 Shift 键，系统都将以"移步"项的设定值为移动量向未显示的部分移动。

◆　Shift Decelerate 模式：当光标移到编辑区边缘时，如果"移步"项的设定值比"步长"项的设定值大，系统将以"移步"项的设定值为移动量向未显示的部分移动。当按 Shift 键后，系统将以"步长"项的设定值为移动量向未显示的部分移动。如果"移步"项的设定值比"步长"项的设定值小，不管按不按 Shift 键，系统都将以"移步"项的设定值为移动量向未显示的部分移动。

◆　Ballistic 模式：当光标移到编辑区边缘时，越往编辑区边缘移动，移动的速度越快，系统默认的移动模式为 Fixed Size Jump 模式。

（4）Protel PCB-General→"交互式布线"：用来设置交互布线的属性，如图 7-50 所示。

◆　"模式"下拉列表框：设置交互布线的模式，系统提供了 Ignore Obstacle（忽略障碍）、Avoid Obstacle（避开障碍）和 Push Obstacle（移开障碍）3 种方式。

◆　"保持间距穿过覆铜区"复选框：若选中该复选框，则布线时采用推挤布线方式，检测布线障碍。

◆ "自动删除重复连线"复选框：若选中该复选框，在绘制一条导线后，如果发现存在另一条回路，则系统将自动删除原来的回路。

◆ "聪明的导线终止"复选框：若选中该复选框，可以快速跟踪导线的端部。

◆ "限定方向为 90/45 度角"复选框，若选中该复选框，布线走向只有 90 度和 45 度。

（5）Protel PCB-General→"覆铜区重灌铜"：用来设置交互布线中避免障碍和推挤的布线方式，如图 7-51 所示。

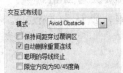 

图 7-50　"交互式布线"栏　　　　　　图 7-51　"覆铜区重灌铜"栏

当多边形被移动时，它可以自动或根据设置调整以避免障碍。"重新覆铜"提供 Always、Never 和 Threshold 3 种方式。如果选择 Always 选项，则在已覆铜的 PCB 中修改走线时，覆铜会自动重覆；如果选择 Never 选项，则不采用任何推挤布线方式；如果选择 Threshold 选项，则设置了一避免障碍的"阀值"，假如超过了该值后，覆铜区才被推挤。

7.7.2　Protel PCB-Display 选项卡

Protel PCB-Display 选项卡中包含以下 3 个栏。

（1）Protel PCB-Display→"显示选项"：该栏共有 10 个复选框，其意义如表 7-16 所示。

表 7-16　Protel PCB-Display→"显示选项"设置意义

复 选 框	解　　释
转换特殊字符串	选中该复选框，则系统把特殊的字符串转化为它所代表的文字
全部加亮	选中该复选框，则被选中的对象完全以当前选择的颜色高亮显示
用网络颜色加亮	选中该复选框，则用原来该网络的颜色高亮显示网络，否则，则以选择层的颜色显示该网络
重画阶层	选中该复选框，则系统在重画电路板层时，将一层一层地画，当前层是最后画的，所以最清楚
单层模式	选中该复选框，则系统只显示当前层，其他都不显示
透视显示模式	选中该复选框，则系统设置所有电路板层都是透明的，同时电路板将显示黑色，而 PCB 编辑器的图纸将被隐藏

（2）Protel PCB-Display→"表示"：用来设置 PCB 显示，其意义如表 7-17 所示。

表 7-17　Protel PCB-Display→"表示"设置意义

复 选 框	解　　释
焊盘网络	选中该复选框，则系统会显示焊盘的网络名称
焊盘号	选中该复选框，则系统会显示焊盘序号
过孔网络	选中该复选框，则系统会显示过孔的网络名称
测试点	选中该复选框，则系统会显示测试点
原点标记	选中该复选框，则系统会显示 PCB 的原点位置
状态信息	选中该复选框，则系统会显示 PCB 对象的状态信息

（3）Protel PCB-Display→"草案阀值"：用来设置图形显示极限，如图 7-52 所示。

图 7-52　"草案阀值"栏

◆ 导线（Tracks）：用来设置铜膜导线的显示极限，默认为 2mil。
◆ 字符串（像素）：用来设置文本字符串的显示极限，默认为 4pixels。

7.7.3　Protel PCB-Show/Hide 选项卡

Protel PCB-Show/Hide 选项卡如图 7-53 所示，该选项卡是用来设置各种图元的显示模式的。Protel DXP 2004 共提供了"最终"、"草案"、"隐藏"3 种模式，在选项卡下方还提供了 3 个按钮。
◆ 全为最终：所有图元均设置为最终模式。
◆ 全为草案：所有图元均设置为草案模式。
◆ 全部隐藏：所有图元均设置为隐藏模式。

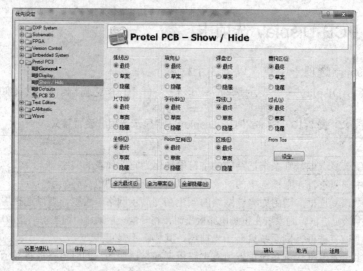

图 7-53　Protel PCB-Show/Hide 选项卡

7.7.4　Protel PCB-Defaults 选项卡

该选项卡用来设置各种图元的系统默认值，如图 7-54 所示，这些图元包括 Arc（弧线）、Component（元件）、Coordinate（坐标）、Dimension（尺寸）、Fill（填充）、Pad（焊盘）、Polygon（覆铜）、String（字符串）、Via（过孔）、Track（导线）等。

单击"重置"按钮可以重置各种图元的系统默认值；单击"编辑值"按钮可以编辑各种图元的系统默认值。例如选择 Via 选项，并单击"编辑值"按钮，则弹出如图 7-55 所示的编辑过孔系统默认值属性的对话框，它和编辑过孔属性对话框一样，不过该设置将不对任何已经放置的过孔起作用，而是使得在以后放置过孔时，系统将以此值作为默认值。

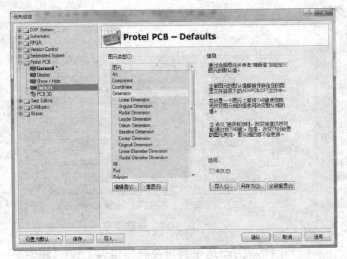

图 7-54　Protel PCB-Defaults 选项卡

图 7-55　设置过孔的系统默认值对话框

7.8　实例·操作——手动新建 PCB 文件

【思路分析】

手动新建 PCB 文件，主要是与利用 PCB 生成向导创建 PCB 文件作对比。对于熟练的设计人员来说，使用 PCB 向导并不是新建一个 PCB 文件的唯一选择，还可以手动生成 PCB 文件，本例中生成一个名为"PCB 文件.PcbDoc"的文件，并对其进行一些简单的设置。

【光盘文件】

结果文件——参见附带光盘中的"实例\Ch7\手动新建\PCB 文件.PcbDoc"文件。

动画演示——参见附带光盘中的"视频\Ch7\手动新建\PCB 文件.avi"文件。

【操作步骤】

（1）选择"文件"→"创建"→"项目"→"PCB 项目"命令，新建一个 PCB 项目。选择"文件"→"保存项目"命令或右击工作面板上的新建文件名，弹出保存文件对话框，在其中输入"PCB 文件.PrjPCB"，单击"保存"按钮并返回。此时 Projects 工作面板内容如图 7-56 所示。

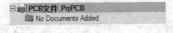

图 7-56　Projects 工作面板内容

（2）选择"文件"→"创建"→"项目"→"PCB 文件"命令，新建 PCB 文件。

（3）对文档进行存档，右击页面左边列表中的 PCB1.PcbDoc，在弹出的快捷菜单中选择"保存"命令，如图 7-57 所示，选择保存路径并输入文档名称，单击"保存"按钮。

（4）由于这种方法新建的 PCB 空白文件是没有经过任何设置的，这一点与根据向导生成 PCB 文件时不同，因此接下来要对 PCB 文件的参数进行设置。右击 PCB 文件的工作区，在弹出的快捷菜单中选择"选项"→"PCB 板选项"命令，如图 7-58 所示，弹出"PCB 板选择项"对话框。

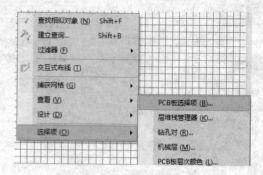

图 7-57　保存新建 PCB 文档　　　　　　　　图 7-58　级联菜单

（5）在该对话框中，设置电路板的尺寸参数和网格大小，这里将可视网格设为 Lines（线型），电路的尺寸标准设定为 Metric（毫米），这一步的设置就相当于 PCB 向导中的前两步设置，如图 7-59 所示。

（6）在级联菜单中选择"层堆栈管理器"命令，打开板层管理器，这里设置为双层板，因此不需要增加或减少板层，单击"属性"按钮，在弹出的"编辑层"对话框中设置板层厚度和名称，如图 7-60 所示。

图 7-59　"PCB 板选择项"对话框　　　　　　图 7-60　"编辑层"对话框

（7）利用级联菜单中的其他命令，可以设置 PCB 板的其他属性，如板层颜色、过孔参数等，这里均采用默认，不再一一介绍。

（8）设置完毕后，选择"文件"→"保存文件"命令或按 Ctrl+S 快捷键保存文件。

7.9　实例·练习——从 SCH 文档更新 PCB 文件

【思路分析】

本实例介绍从 RC 滤波电路原理图文档更新 PCB 文件内容的方法，主要是将原理图文档里的网络连接和元器件更新到 PCB 文件中。

【光盘文件】

结果文件——参见附带光盘中的"实例\Ch7\更新文档\RC 正弦振荡电路.PrjPCB"文件。

动画演示——参见附带光盘中的"视频\Ch7\更新文档\RC 正弦振荡电路.avi"文件。

【操作步骤】

（1）单击工具栏中的"打开"按钮，在打开的对话框中选择附带光盘中的"实例\Ch7\更新文档\RC 滤波电路.PrjPCB"，在 Projects 工作面板中双击"RC 滤波电路.PcbDoc"，打开 PCB 文件，如图 7-61 所示。

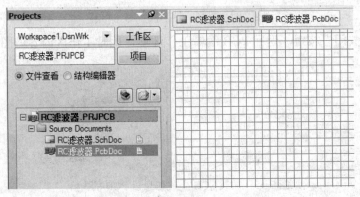

图 7-61　打开 PCB 文件

（2）单击 PCB 工作区右下区图层控制面板上的 Keep-Out Layer 标签，切换当前板层为 Keep-Out Layer（禁布层）。选择"放置"→"禁止布线区"→"导线"命令，进入绘制 PCB 边框命令状态，绘制如图 7-62 所示的边界。

（3）选择"设计"→"Import Change From RC 滤波器.PRJPCB"命令，打开如图 7-63 所示的"工程变化订单（ECO）"对话框。

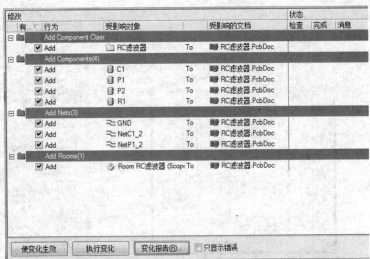

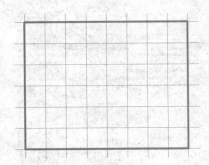

图 7-62　绘制边界　　　　　　　　　　图 7-63　"工程变化订单（ECO）"对话框

（4）单击"使变化生效"按钮检查所有是否有效，如图 7-64 所示。然后单击"执行变化"按钮，在 PCB 工作区内执行所有改变操作。

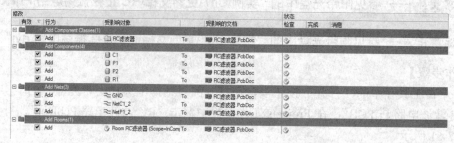

图 7-64　执行"使变化生效"检查

（5）单击"关闭"按钮，返回 PCB 编辑工作环境，此时工作区内容如图 7-65 所示。

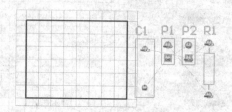

图 7-65　加载 SCH 电气信息后 PCB 的内容

（6）在工作区中选中元件进行布局，完成后如图 7-66 所示。

（7）布局完成操作结束后，选择"自动布线"→"全部对象"命令，打开如图 7-67 所示的"Situs 布线策略"对话框。

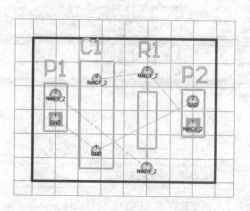

图 7-66　完成元件布局

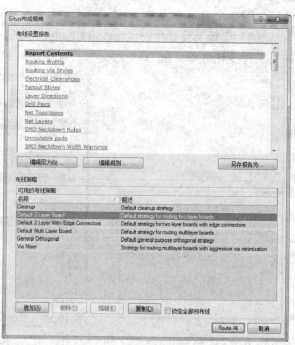

图 7-67　"Situs 布线策略"对话框

（8）按照默认选择的 Default 2 Layer Board 布线策略，单击右下角的 Route All 按钮，返回 PCB 工作区。系统执行自动布线操作，自动布线操作结束后，工作区内自动布线后如图 7-68 所示。选择"文件"→"保存文件"命令或按 Ctrl+S 快捷键保存文件。

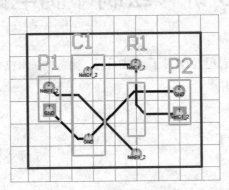

图 7-68　完成 PCB 设计

7.10　习　　题

一、填空题

（1）印制电路板英文全称是_____，缩写为_____。

（2）根据_____的不同，可以将印制电路板分别分为单面板、双面板和多层板。

（3）印制电路板根据基板材料划分有_____印制电路板、_____印制电路板和_____印制电路板。

（4）高频布线，走线方式应按照_____角拐弯，这样可以减小高频信号的辐射和相互间的耦合。

（5）_____主要用于放置元件的外形轮廓、序号、引脚标识以及其他注释性文字等，以方便电路板焊接，防止生产过程出错。

二、选择题

（1）在多层板中，不同信号层之间通过（　　）进行连接。

　　A．导线　　　　　　　B．焊盘　　　　　　　C．过孔　　　　　　　D．覆铜

（2）元件封装英文名称为（　　）。

　　A．Pad　　　　　　　B．Vir　　　　　　　C．Layer　　　　　　D．Footprint

（3）板层的英文名称为（　　）。

　　A．Pad　　　　　　　B．Vir　　　　　　　C．Layer　　　　　　D．Footprint

（4）在印制电路板的工作层面中，主要用于布线的是（　　）。

　　A．内电层　　　　　　B．信号层　　　　　　C．机械层　　　　　　D．丝印层

（5）（　　）用于定义放置元件和布线的区域范围。

　　A．屏蔽层　　　　　　B．丝印层　　　　　　C．信号层　　　　　　D．禁止布线层

第 8 讲　绘制印制电路板

通过第 7 讲的介绍，读者已经学习了 PCB 设计系统的基本操作方法，本讲将详细地介绍绘制印制电路板的方法和具体步骤。

本讲内容

- 实例·模仿——两级放大电路的元件布局
- 手工规划电路板
- 载入网络表与元件
- PCB 绘图工具栏

- 元件的布局
- 布线
- 设计规则检查（DRC）
- 实例·操作——AC-DC 电路的自动布线
- 实例·练习——设计 AD8001 放大电路

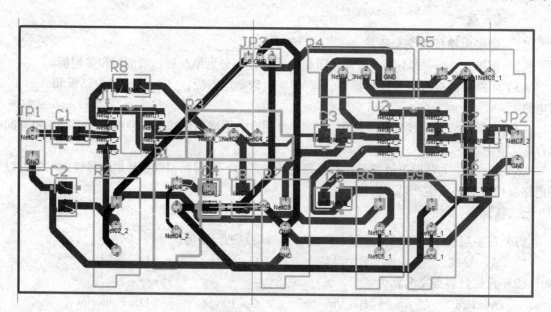

8.1　实例·模仿——两级放大电路的元件布局

【思路分析】

在第 7 讲的基础上，本实例模仿进一步设计 PCB 的元件布局部分，以两级放大电路为例，方法为在 PCB 文件中载入元件，然后利用自动布局功能初步确定元件位置，再手动调整部分位置。

视频教学

【光盘文件】

结果文件——参见附带光盘中的"实例\Ch8\两级放大电路\两级放大电路.PrjPCB"。

动画演示——参见附带光盘中的"视频\Ch8\两级放大电路\两级放大电路.avi"文件。

【操作步骤】

（1）单击工具栏中的"打开"按钮，在打开的对话框中选择附带光盘中的"实例\Ch8\两级放大电路\两级放大电路.PrjPCB"，然后单击"打开"按钮将原理图文件打开，在 Projects 工作面板中双击"两级放大电路.SchDoc"，将原理图打开，如图 8-1 所示。

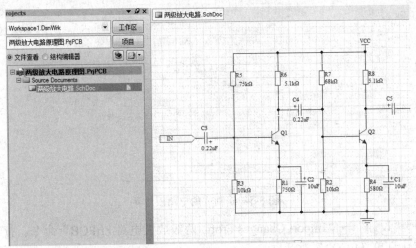

图 8-1　打开原理图

（2）选中当前 PCB 项目，选择"文件"→"新建"→"PCB 文件"命令，为当前项目新建一个 PCB 文件。对文档进行保存，右击页面左边列表中的 PCB1.PcbDoc，在弹出的快捷菜单中选择"保存"命令，如图 8-2 所示，输入文件名"两级放大电路.PcbDoc"，单击"保存"按钮，此时项目管理面板内容如图 8-3 所示。

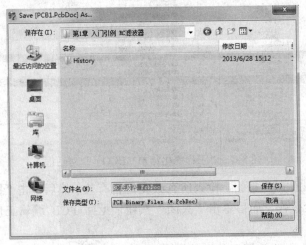

图 8-2　保存新建 PCB 文档

（3）单击 PCB 工作区右下方图层控制面板上的 Keep-Out Layer 标签，即将禁止布线层置为当前层，如图 8-4 所示。

图 8-3　项目管理面板内容

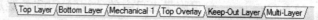

图 8-4　禁止布线层置为当前层

（4）选择"放置"→"禁止布线区"→"导线"命令，光标将变成十字形。在编辑区适当位置单击，依次绘制多条边，最终形成一个封闭的多边形，一般绘制成矩形，如图 8-5 所示。

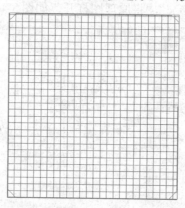

图 8-5　绘制成的电路板边界

（5）选择"设计"→"Import Changes From 两级放大电路.PrjPCB"命令，打开如图 8-6 所示的"工程变化订单（ECO）"对话框。

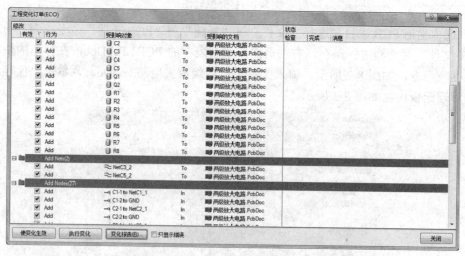

图 8-6　"工程变化订单（ECO）"对话框

（6）单击"使变化生效"按钮，检查所有改变是否有效，然后单击"执行变化"按钮在 PCB 工作区内执行所有改变操作。而后单击"关闭"按钮，返回 PCB 编辑工作环境，此时工作区内容如图 8-7 所示。

（7）选择"工具"→"放置元件"→"自动布局"命令，弹出如图 8-8 所示的"自动布局"

对话框。

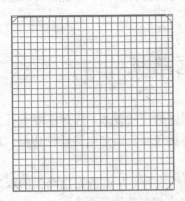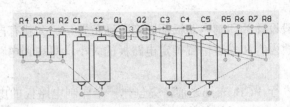

图 8-7　加载 SCH 电气信息后的 PCB 内容

　（8）选中"统计式布局"单选按钮，此时对话框中的内容将自动更新，如图 8-9 所示。选中"分组元件"、"旋转元件"和"自动 PCB 更新"复选框，并在"网格尺寸"文本框中输入"0.5mm"，单击"确认"按钮，进入自动布局操作命令状态。

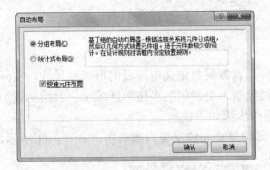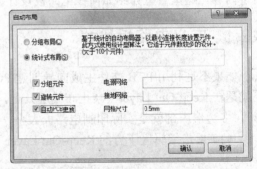

图 8-8　"自动布局"对话框　　　　　　　图 8-9　更新后的"自动布局"对话框

　（9）自动布局结束后，系统将自动弹出如图 8-10 所示的布局结束信息提示，单击"确认"按钮确认布局操作，返回 PCB 编辑器环境。

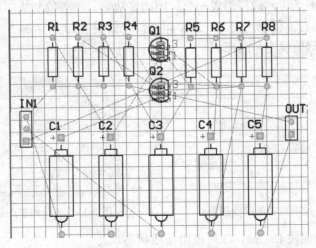

图 8-10　元件"自动布局"

（10）布局完成后，如果不满意布局，可手工选中进行位置调整，布局完成后，选择"文件"→"保存文件"命令或按 Ctrl+S 快捷键保存文件。

8.2　手工规划电路板

一般设计的印制电路板都装在特殊位置，那么就有严格的尺寸要求，因此需要设计人员根据电路板的内容和安装位置确定电路板的大小，即规划电路板尺寸，确定电路板的边框，定义其电气边界。

在进行 PCB 布局之前，先创建一个印制电路板的电气边界，从而确定电路板的板框。通过设置电气边界可以使得整个电路板的元器件布局和铜膜走线都在此边界之内操作。定义电路板框在 Keep Out Layer 层上进行，由 Keep Out Layer 层上的轨迹线决定电路板的电气边界。

规划电路板有两种方法：一种是利用 PCB 文件生成向导规划电路板，另一种是手动自定义规划电路板。如何利用 PCB 文件生成向导规划电路板已经在 7.5.1 节中详细讲解过，请参考前面所讲内容。这里着重介绍如何在电路板设计编辑器中手工规划电路板。

8.2.1　定义电路板尺寸

如果不是利用 PCB 文件生成向导创建 PCB 文件，就需要自定义电路板的形状和尺寸，实际上就是在 Keep Out Layer（禁止布线层）上，用直线绘制一个封闭的多边形区域（一般绘制成矩形），多边形内部就是实际印制电路板大小，具体操作步骤如下：

（1）单击编辑区下方的 Keep-Out Layer 标签，即将禁止布线层置为当前层，如图 8-11 所示。

Top Layer / Bottom Layer / Mechanical 1 / Top Overlay / Keep-Out Layer / Multi-Layer

图 8-11　禁止布线层置为当前层

（2）选择"放置"→"禁止布线区"→"导线"命令，光标将变成十字形。在编辑区适当位置单击，依次绘制多条边，最终形成一个封闭的多边形，一般绘制成矩形，如图 8-12 所示。

（3）在绘制导线的过程中，按 Tab 键，即可打开如图 8-13 所示的"线约束"对话框。在该对话框中可以设置板边的线宽和层面。

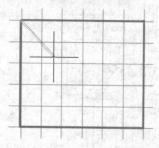

图 8-12　绘制成的电路板边界

图 8-13　"线约束"对话框

（4）右击工作区或按 Esc 键，即可退出布线状态。

绘制完成后，双击电路板边（即导线），系统会弹出如图 8-14 所示的"导线"对话框，在该对话框中可以精确定位并设置线宽和层面及其属性。

欲确定已设置电路板大小是否合适，可以查看电路板具体尺寸。查看方法是：选择"报告"→"PCB 信息"命令，弹出"PCB 信息"对话框，如图 8-15 所示，该对话框中所显示数值即为实际 PCB 尺寸。

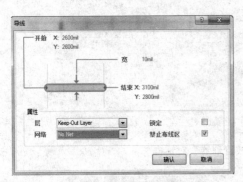

图 8-14　"导线"对话框　　　　图 8-15　"PCB 信息"对话框

8.2.2　定义电路板形状

电路板的形状也可以是不规则的，选择"设计"→"PCB 板形状"→"重定义 PCB 板形状"命令，进入自定义界面，重新绘制电路板，如图 8-16 所示，白色区域为重新定义后的 PCB 板形状。

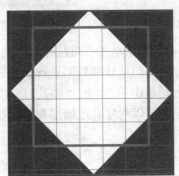

图 8-16　重新定义后的 PCB 板形状

8.2.3　定义电路板板层

自定义电路板板层，可通过选择"设计"→"层堆栈管理器"命令或者右击工作区，在弹出的快捷菜单中选择"选择项"→"层堆栈管理器"命令实现。通过选择上述命令，系统将弹出如图 8-17 所示的"图层堆栈管理器"对话框。

自定义电路板板层的具体步骤如下：

（1）在"图层堆栈管理器"对话框中，单击左下角的"菜单"按钮，弹出如图 8-18 所示的菜单选项，可以方便地对板层进行设置。

（2）双击板层示意图右边的 Core，弹出如图 8-19 所示的"介电性能"对话框，在该对话框中可以对材料、厚度、介电常数进行设置。

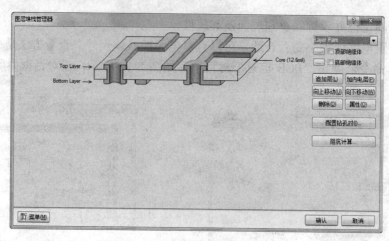

图 8-17　"图层堆栈管理器"对话框

图 8-18　"图层堆栈管理器"的菜单选项

图 8-19　"介电性能"对话框

（3）在"图层堆栈管理器"对话框中单击"阻抗计算"按钮，弹出如图 8-20 所示的"阻抗公式编辑器"对话框，可以对绝缘层的阻抗计算规则进行设置。

（4）在"图层堆栈管理器"对话框中单击"配置钻孔对"按钮，将弹出如图 8-21 所示的"钻孔对管理器"对话框，在该对话框中可以对钻孔起始层和停止层等属性进行设置。

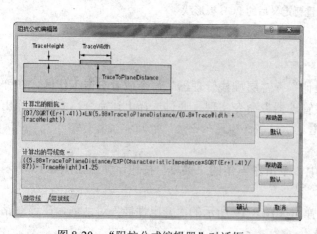

图 8-20　"阻抗公式编辑器"对话框

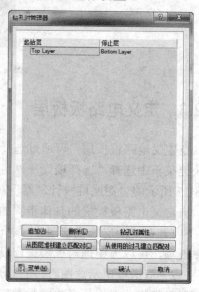

图 8-21　"钻孔对管理器"对话框

（5）在"图层堆栈管理器"对话框中选中"顶部绝缘体"或"底部绝缘体"复选框，即可在顶部或底部添加绝缘层，单击复选框前面的"浏览"按钮 ，即可弹出"介电性能"对话框，以修改绝缘层属性。

（6）在"图层堆栈管理器"对话框中双击示意图上板层名称，或选中示意图上的板层，右击弹出选项列表，单击"属性"一项，弹出如图 8-22 所示的"编辑层"对话框，进行板层名称和铜膜厚度的修改。

"图层堆栈管理器"对话框中其余按钮用于添加、删除、移动板层。

图 8-22　"编辑层"对话框

8.3　载入网络表与元件

由于 Protel DXP 2004 实现了真正的双向同步设计，在 PCB 电路板的设计过程中，用户可以不生成网络文件，直接通过单击原理图编辑器内更新 PCB 文件按钮实现网络与元件封装的载入；也可以单击 PCB 编辑器内【从原理图导入变化】按钮来实现网络表与元件封装的载入。

但需要注意的是，在用户转入网络连接与元件封装之前，必须先载入元件封装库，否则将使网络表和元件的载入失败。

下面将对 PCB 元件库的载入、网络表与元件载入分别作详细的介绍。

8.3.1　加载元件封装库

PCB 元件库的装载与原理图元件库的装载方法基本相同，具体操作如下：

（1）单击工作窗口右边框的"元件库"按钮或工作窗口右下方的 System→"元件库"选项，分别如图 8-23 和图 8-24 所示。

图 8-23　"元件库"按钮

图 8-24　System 调用"元件库"

（2）在"元件库"面板中单击 元件库 按钮，系统将弹出"可用元件库"对话框，如图 8-25 所示。

在该对话框中各按钮的意义如下。

◆　向上移动(U)：将选中的库文件顺序向上移动，提高了该元件库查询的优先性。

◆　向下移动(D)：将选中的库文件顺序向下移动。

◆　加元件库(A)：添加元件库。单击该按钮，将弹出"打开文件"窗口，选择目标元件库并打开。

◆ 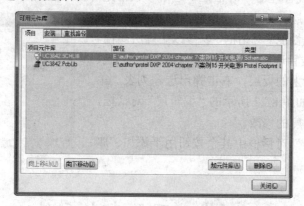删除(B)：删除选中的元件库。

图 8-25 "可用元件库"对话框

（3）单击 关闭(C) 按钮即可结束本次加载元件封装库的操作。关闭之后，加载过的库便会自动加载到元件库浏览器列表中。在库的下拉列表中选择所加载的库，再从元件库浏览器的元件列表中选择希望放置的元件，单击 Place 按钮放置。

8.3.2 加载网络表和元件

加载完元件封装库后，就可以在 PCB 文档中加载网络和元件。网络表和元件的加载实际上就是将原理图中的数据加载进 PCB 的过程。

在加载进原理图的网络表与元件之前，应该先编译设计项目，根据编译信息检查该项目的原理图是否存在错误，如果有错误，应及时修正，否则加载网络和元件到 PCB 文档时会产生错误，而导致加载失败。下面以本讲实例模仿中的原理图文件"两级放大电路"为例进行介绍，具体加载步骤如下：

（1）打开设计好的原理图文件"两级放大电路.SchDoc"，如图 8-26 所示。

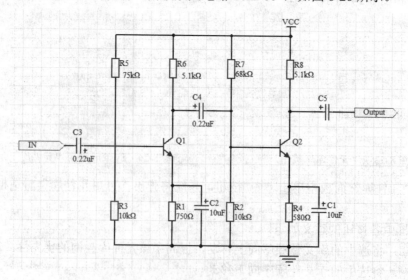

图 8-26 原理图文件"两级放大电路"

（2）打开已经创建的"两级放大电路.PcbDoc"文件，在 PCB 文件编辑环境下，选择"设计"
→"Update PCB Document　两级放大电路.PrjPCB"命令，弹出"工程变化订单（ECO）"对话框，
如图 8-27 所示。

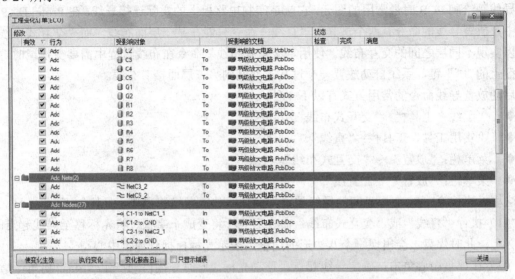

图 8-27　"工程变化订单（ECO）"对话框

🔔 **注意**：Update PCB Document　两级放大电路.PrjPCB 菜单命令只有在工程项目中才有用，所以
必须将原理图文件和 PCB 文件保存到同一个项目中。

（3）在"工程变化订单（ECO）"对话框中单击"使变化生效"按钮，检查工程变化顺序并
使工程变化顺序生效。

（4）在"工程变化订单（ECO）"对话框中单击"执行变化"按钮，接受工程变化顺序，将
元件和网络表添加到 PCB 编辑器中，如图 8-28 所示。如果 ECO 存在错误，则装载将失败；如果
之前没有加载元件库，则也会失败。

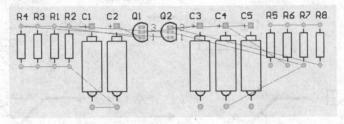

图 8-28　元件和网络添加到 PCB 编辑器

8.4　PCB 绘图工具栏

在进行 PCB 设计时，需要在电路板上添加导线、焊盘、元件等图元，这些都可以通过
Protel DXP 2004 中的绘图工具来完成。

8.4.1　放置导线

导线是绘制 PCB 时最常用的图元，它就是印制电路板上的实际连接导线。在 Protel DXP 2004 软件中，放置导线的命令有两个，其中"直线"命令只能在某一层面布线，而"交互式布线"命令可以实现不同层之间的交互布线。使用"交互式布线"命令在布线过程中需要变换层时，按数字键盘上的"*"键，系统自动放置一个过孔，并翻到另一层面接着布线。

启动放置导线命令的常用方式有以下 4 种。

◆　"配线"工具栏："交互式布线"。

◆　"实用工具"工具栏："直线"。

◆　菜单栏："放置"→"交互式布线"。

◆　菜单栏："放置"→"直线"。

这里以连接 R1 和 R2 焊盘间的导线放置为例说明放置导线的步骤，具体如下：

（1）执行"直线"或"交互式布线"命令后光标将变成十字状。将光标移至导线起点即 R1 焊盘 2 上，此时焊盘上会出现一个八边形的边框，表示光标捕捉到焊盘中心。

（2）在焊盘中心单击，确定导线起点。移动光标，此时导线自动产生一 45°拐角，第一段导线为实心线，表示导线位置已经在当前板层确定，但长度未定；第二段为空心线，表示该段导线只确定了方向而长度和位置均未确定。在选定位置上单击可以确定第一段导线。

（3）继续移动光标到 R2 的焊盘 1 上，但焊盘上出现八边形框时，表示捕捉到焊盘中心。同样地，导线分成两段，单击完成第二段导线的放置，继续单击最终完成 3 段导线的绘制。

（4）右击工作区，完成 R1 和 R2 焊盘间的网络导线放置，导线和当前板层的颜色一致。光标仍为十字形状，系统仍然处于布线状态。紧接着可以在其他位置布线，布线完毕后，再右击工作区或按 Esc 键，退出布线状态。这 4 个步骤如图 8-29 所示。

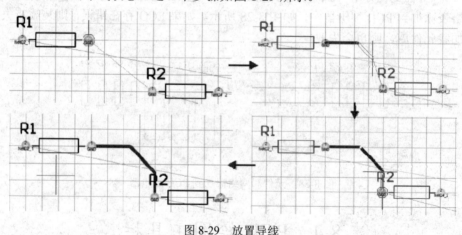

图 8-29　放置导线

📢 提示：不同的导线模式产生不同的拐角，可以通过 Shift+Space 快捷键来切换导线的拐弯模式。共有 5 种拐弯模式，即直线 45°、弧线 45°、直线 90°、弧线 90°、任意斜线，如图 8-30 所示。也可以通过按 Space 键来切换导线的起始和结束模式，如图 8-31 所示。

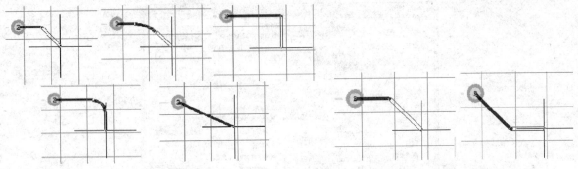

图 8-30　铜膜导线拐弯模式　　　　　图 8-31　铜膜导线的起始和结束模式

鼠标左键双击所绘导线弹出"导线"对话框,如图 8-32 所示。可从中设置导线的坐标、导线起始点和重点坐标、所在层和所在网络。"锁定"复选框用于设定导线位置是否锁定。

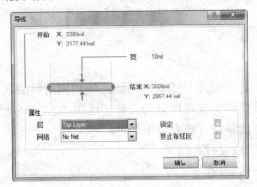

图 8-32　"导线"对话框

8.4.2　放置焊盘

放置焊盘是比较常用的操作,如利用焊盘实现元件封装与电路板之间的电气连接。

执行"焊盘"命令的常用方式有以下两种。

◆　"配线"工具栏:"放置焊盘"。

◆　菜单栏:"放置"→"焊盘"。

放置焊盘的步骤如下:

(1)执行"焊盘"命令后光标将变成十字状,并在中间带焊盘,将光标移至合适位置单击,即可完成一个焊盘的放置,可以继续放置另一个焊盘,如图 8-33 所示。

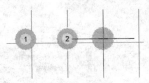

图 8-33　放置焊盘

(2)放置完焊盘后,可按 Esc 键或右击工作区退出焊盘放置状态。

(3)在放置焊盘的状态下,按 Tab 键,或双击已放置的焊盘,都可以打开"焊盘"对话框,如图 8-34 所示,可从中设置焊盘的标识符、尺寸、形状、所在的层、位置以及电气类型等参数。

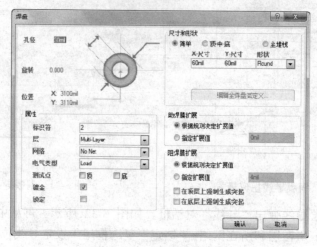

图 8-34 "焊盘"对话框

8.4.3 放置过孔

PCB 设计过程中过孔的作用是连接不同网络层之间相同网络的铜膜走线，从而形成完整的电气特性。过孔根据其贯穿板层的方式可以分为 3 种，这在 7.2.7 节中已经详细讲解。

执行"放置过孔"命令的常用方式有以下两种。

◆ "配线"工具栏："放置过孔"。

◆ 菜单栏："放置"→"过孔"。

放置过孔的步骤如下：

（1）执行"放置过孔"命令后光标将变成十字状，并在中间带过孔，将光标移至合适位置单击，即可完成一个过孔的放置，可以继续放置另一个过孔，如图 8-35 所示。

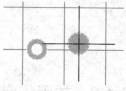

图 8-35 放置过孔

（2）放置完过孔后，可按 Esc 键或右击工作区退出过孔放置状态。

（3）在放置过孔的状态下，按 Tab 键，或双击已放置的过孔，都可以打开"过孔"对话框，如图 8-36 所示，可从中设置过孔的通孔直径、坐标、网络以及起始层和结束层等参数。

图 8-36 "过孔"对话框

8.4.4　放置字符串

Protel DXP 2004 提供了放置字符串的命令，用于必要的文字标注。字符串是不具有任何电气特性的图件，对电路的电气连接关系没有任何影响，起提醒设计人员的作用。字符串可以放置在任何层中，但作为标注文字，一般放置在丝印层，即顶层丝印层或底层丝印层。

执行"放置字符串"命令的常用方式有以下两种。

◆　"配线"工具栏："放置字符串"。

◆　菜单栏："放置"→"字符串"。

放置字符串的步骤如下：

（1）执行"放置字符串"命令后光标将变成十字状，并浮动着系统默认的字符串 String，将光标移至合适位置单击，即可完成一个字符串的放置，如图 8-37 所示，而且还可以继续放置另一个字符串。

（2）放置完字符串后，可按 Esc 键或右击工作区退出字符串放置状态。

（3）在放置字符串的状态下，按 Tab 键，或双击已放置的字符串，都可以打开"字符串"对话框，如图 8-38 所示，可从中设置字符串的高度、线型宽度、旋转角度、坐标位置和文本内容等参数。

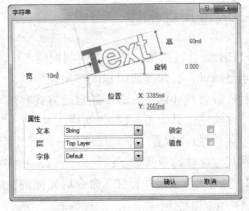

图 8-37　放置字符串　　　　　　　　　图 8-38　"字符串"对话框

8.4.5　放置坐标

设计人员可以将光标当前所在位置的坐标放置在工作平面上以供参考，坐标与字符串一样不具有任何电气特性，只是提醒用户当前鼠标所在位置与坐标原点之间的距离。

执行"放置坐标"命令的常用方式有以下两种。

◆　"实用工具"工具栏："实用工具"→"放置坐标"。

◆　菜单栏："放置"→"坐标"。

放置坐标的步骤如下：

（1）执行"放置坐标"命令后光标将变成十字状，并浮动着坐标，坐标值随着光标的移动而变化，将光标移至合适位置单击，即可完成一个坐标的放置，可以继续放置另一个坐标，如

图 8-39 所示。

（2）放置完坐标后，可按 Esc 键或右击工作区退出坐标放置状态。

（3）在放置坐标的状态下，按 Tab 键，或双击已放置的坐标，都可以打开"坐标"对话框，如图 8-40 所示，可从中设置坐标文字的高度和线型宽度、坐标指示十字符号的线宽和大小、坐标指示十字符号的坐标位置、坐标文字所在的板层以及单位样式等参数。

图 8-39 放置坐标

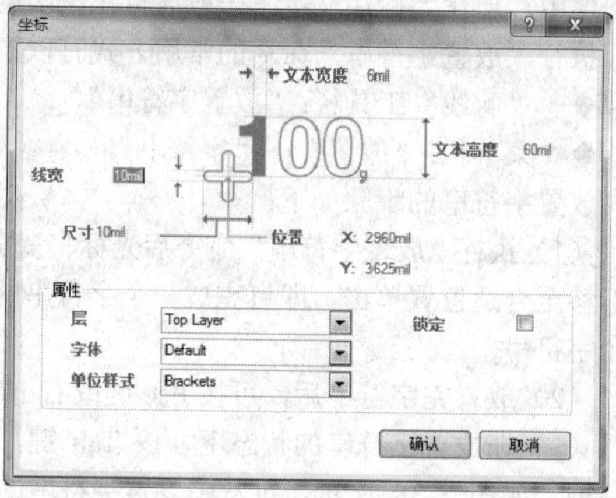

图 8-40 "坐标"对话框

8.4.6 放置尺寸标注

在 PCB 设计过程中，处于方便制板的考虑，通常需要标注某些尺寸的大小，尺寸标注同样不具有电气特性，只起提醒用户的作用。

执行"放置尺寸标注"命令的常用方式有以下两种。

◆ "实用工具"工具栏："实用工具"→"放置标准尺寸"。

◆ 菜单栏："放置"→"尺寸"→"尺寸标注"。

放置尺寸标注的步骤如下：

（1）执行"放置尺寸标注"命令后光标将变成十字状，并浮动着两个相对的箭头，如图 8-41 所示。

（2）将鼠标移到适合位置单击，确定标注的起点，然后再移动光标至合适位置单击，确定标注的终点，即可完成一个尺寸标注的放置，如图 8-42 所示。

图 8-41 放置尺寸标注状态

图 8-42 放置尺寸标注

（3）放置完尺寸标注后，可按 Esc 键或右击工作区退出尺寸标注放置状态。

（4）在放置尺寸标注的状态下，按 Tab 键，或双击已放置的尺寸标注，都可以打开"尺寸标注"对话框，如图 8-43 所示，可从中设置尺寸标注开始和结束的坐标、标注线的宽度、字符线的宽度、标注界线的高度等参数。

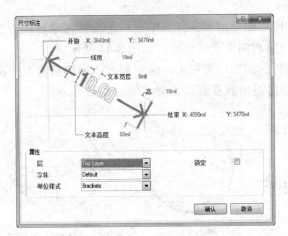

图 8-43　"尺寸标注"对话框

8.4.7　放置相对原点

在 Protel DXP 2004 软件中,原点可分为绝对原点和相对原点。"绝对原点"又称为系统原点,位于 PCB 编辑区的左下角,其位置是固定不变的;"相对原点"是由绝对原点定位的一个坐标原点,其位置可以由设计人员自己设定。刚进入 PCB 编辑器时,工作区的两个原点是充电的,在设计 PCB 时,状态栏中指示的坐标值根据相对原点来确定,因此使用相对原点可以给电路板设计带来很多方便。

执行"放置原点"命令的常用方式有以下两种。

◆　"实用工具"工具栏:"实用工具"→"设定原点"。

◆　菜单栏:"编辑"→"原点"→"设定"。

放置原点的步骤如下:

(1)执行"放置原点"命令后光标将变成十字状,只要将光标移到要设定相对原点的位置上单击,即可完成相对原点的放置。

(2)当不需要相对原点时,可以选择"编辑"→"原点"→"重置"命令,即可删除已放置的相对原点,即相对原点重新和绝对原点重合。

8.4.8　放置圆弧

Protel DXP 2004 提供了 4 种绘制圆弧的方法:"圆弧(中心)"、"圆弧(90 度)"、"圆弧(任意角度)"、"圆",下面将介绍这 4 种方法的操作步骤。

(1)利用"圆弧(中心)"放置圆弧

放置圆弧的"圆弧(中心)"命令是以圆心为基准来绘制和放置圆弧导线的,此法放置圆弧的具体步骤如下:

① 在菜单栏中选择"放置"→"圆弧(中心)"命令或者在工具栏中选择"实用工具"→"中心法放置圆弧"命令,启动放置圆弧命令。

② 启动命令后,光标将变成十字形状,将光标移至合适位置,单击鼠标左键确定圆弧的中心。

③ 移动鼠标，工作区中即会随着光标显示出一个圆。移动到合适大小时单击，确定圆弧半径，同时光标自动移到该圆右侧水平半径处，如图8-44所示。

④ 移动鼠标，在圆弧的起始位置单击，确定起点，容纳后将光标移至圆弧的终点处单击，完成圆弧放置，右击工作区退出放置圆弧状态，如图8-45所示。

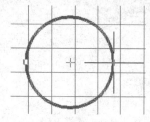

图8-44　确定圆弧半径　　　　　　　　图8-45　中心法圆弧放置

（2）利用"圆弧（90度）"放置圆弧

放置圆弧的"圆弧（90度）"命令是以圆弧边界（起点和终点）为基准来绘制和放置90度圆弧的，此法放置圆弧的具体步骤如下：

① 在菜单栏中选择"放置"→"圆弧（90度）"命令或者在工具栏中选择"配线"→"边缘法放置圆弧"命令，启动放置圆弧命令。

② 启动命令后，光标将变成十字形状，将光标移至合适位置，单击鼠标左键确定圆弧的起点。

③ 移动鼠标，工作区中即会随着光标显示出一个虚线圆和90°圆弧。移动到合适位置时单击，确定圆弧终点位置，右击工作区退出放置圆弧状态，这3个步骤如图8-46所示。

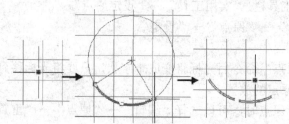

图8-46　边缘法圆弧放置

（3）利用"圆弧（任意角度）"放置圆弧

放置圆弧的"圆弧（任意角度）"命令是以圆弧边界（起点）和圆心为基准来绘制和放置圆弧的，此法放置圆弧的具体步骤如下：

① 在菜单栏中选择"放置"→"圆弧（任意角度）"命令或者在工具栏中选择"实用工具"→"边缘法放置任意角度圆弧"命令，启动放置圆弧命令。

② 启动命令后，光标将变成十字形状，将光标移至合适位置，单击鼠标左键确定圆弧的起点。

③ 移动鼠标，工作区中即会随着光标显示出一个圆，圆心和半径均随光标移动而改变。移动到合适大小时单击，确定圆弧圆心和半径，同时光标自动移到该圆右侧水平半径处。

④ 将鼠标移至圆弧的终点处单击，完成圆弧放置，右击工作区退出放置圆弧状态，这3个步骤如图8-47所示。

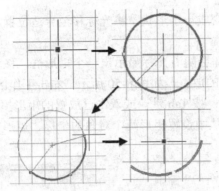

图 8-47　边缘法任意角度圆弧放置

（4）利用"圆"放置圆

放置圆弧的"圆"命令是以圆心为基准来绘制和放置圆的。放置圆的具体步骤如下：

① 在菜单栏中选择"放置"→"圆"命令或者在工具栏中选择"实用工具"→"放置圆"命令，启动放置圆弧命令。

② 启动命令后，光标将变成十字形状，将光标移至合适位置，单击鼠标左键确定圆心。

③ 移动鼠标，工作区中即会随着光标显示出一个圆。移动到合适大小时单击，确定圆弧半径，即可完成圆的放置，右击工作区退出放置圆状态，这 3 个步骤如图 8-48 所示。

在放置圆弧或圆的状态下，按 Tab 键，或双击已放置的圆弧或圆，都可以打开"圆弧"对话框，如图 8-49 所示，可从中设置圆弧起点角度、圆弧半径、圆弧宽度、圆弧中心坐标、文字所在板层、圆弧所在网络等参数。

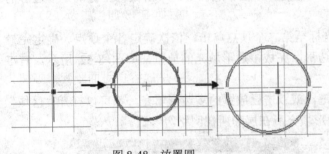

图 8-48　放置圆

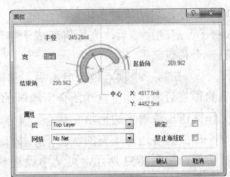

图 8-49　"圆弧"对话框

8.4.9　放置填充

在 PCB 设计过程中，填充可用于制作 PCB 插件的接触面，或者为了提高系统的抗干扰性和考虑通过大电流等因素而放置大面积电源或接地区域，填充可分为矩形填充和多边形填充两种。下面将介绍这两种方法的操作步骤。

（1）放置矩形填充

① 在菜单栏中选择"放置"→"矩形填充"命令或者在工具栏中选择"配线"→"放置矩形填充"命令，启动放置矩形填充命令。

② 启动命令后，光标将变成十字形状，将光标移至合适位置，单击鼠标左键确定矩形的一个顶点。

③ 移动鼠标，工作区中即会随着光标显示出一个矩形框。移动到合适位置时单击，确定矩形对角点位置，完成矩形填充的放置，如图 8-50 所示。右击工作区退出放置矩形填充状态。

在放置矩形填充的状态下，按 Tab 键，或双击已放置的矩形填充，都可以打开"矩形填充"对话框，如图 8-51 所示，可从中设置矩形两个对角的坐标、矩形旋转角度、所在层和所在网络等参数。

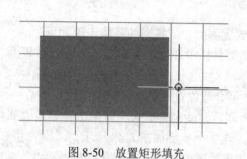

图 8-50 放置矩形填充

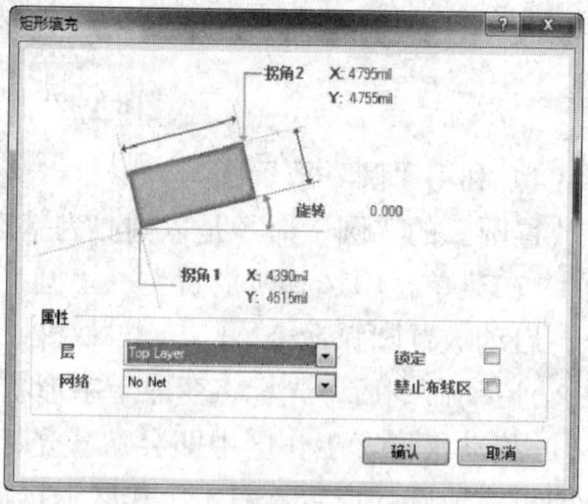

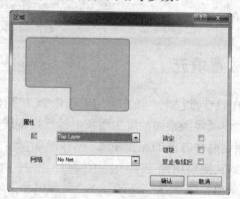

图 8-51 "矩形填充"对话框

（2）放置多边形填充

① 在菜单栏中选择"放置"→"铜区域"命令或者在工具栏中选择"配线"→"放置铜区域"命令，启动放置多边形填充命令。

② 启动命令后，光标将变成十字形状，将光标移至合适位置，单击鼠标左键确定多边形的第一个顶点。

③ 在第一个顶点位置单击后，移动光标至第二个顶点单击，依次确定各个顶点。确定完最后的顶点后，软件将自动闭合所绘制的多边形，完成多边形填充的放置，如图 8-52 所示。右击工作区退出放置多边形填充状态。

在放置多边形填充的状态下，按 Tab 键，或双击已放置的多边形填充，都可以打开"区域"对话框，如图 8-53 所示，可从中设置多边形填充所在层和所在网络等参数。

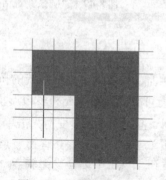

图 8-52 放置多边形填充

图 8-53 "区域"对话框

8.5　元件的布局

完成了网络表和元件库封装的载入工作后，就要进入元件的布局。这一部分的工作不可忽视，它直接决定了设计的电路是否能够可靠、正常地工作。元件布局，即把元件封装合理排布在电路板上的过程。Protel DXP 2004 提供了两种布局方式：一是自动布局，二是手工布局。

8.5.1　自动布局

自动布局就是利用 Protel DXP 2004 提供的各种自动布局的工具完成电路板上元件的布局工作。只要定义合理的规则，系统将会按照规则自动地将元件在 PCB 上布局。为了更好地利用自动布局的工具，在详细介绍自动布局的步骤之前先介绍如何设置自动布局参数。设置的自动布局参数是否合理将直接关系到自动布局的最终结果。

在 PCB 编辑器内选择"设计"→"规则"命令。执行该命令后会弹出如图 8-54 所示的对话框，在其中选择 Placement 自动布局约束参数设置。在此参数设置选项中共有 6 个设置参数：Room Definition（空间范围）、Component Clearance（元件间距）、Component Orientations（元件放置方向）、Permitted Layers（元件放置层面）、Nets to Ignore（可忽略网络）和 Height（元件高度）。

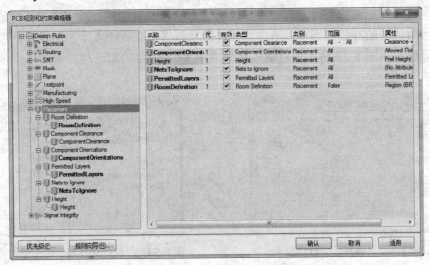

图 8-54　"PCB 规则和约束编辑器"对话框

◆ 设置 Room Definition（空间范围）：在图 8-55 所示的对话框中，右击 Room Definition 建立新的规则，可设置参数如图 8-56 所示，包括新规则名称、新规则适用范围、Room 空间锁定等参数，但一般此对话框中的参数较少设置。

◆ 设置 Component Clearance（元件间距）：使用方法与设置 Room Definition 一样。在此对话框中，主要是对"第一个匹配对象的位置"和"第二个匹配对象的位置"两个区域中的参数进行设置，其参数设置主要是用来限制参数的约束范围。

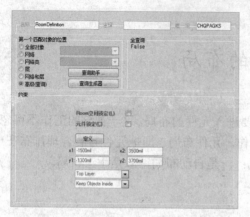

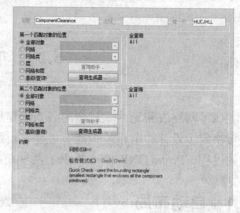

图 8-55　Room Definition 参数设置对话框　　　图 8-56　Component Clearance 参数设置对话框

完成以上自动布局的参数设置后，就可以进行自动布局。本讲以"滤波器 PCB 项目"为例介绍自动布局，具体操作如下：

（1）选择"工具"→"放置元件"→"自动布局"命令，启动元件自动布局命令，将弹出如图 8-57 所示的"自动布局"对话框。

（2）用户可以在该对话框中设置有关的自动布局参数。PCB 编辑器提供了两种自动布局方式，每种方式均使用不同的计算和优化元件位置的方法，两种方法描述如下。

◆ 分组布局：这种布局方式根据连接关系将元件分成组，然后以一定集合方式放置元件组，适用于元件数量较少（小于 100 个）的设计。

◆ 统计式布局：这种布局方式使用一种统计算法来放置元件，以使连接长度最优化，是元件间用最短的导线相连接，适用于元件数量较多（大于 100 个）的设计。当采用统计式布局模式，图 8-57 所示的对话框会变成图 8-58 所示的对话框，对话框中各个参数的含义如下。

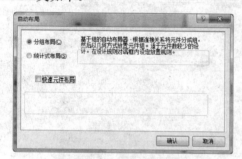

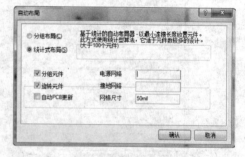

图 8-57　"自动布局"对话框　　　　　　　图 8-58　"统计式布局"的参数设置对话框

❖ 分组元件：用来设置是否要将彼此相连的元件归类，再根据分类后的元件布局。主要的分类依据是元件彼此相连的网络数目，然后再根据引脚作为分类依据。如果电路板上没有足够空间，建议不要选中此复选框，因为执行此操作时会占据一部分电路板空间。

❖ 旋转元件：用来设置是否要将元件旋转一定角度从而获得最佳的布局位置，一般此操作会消耗很多布局时间，但会得到较好的结果。

❖ 自动 PCB 更新：用来设置在自动布局时是否要自动根据设计规则进行更新。

❖ 电源网络：用来设置与文本框中输入的网络名称相同的网络将排除在自动布局范围之外。这样可以节省布局时间，而这些网络基本都是电源网络。

❖ 接地网络：与"电源网络"功能相似，只是此处输入为接地网络名称。

❖ 网格尺寸：主要用来设置各个元件参考坐标的栅格距离，一般采用默认值即可。

（3）因为本例元件少，连接也少，所以选中"分组布局"单选按钮。设置完毕后，然后单击"确认"按钮，系统将进行自动布局，如图 8-59 所示。

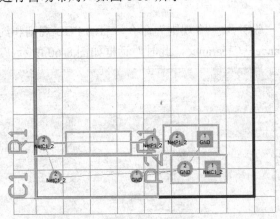

图 8-59　自动布局后的元件分布

（4）元件自动布局结束后，选择"设计"→"网络表"→"清理全部网络"命令，整理网络。

🔊 提示：在执行自动布局之前，应该将当前原点设置为系统默认的绝对原点位置，因为自动元件布局使用的参考点为绝对原点。

8.5.2　手工布局

总的来说，Protel DXP 2004 的自动布局功能往往不太理想，特别是当电路比较复杂时更是如此。因此，大多数情况下都需要对自动布局的结果进行手工调整。在手工调整元件布局时，需要综合考虑电路的抗干扰性、散热性、某些元件对布局的特殊要求等多种问题。

进行手工布局没有特定的步骤，一般按照相邻走线较多的元件接近排放，滤波电容应该靠近滤波元件，模拟电路和数字电路不要混合布局等一些规则进行布局。手工布局结束后还要手工调整元件的标号位置。

手工布局的具体方法较为简单：使用鼠标右键将各元件移动到合理的位置，在此过程中可以配合空格（旋转元件）、X 键（水平翻转）和 Y 键（垂直翻转），以获得更合理的布局格式。

8.6　布　　线

布线，即在 PCB 中放置导线和过孔，将板上的元件按一定的电气连接关系连接起来。布线有手工布线和自动布线两种，通常情况下，这两种布线方式是结合起来用的。在自动布线之前需要对自动布线的参数进行设置。布线设计规则设置是否合理将影响电路板布线的质量。

8.6.1 设置自动布线设计规则

自动布线时，设计人员可根据需要设置布线规则，主要包括以下几项。

（1）安全间距：是指在保证电路板正常工作的前提下导线与导线、导线与焊盘之间的最小距离，其设置步骤如下：

① 在菜单栏中选择"设计"→"规则"命令，启动 PCB 规则和约束编辑器，在左窗格中依次单击 Electrical→Clearance→Clearance，此时对话框如图 8-60 所示。

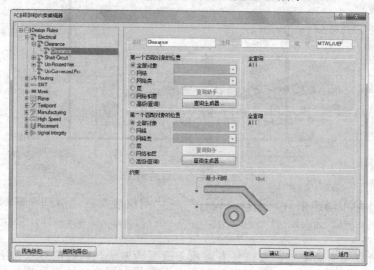

图 8-60　间距规则

② 在该对话框中主要分为以下几部分。

◆ 第一/二个匹配对象的位置：第一/二图件的安全范围设置，用于设置本规则适用的范围。可以设置该规定的范围有：ALL（全部网络）、Net（某个指定的网络）、Net Class（指定的网络类型）、Layer（某个指定工作层面中的网络）、Net and Layer（网络和层）和 Advanced（高级设置）。通常情况下，采用默认设置 All（全部网络）即可，即该规则适用于整个电路板。

◆ 约束：用于设定物体之间允许的最小间隙，默认为 10mil（0.254mm）。

（2）布线宽度：用于设置导线宽度的最大、最小允许值和典型值。其设置步骤如下：

① 在菜单栏中选择"设计"→"规则"命令，启动 PCB 规则和约束编辑器，在左窗格中依次单击 Routing→Width→Width，此时对话框如图 8-61 所示。

② 在该对话框中主要分为以下几部分。

◆ 第一个匹配对象的位置：布线宽度范围的设置，采用默认设置 All（全部网络）即可，即该规则适用于整个电路板。

◆ 约束：布线宽度属性，用于设定单枪布线宽度所允许的最小线宽、最大线宽和典型线宽。一般情况下，将布线宽度属性设定为：最小线宽为 0.254mm、最大线宽为 2mm、典型线宽为 0.5mm，以便在 PCB 的设计过程中能够在线修改布线宽度。

（3）布线优先级：指程序允许用户设定各个网络布线的顺序，优先级高的网络布线早，优先级低的网络布线晚。Protel DXP 2004 提供了 0～100 共 101 种优先级选择，数字 0 代表的优先级最低，100 代表的优先级最高。其设置步骤如下：

① 在菜单栏中选择"设计"→"规则"命令，启动 PCB 规则和约束编辑器，在左窗格中依次单击 Routing→Routing Priority→Routing Priority，此时对话框如图 8-62 所示。

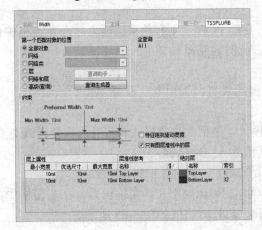

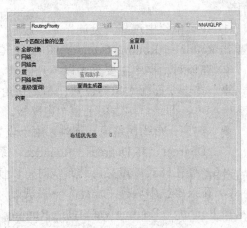

<table>
<tr><td>图 8-61　布线宽度设置对话框</td><td>图 8-62　布线优先级设置对话框</td></tr>
</table>

② 在该对话框中主要分为以下几部分。

◆ 第一个匹配对象的位置：布线优先级范围的设置，采用默认设置 All（全部网络）即可，即该规则适用于整个电路板。

◆ 约束：布线优先级属性，用于设定当前指定网络的布线优先级，在这里采用系统的默认值"0"。

（4）布线工作层：用于设定允许布线的工作层及各个布线层上走线的方向。其设置步骤如下：

① 在菜单栏中选择"设计"→"规则"命令，启动 PCB 规则和约束编辑器，在左窗格中依次单击 Routing→Routing Layers→Routing Layers，此时对话框如图 8-63 所示。

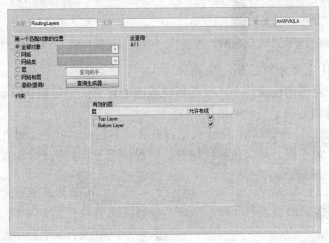

图 8-63　布线工作层设置对话框

② 在该对话框中主要分为以下几部分。

◆ 第一个匹配对象的位置：布线工作层范围的设置，采用默认设置 All（全部网络）即可，即该规则适用于整个电路板。

◆ 约束：布线工作层面属性，用于设定布线层面的有效性。

（5）布线拐角模式：定义了自动布线时拐角的形状及最小和最大的允许尺寸。其设置步骤如下：

① 在菜单栏中选择"设计"→"规则"命令，启动 PCB 规则和约束编辑器，在左窗格中依次单击 Routing→Routing Corners→Routing Corners，此时对话框如图 8-64 所示。

② 在该对话框中主要分为以下几部分。

◆ 第一个匹配对象的位置：布线拐角模式范围的设置，采用默认设置 All（全部网络）即可，即该规则适用于整个电路板。

◆ 约束：布线拐角模式属性，用于设置拐角模式，包括拐角的样式和尺寸。拐角样式有 90 Degrees、45 Degrees、Rounded，系统默认值为 45 Degrees。

（6）过孔样式：定义自动布线时可以使用的过孔尺寸。其设置步骤如下：

① 在菜单栏中选择"设计"→"规则"命令，启动 PCB 规则和约束编辑器，在左窗格中依次单击 Routing→Routing Via Style→Routing Via Style，此时对话框如图 8-65 所示。

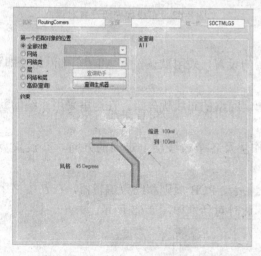

图 8-64　布线拐角模式设置对话框

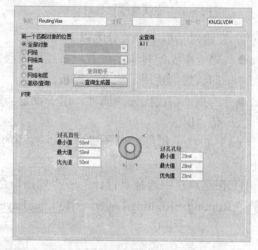

图 8-65　布线过孔形式设置对话框

② 在该对话框中主要分为以下几部分。

◆ 第一个匹配对象的位置：布线过孔形式范围的设置，采用默认设置 All（全部网络）即可，即该规则适用于整个电路板。

◆ 约束：布线过孔形式属性，用于设定过孔直径和过孔的孔径。过孔直径和孔径都有 3 种定义方式：最小值、最大值和优先值，一般情况下，3 个尺寸设置为一致，系统默认值为 50mil 和 28mil。

8.6.2　自动布线

布线设计规则设置完毕后，就可以进行自动布线。Protel DXP 2004 中自动布线的方式灵活多样，根据用户布线的需要，既可以进行全局布线，也可以对用户指定的区域、网络、元件甚至是连接进行布线。因此可以根据设计过程中的实际需求选择最佳的布线方式。下面将对各种布线方式作详细讲解，这里仍以"滤波器 PCB 项目"为例。

（1）全局布线

全局布线是对整块电路板进行布线，其步骤如下：

① 选择"自动布线"→"全部对象"命令，将弹出"Situs 布线策略"对话框，如图 8-66 所示。

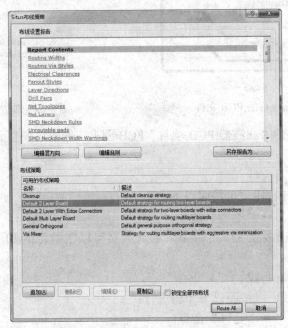

图 8-66　"Situs 布线策略"对话框

② 如果所选的布线策略正确，单击 Route All 按钮即可按照已设置好的布线规则对电路板进行自动布线。在布线过程中，系统会弹出如图 8-67 所示的布线信息对话框，显示布线情况。

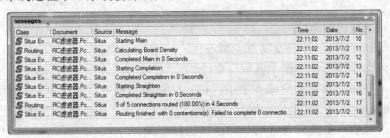

图 8-67　布线信息对话框

③ 等待布线，布线完成后结果如图 8-68 所示。

（2）对选定网络进行布线

对选定网络进行布线，用户首先要自定义自动布线的网络，然后按照以下步骤进行布线：

① 选择"自动布线"→"网络"命令。

② 启动该命令后，光标会变成十字状，设计人员可以选择需要布线的网络，当鼠标靠近焊盘时，单击会弹出如图 8-69 所示的菜单，一般选择 Pad 或 Connection 选项。

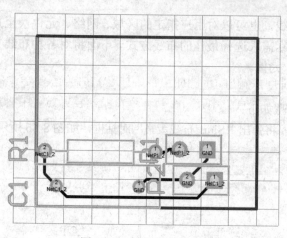

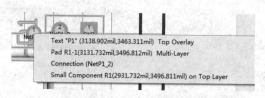

图 8-68　布线后的 PCB 文件　　　　　　　图 8-69　选取特定网络进行布线

③ 在经过手工调整的"滤波器 PCB 项目"PCB 图上，选取已调整元件的部分网络，将进行自动布线。

（3）对两连接点进行布线

对选定两连接点进行布线，可按照以下步骤进行：

① 选择"自动布线"→"连接"命令。

② 启动该命令后，光标会变成十字状，设计人员可以在需要布线的两点间某点单击，系统将在这两点间进行布线。

（4）对指定元件进行布线

对指定元件进行布线，可按照以下步骤进行：

① 选择"自动布线"→"元件"命令。

② 启动该命令后，光标会变成十字状，将光标移动到图中某一元件上单击，系统将会自动对此元件进行布线。

③ 布线完成后，光标仍为十字状，还可以继续对其他元件进行布线。右击工作区即可退出元件布线状态。

（5）对指定区域进行布线

对指定区域进行布线，可按照以下步骤进行：

① 选择"自动布线"→"整个区域"命令。

② 启动该命令后，光标会变成十字状，将光标移动到图中目标区域中单击，确定区域的一个顶点，移动到图中另一位置单击，确定区域的另一个顶点，从而确定选择的矩形区域。

③ 选择完区域后，系统将会自动对此区域进行布线。

④ 布线完成后，光标仍为十字状，还可以继续对其他区域进行布线。右击工作区即可退出区域布线状态。

8.6.3　手工布线

在 Protel DXP 2004 中，利用自动布线一般是不可能完成全部任务的。自动布线其实质是在某种给定的算法下，按照设计人员给定的网络表，实现各网络之间的电气连接。因此，自动布线的功能主要是实现电气网络间的连接，在自动布线的实施过程中，很少考虑到特殊的电气、物理和散热等要求，设计人员需要通过手工布线进行调整，主要包括手工调整布线、加宽电源和接地线等。

（1）手工调整布线

选择"工具"→"取消布线"命令，在"取消布线"命令下提供了几个常用的手工调整布线命令，这些命令可以用来进行不同方式的布线调整。

◆ "全部对象"：拆除所有布线，进行手工调整。

◆ "网络"：拆除所选的布线网络，进行手工调整。

◆ "连接"：拆除所选的连接，进行手工调整。

◆ "元件"：拆除与所选元件相连接的布线，进行手工调整。

◆ "Room 空间"：拆除选定 Room 空间内的布线，进行手工调整。

（2）加宽电源和接地线

电源和接地线通过的电流较大，为了提高系统的可靠性，可以将电源和接地线加宽。设计人员可以在设置布线设计规则时设置增加电源和接地线的宽度，也可以在设计完成后，直接在电路板上加宽电源和接地线。加宽电源和接地线的操作步骤如下：

① 双击需要加宽的走线，弹出"导线"对话框，如图 8-70 所示。

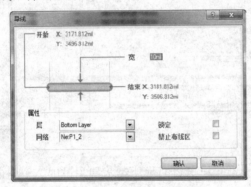

图 8-70　"导线"对话框

② 在"导线"对话框中，将线宽文本框中的数值调整为实际需要的宽度，如 20mil。单击"确认"按钮，即可改变所选导线的宽度。

注意：此时加宽的走线有时会显示为 Error Marks，这是由于走线加宽后，发生了不同网络的相互接触现象，违反了导线间的安全距离设计规则，此时应调整走线的形状，使不同走线和网络间没有相互接触现象。

8.7　设计规则检查（DRC）

经过以上步骤后，已经完成了一块电路板的全部设计过程，但是还不能送给加工单位进行加工，还必须进行设计规则检查（DRC）。Protel DXP 2004 提供的设计规则检查工具是非常有用的一个规则检查工具，对于一块复杂的 PCB 在送去加工单位之前一定要经过 DRC 检查。通过检查能够确保制作的 PCB 完全符合设计人员的设计要求。因此建议设计人员在完成 PCB 的布线后，千万不要遗漏这一步。具体操作步骤如下：

（1）选择"工具"→"设计规则检查"命令，系统将弹出如图 8-71 所示的"设计规则检查器"对话框。

设计规则的检查可分为两种结果：一种是报表输出，可以产生检测的结果报表；另一种是在线检测工具，也就是在布线的过程中对布线规则进行检测，防止错误发生。在报表方式中主要介绍以下各项。

◆ Clearance：该项为安全间距的检测项。

◆ Width：该项为走线宽度的检测项。

◆ Short Circuit：该项为电路板走线是否符合规则的检测项。

◆ Un-Rounted Net：该项将对没有布线的网络进行检测。

◆ Un-Connected Pin：该项将对没有连接的引脚进行检测。

（2）设定报表检测选项后，单击对话框左下角的"运行设计规则检查"按钮，开始运行设计规则检查。程序结束后，会产生一个检测情况报表，如图 8-72 所示。

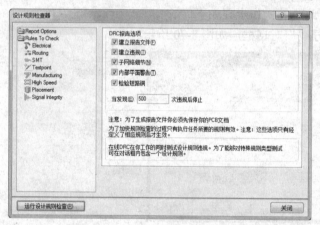

图 8-71　"设计规则检查器"对话框

图 8-72　"RC 滤波器"规则检查文件

8.8　实例·操作——AC-DC 电路的自动布线

【思路分析】

本实例根据第 3 讲中所绘制 AD-DC 原理图，进一步设计 PCB 图，本例主要讲解自动布线功能，具体步骤为新建 PCB 项目文件后追加原理图文件，重复"实例模仿"中所讲述的 PCB 布局操作后，进行自动布线。

【光盘文件】

结果文件——参见附带光盘中的"实例\Ch8\AC-DC 电路\AC DC 电路.PrjPCB"文件。

动画演示——参见附带光盘中的"视频\Ch8\AC-DC 电路\AC DC 电路.avi"文件。

【操作步骤】

（1）选择"文件"→"创建"→"项目"→"PCB 项目"命令，新建一个 PCB 项目。选择"文件"→"保存项目"命令或右击工作面板上的新建文件名，弹出保存文件对话框，在其中输入"AC DC 电路.PrjPCB"，单击"保存"按钮并返回。

（2）右击新建项目文件，在弹出的快捷菜单中选择"追加已有文件到项目中"命令，打开对话框中选择附带光盘中的"实例\Ch8\AC DC 电路\AC DC 电路.SchDoc"。

（3）根据第 7 讲中创建新 PCB 文件的方法，在 PCB 项目文件下创建一新 PCB 文件，并保存为"AC DC 电路.PcbDoc"，此时项目管理面板内容如图 8-73 所示。

（4）单击 PCB 工作区右下方图层控制面板上的标签 Keep Out Layer，即将禁止布线层置为当前层。选择"放置"→"禁止布线区"→"导线"命令，光标将变成十字形。在编辑区适当位置单击，依次绘制多条边，最终形成一个封闭的多边形，一般绘制成矩形，如图 8-74 所示。

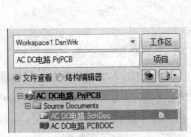

图 8-73　项目管理面板内容

图 8-74　绘制成的电路板边界

（5）选择"设计"→"Import Changes From AC DC 电路.PrjPCB"命令，打开如图 8-75 所示的"工程变化订单（ECO）"对话框。

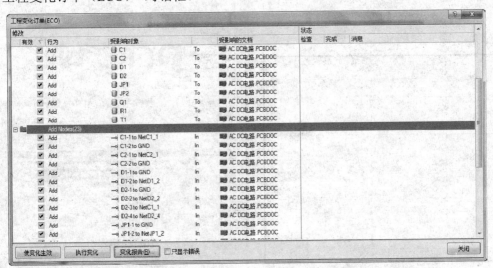

图 8-75　"工程变化订单（ECO）"对话框

（6）单击"使变化生效"按钮，检查所有改变是否有效，然后单击"执行变化"按钮在 PCB 工作区内执行所有改变操作。而后单击"关闭"按钮，返回 PCB 编辑工作环境，此时工作区内容如图 8-76 所示。

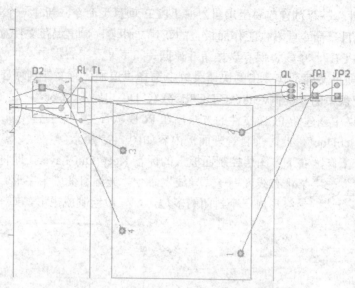

图 8-76　加载 SCH 电气信息后的 PCB 内容

（7）按照本章中所讲的布局方法完成布局操作，从而得到如图 8-77 所示的布局结果。

（8）选择"自动布线"→"全部对象"命令，打开如图 8-78 所示的"Situs 布线策略"对话框。单击选中"可用的布线策略"中的"Default 2 Layer Board（默认双层电路板）"布线策略，单击 Route All 按钮返回 PCB 编辑器环境。

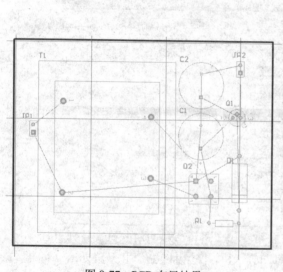

图 8-77　PCB 布局结果

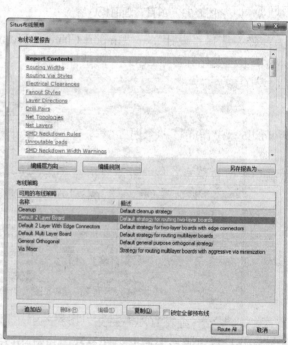

图 8-78　"Situs 布线策略"对话框

（9）系统执行自动布线操作，自动布线操作结束后，工作区内自动布线后如图 8-79 所示。

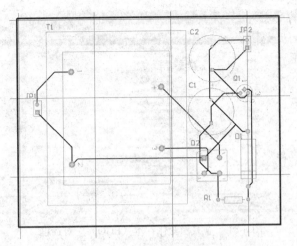

图 8-79　自动布线结果

（10）选择"文件"→"保存文件"命令或按 Ctrl+S 快捷键保存文件。

8.9　实例·练习——设计 AD8001 放大电路

【思路分析】

　　本实例以 AD8001 为核心芯片的电路，在已有电路原理图的基础上，介绍如何设计放大电路的 PCB 文件，并进行布局布线操作。

【光盘文件】

——参见附带光盘中的"实例\Ch8\AD8001\AD8001.PrjPCB"文件。

——参见附带光盘中的"视频\Ch8\AD8001\AD8001.avi"文件。

【操作步骤】

　　（1）选择"文件"→"创建"→"项目"→"PCB 项目"命令，新建一个 PCB 项目。选择"文件"→"保存项目"命令或右击工作面板上的新建文件名，弹出保存文件对话框，在其中输入"AD8001.PrjPCB"，单击"保存"按钮并返回。

　　（2）右击新建项目文件，在弹出的快捷菜单中选择"追加已有文件到项目中"命令，打开对话框中选择附带光盘中的"实例\Ch8\AD8001\AD8001.SchDoc"。

　　（3）选择"设计"→"添加/删除元件库"命令，在弹出的对话框中添加库文件"AD Operational Amplifier.IntLib"，地址是"C:\Program Files\Altium2004\Library\Analog Devices"。

　　（4）根据第 7 讲中创建新 PCB 文件的方法，在 PCB 项目文件下创建一新 PCB 文件，并保存为"AD8001 电路.PcbDoc"，此时项目管理面板内容如图 8-80 所示。

图 8-80　项目管理面板内容

　　（5）双击"AD8001 电路.PcbDoc"文件，进入 PCB 编辑器环境，选择"设计"→Import Changes From AD8001.PrjPCB 命令，打开如图 8-81 所示的"工程变化订单（ECO）"对话框。

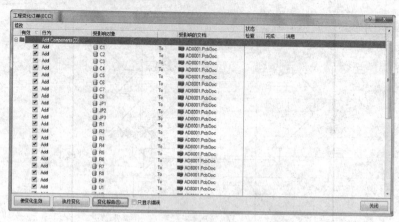

图 8-81　"工程变化订单（ECO）"对话框

（6）单击"使变化生效"按钮，检查所有改变是否有效，然后单击"执行变化"按钮在 PCB 工作区内执行所有改变操作。而后单击"关闭"按钮，返回 PCB 编辑工作环境，此时工作区内容如图 8-82 所示。

图 8-82　工作区内容

（7）选择"设计"→"规则"命令，打开"PCB 规则和约束编辑器"对话框，在 Electrical →Clearance→Clearance 下的"约束"栏中，将此次 PCB 设计中的最小安全距离设置为 8mil；在 Routing→Width→Width 下的"约束"栏中，将"最小宽度"、"最大宽度"和"当前宽度"文本框中分别输入 10mil、50mil 和 15mil。

（8）在 Routing→Width 下新建规则 Width_1、Width_2 和 Width_3，分别用于规定网络 GND、+5 和-5，分别设置其"最小宽度"、"最大宽度"和"当前宽度"文本框为 15mil、50mil 和 30mil，在"第一个匹配对象的位置"栏中选中"网络"单选按钮，并在其右边输入对应的网络名称，如图 8-83 所示。

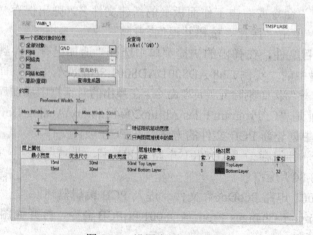

图 8-83　设置电源网络导线

（9）设置完毕后，单击"确认"按钮返回 PCB 编辑器，拖动元件调整各元件位置，完成如图 8-84 所示的元件布局操作。

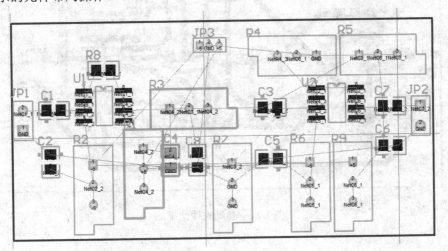

图 8-84　元件布局

（10）选择"自动布线"→"全部对象"命令，打开如图 8-85 所示的"Situs 布线策略"对话框。单击选中"可用的布线策略"中的"Default 2 Layer Board（默认双层电路板）"布线策略，单击 Route All 按钮返回 PCB 编辑器环境。

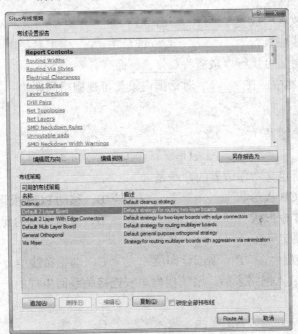

图 8-85　"Situs 布线策略"对话框

（11）系统执行自动布线操作，自动布线操作结束后，工作区内自动布线后如图 8-86 所示。选择"文件"→"保存文件"命令或按 Ctrl+S 快捷键保存文件。

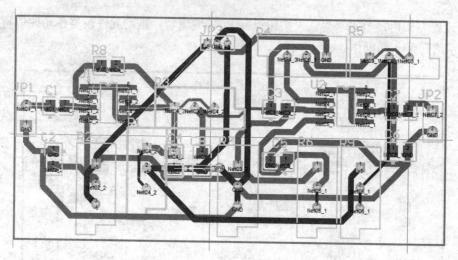

图 8-86　自动布线结果

8.10　习　　题

一、填空题

（1）创建 PCB 文件有_____种方式。

（2）放置焊盘可执行"放置"/_____命令。

（3）手工交互布线应执行_____/_____或单击_____工具栏中"交互式布线"按钮。

（4）放置元器件封装可执行"放置"/_____命令。

（5）在 PCB 编辑器中，在_____对话框内设置可视栅格间距。

二、选择题

（1）放大图元的热键是（　　　）。

　　A．Home　　　　　　　B．PageUp　　　　　　C．End　　　　　　　D．PageDown

（2）下列不能重新定义物理边界的命令是（　　　）。

　　A．重定义 PCB 板形状　　　　　　　　B．移动 PCB 板顶

　　C．移动 PCB 板形状　　　　　　　　　D．根据选定的元件定义

（3）电气边界需要定义在（　　　）。

　　A．顶部信号层　　　B．顶部丝印层　　　C．禁止布线层　　　D．机械层

（4）（　　　）是在载入网络表后，系统根据电气连接关系而生成的一种用来引导布局和布线的连线。

　　A．导线　　　　　　B．飞线　　　　　　C．总线　　　　　　D．分支

（5）在密度分布图中，（　　　）区域代表的密度最大。

　　A．红色　　　　　　B．黄色　　　　　　C．绿色　　　　　　D．蓝色

第 9 讲　制作元件封装

　　尽管 Protel 系统自带的元件封装已经非常完整，但设计人员总会遇到在已有元件封装库中找不到元件封装的时候，或针对刚开发出来的元件，元件封装库中也不会有，这就需要使用元件封装库编辑器制作新的元件封装。因此 Protel DXP 2004 提供了一个功能强大而完整的元件封装库编辑器来制作元件封装。

本讲内容

- ➥ 实例·模仿——创建三极管封装
- ➥ 元件封装库编辑器
- ➥ 手工创建新文件封装
- ➥ 利用向导创建元件封装

- ➥ 创建集成元件库
- ➥ 实例·操作——利用向导创建 QFP 封装
- ➥ 实例·练习——创建集成库文件

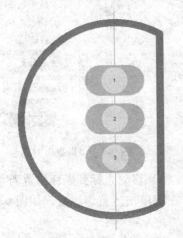
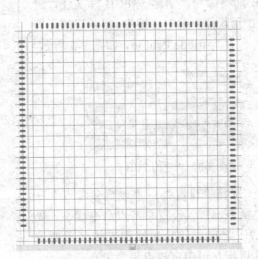

9.1　实例·模仿——创建三极管封装

　　三极管封装在标准库中已存在，这里仅作联系参考，其封装如图 9-1 所示。

　　【思路分析】

　　该元件封装外形较为简单，由 3 个焊盘和外形轮廓组成，可先放置 3 个焊盘，以第 2 个焊盘中心为圆心，绘制扇形轮廓，如图 9-2 所示。

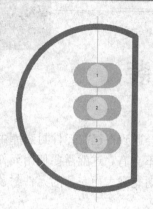

图9-1 三极管封装

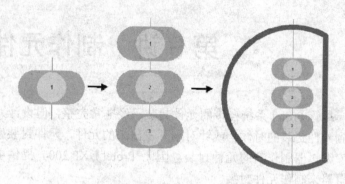

图9-2 三极管封装绘制步骤

【光盘文件】

 结果文件——参见附带光盘中的"实例\Ch9\三极管\triode.PcbLib"文件。

 动画演示——参见附带光盘中的"视频\Ch9\三极管\triode.avi"文件。

【操作步骤】

（1）选择"文件"→"创建"→"库"→"PCB 库"命令，新建一 PCB 库文件，进入到 PCB 元器件库编辑环境中。将新建的元器件库文件保存为 triode.PcbLib，如图9-3所示。

图9-3 新建的 PCB 库

（2）选择"设置"→"设置参考点"→"位置"命令，进入设置参考点命令状态，光标将变成十字形。移动光标到工作区重要位置，单击鼠标左键确定该点为参考点。

（3）选择"放置"→"焊盘"命令，然后按 Tab 键，打开如图9-4所示的"焊盘"对话框。

（4）修改对话框上方的"孔径"为30mil，修改"尺寸和形状"栏中的"X-尺寸"为78.74mil、"Y-尺寸"为39.37mil、"形状"为Round，其他参数保持系统默认设置，单击"确认"按钮，返回 PCB 编辑工作环境。

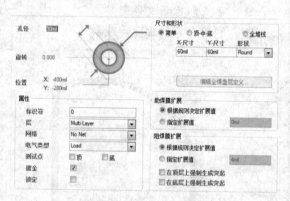

图9-4 "焊盘"对话框

（5）移动光标到坐标位置为（0，-100）处，左键单击放置该焊盘，如图9-5所示。

图9-5 放置第一个焊盘

（6）先后移动光标到坐标为（0，-150）和（0，-200）点处，左键单击放置两个焊盘，完成如图9-6所示的焊盘放置。

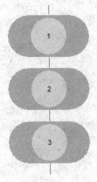

图 9-6　放置 3 个焊盘

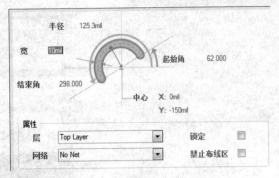

图 9-8　"圆弧"属性设置

（7）选择"放置"→"圆弧（任意角度）"命令，进入圆弧线放置状态，单击鼠标左键确定该段圆弧线的起点；适当移动光标到焊盘位置，此时工作区出现圆弧，单击确定此段圆弧线的半径；再适当移动光标，单击确定此段圆弧线的重点，右击工作区退出放置圆弧线状态，其步骤如图 9-7 所示。为保证扇形角度，绘制后可双击圆弧线，弹出"圆弧"对话框，如图 9-8 所示，将"起始角"和"结束角"设置为 62 和 298，"层"属性设置为 Top Layer。

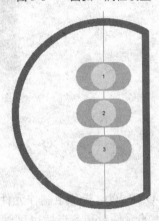

图 9-9　完成直线绘制

（9）选择"工具"→"元件特性"命令，打开如图 9-10 所示的"PCB 库元件"对话框，设置元件属性。

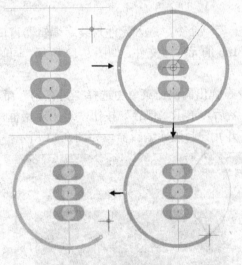

图 9-7　绘制圆弧线

（8）绘制原副线圈中间的直线，在元器件绘制工具栏中选择"绘图工具 ✎"→"放置直线 ✏"选项，光标将变成十字形，移动光标将圆弧两端连接起来，右击工作区退出放置状态，放置完成后如图 9-9 所示。

图 9-10　"PCB 库元件"对话框

（10）在"名称"文本框中输入 Protel DXP 下此类元件封装名称"BCY-W3"，然后在"描述"文本框中输入元件的简要描述"TO-92B"。

（11）单击管理面板标签 PCB Library，打开 PCB Library 管理面板，此时面板内容如图 9-11 所示。选择"文件"→"保存文件"命令或按 Ctrl+S 快捷键保存文件。

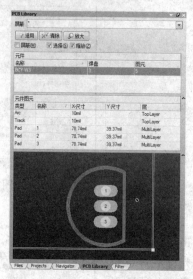

图 9-11　PCB Library 管理面板

9.2　元件封装库编辑器

Protel DXP 2004 提供了制作元件封装的编辑器，即 PCB 元器件封装库编辑器，用它可以制作任意形状的元件封装。当然也可以借助现有的元件封装，通过简单的修改得到。

启动元件封装编辑器的步骤如下：

（1）选择"文件"→"创建"→"库"→"PCB 库"命令，进入元件封装库编辑器窗口，同时在项目管理器中自动出现文件名为 PCBLib1.PCBLib 的元件库文件，如图 9-12 所示，同时项目管理器下方增加了 PCB Library 标签。

（2）右击新建文件 PCBLib1.PCBLib 的文件名，在弹出的快捷菜单中选择"另存为"命令，在弹出的"保存文件"对话框中设置保存位置和文件名后，单击"保存"按钮，退出对话框。

（3）单击项目管理器中的 PCB Library 标签，打开元件封装库编辑器，如图 9-13 所示。

图 9-12　新建元件封装库文件

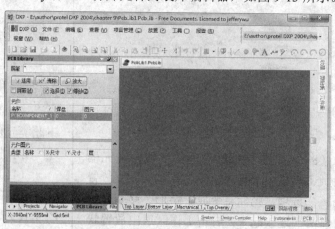

图 9-13　元件封装库编辑器

元件封装库编辑器的界面与 PCB 编辑器界面相似，也分为主菜单栏、主工具栏、编辑区、放置工具栏、文档标签、层标签等，其中最主要的菜单栏和工具栏的内容和 PCB 图编辑环境下的菜单栏和工具栏基本一样，这里就不再详述。

9.3 手工创建新元件封装

手工创建元件封装就是在元件封装库编辑环境下，利用 Protel DXP 2004 提供的各种工具，按照实际的尺寸绘制出元件封装。一般手工制作元件封装要先设置元件封装库编辑环境，然后放置图形对象，最后设定元件的插入参考点。

9.3.1 设置元件封装库参数

与 PCB 设计一样，在进行设计之前，要对设计环境进行设置，包括工作面板设置、板层设置、系统参数设置等。

（1）设置工作面板

选择"工具"→"库选择项"命令或者右击工作区，在弹出的快捷菜单中选择"库选择项"命令，弹出"PCB 板选择项"对话框，如图 9-14 所示，在其中可以设置测量单位、捕获网格、可视网格、图纸大小等属性。

图 9-14 "PCB 板选择项"对话框

（2）设置板层

选择"工具"→"层次颜色"命令或者右击工作区，在弹出的快捷菜单中选择"选择项"→"库层次"命令，弹出"板层和颜色"对话框，如图 9-15 所示，在其中可以设置所设计的板层和颜色。

（3）设置系统参数

选择"工具"→"优先设定"命令或者右击工作区，在弹出的快捷菜单中选择"选择项"→"优先设定"命令，弹出"优先设定"对话框，如图 9-16 所示，在其中可以设置系统参数，操作方法与 PCB 设计中的设置相同。

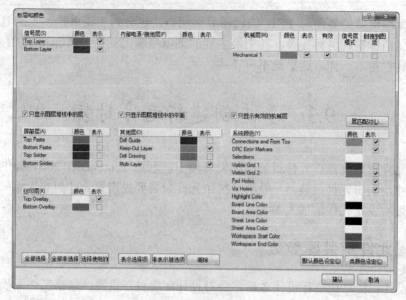

图 9-15　"板层和颜色"对话框

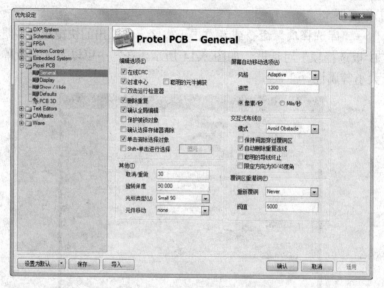

图 9-16　"优先设定"对话框

9.3.2　绘制元件封装

　　下面通过创建一个具体的实例，来说明创建元件封装的操作步骤，这里所要创建的元件封装为 DIP-6，如图 9-17 所示。该元件制作主要分为放置焊盘、绘制外形轮廓、设置元件封装参考点和保存元件封装 4 个步骤。

　　（1）放置焊盘

　　封装 DIP-6 有 6 个焊盘，其操作步骤如下：

　　① 选择"放置"→"焊盘"命令，或者选择工具栏中的"放置"→"放置焊盘"选项，启动放置焊盘命令。

② 启动命令后，光标将变成十字形，并浮动着一个焊盘，在工作区适当位置单击 4 次，连续放置 4 个焊盘，如图 9-18 所示。

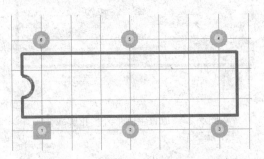

图 9-17　制作 DIP-6 元器件封装

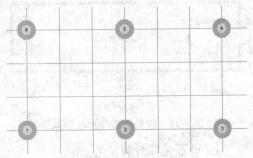

图 9-18　连续放置 4 个焊盘

③ 双击焊盘，系统将弹出"焊盘"对话框，如图 9-19 所示，在该对话框中可以设置焊盘的形状、孔径、位置、标识符和层等属性，这里主要将焊盘 1 的形状从 Round 修改成 Rectangle。

④ 属性修改后，单击"确认"按钮，完成属性设置，如图 9-20 所示。

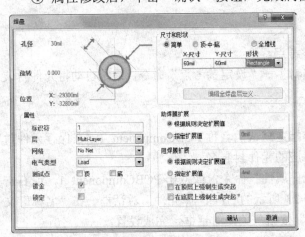

图 9-19　"焊盘"对话框

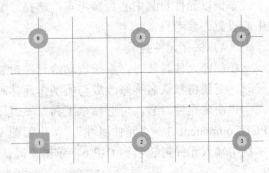

图 9-20　放置焊盘

（2）绘制外形轮廓

绘制元件封装的外形轮廓，主要使用放置直线工具和绘制圆弧工具。以 DIP-6 为例的具体绘制步骤如下：

① 元件外形轮廓线一般应该绘制在顶层丝印层（Top Overlay），单击工作区下面的 Top Overlay 使顶层丝印层为当前工作层。

② 选择"放置"→"直线"命令，或者选择工具栏中的"放置"→"放置直线"选项，启动放置直线命令。

③ 启动命令后，按照"绘制直线"的方法，绘制出如图 9-21 所示的外形轮廓，绘制完成后右击工作区退出直线放置状态。

④ 选择"放置"→"圆弧（中心）"命令，或者选择工具栏中的"放置"→"放置圆弧"选项，启动放置圆弧命令。启动命令后，按照"绘制圆弧（中心）"的方法，绘制出如图 9-22 所示的外形轮廓，绘制完成后右击工作区退出圆弧放置状态。

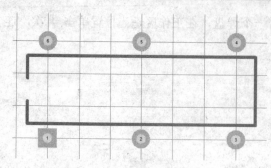

图 9-21　放置矩形外形轮廓线

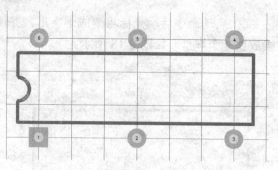

图 9-22　放置半圆形外形轮廓线

（3）设置元件封装参考点

完成放置焊盘和绘制外形轮廓的工作后，为了便于在 PCB 图中应用该元件封装，还要为已经绘制好的元件封装设定参考点。

选择"编辑"→"设定参考点"命令，在子菜单命令中有"引脚 1"、"中心"和"位置"3 个选项，具体描述如下。

◆　引脚 1：设置 1 号焊盘为参考点。

◆　中心：设置元件封装中心为参考点。

◆　位置：设置用户指定的一个位置为参考点。

本例以元件封装中心为参考点，选择"编辑"→"设定参考点"命令，系统自动将元件封装中心设置为参考点。

（4）保存元件封装

在创建元件封装时，系统自动给元件封装指定默认的名称 PCBComponent_1。在保存元件封装时，需要将默认名称修改成与所制作元件对应的元件封装名。

重命名元件封装，可选择"工具"→"元件属性"命令，或双击 PCBComponent_1，或右击 PCBComponent_1→"元件属性"，弹出如图 9-23 所示的"PCB 库元件"对话框。在"名称"文本框中输入元件封装名称 DIP-6。单击"确认"按钮，关闭对话框，完成设置。

图 9-23　"PCB 库元件"对话框

9.4　利用向导创建元件封装

使用 Protel DXP 2004 提供的元件封装，可以方便地创建新的元器件封装。常用于元件引脚排列规则的情况。下面仍通过创建 DIP-6 元件封装为例，介绍使用向导创建新的元件封装的操作方法。使用向导创建元件封装的具体步骤如下：

（1）在 PCB 元件编辑器中，选择"工具"→"新元件"命令，或者在"PCB 元器件库"管理器面板内右击"元件"，在弹出的快捷菜单中选择"元件向导"命令，可以启动元件封装向导，如图 9-24 所示。

（2）在"元件封装向导"对话框中单击"下一步"按钮，系统弹出 Component Wizard 对话框，如图 9-25 所示。在该对话框中，系统提供了 12 种元件封装模板，用户可以从中选择某一种，详细形式如表 9-1 所示。度量单位有 Imperial（mil）和 Metric（mm），系统默认设置为英制。本例中选择 Dual In-line Package（DIP）形式，英制单位。

图 9-24　"元件封装向导"对话框

图 9-25　Component Wizard 对话框

表 9-1　元件封装形式

元器件封装名称	元器件封装形式	元器件封装名称	元器件封装形式
Ball Grid Arrays（BGA）	格点阵列式	Pin Grid Arrays（PGA）	引脚栅格列式
Capacitors	电容式	Quad Packs	四芯包装
Diodes	二极管式	Resistors	电阻式
Dual In-line Package（DIP）	双列直插式	Edge Connectors	边连接式
LeadlessChip Carder（LCC）	无引线芯片载体式	Small Outline Package（SOP）	小外形包装式
Staggered Ball Grid Array（SBGA）	开关球阵列式	Staggered Pin Grid Array（SPGA）	开关门阵列式

（3）单击"下一步"按钮，进入焊盘尺寸设置对话框。单击尺寸标注文字，修改尺寸数值即可。本例中采用的焊盘，外径均为 60mil，内径均为 30mil，如图 9-26 所示。

🔔 **注意**：一般将焊盘外景的尺寸取为孔径尺寸的 2 倍，而孔径尺寸要稍大于引脚的尺寸，以便于在 PCB 上安装元件。

（4）单击"下一步"按钮，进入焊盘间距设置对话框。单击尺寸标注文字，修改尺寸数值即可，如图 9-27 所示。本例中采用的双排键的距离设置为 300mil。

（5）单击"下一步"按钮，进入元件封装轮廓线宽度设置对话框。单击尺寸标注文字，修改尺寸数值即可，如图 9-28 所示。本例中采用的轮廓线宽度设置为 10mil。

（6）单击"下一步"按钮，进入焊盘数量设置对话框。通过右端的输入框，设置焊盘数量，如图 9-29 所示。本例中采用的焊盘数量设置为 6。

（7）单击"下一步"按钮，进入元件封装名称设置对话框。直接在编辑框中输入名称即可，如图 9-30 所示。本例中采用的元件封装名称为 DIP6。

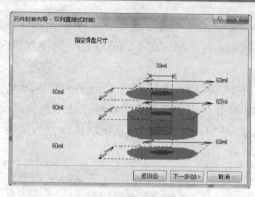

图 9-26　焊盘尺寸设置

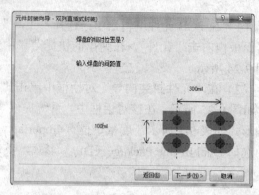

图 9-27　焊盘间距设置

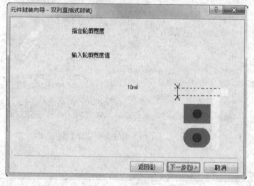

图 9-28　封装轮廓线宽度设置

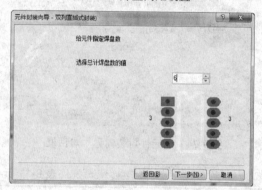

图 9-29　焊盘数量设置

（8）单击"下一步"按钮，进入元件封装创建向导完成对话框。单击 Finish 按钮，完成新元件封装的创建，如图 9-31 所示。

图 9-30　元件封装名称设置

图 9-31　元件封装创建向导完成对话框

9.5　创建集成元件库

当用户在调用元件时，总希望能够同时调用元件的原理图符号、PCB 符号。Protel DXP 2004 的集成库完全能够满足设计人员这一要求。设计人员可以建立一个自己的集成库，将常用元件的各种信息放在该库中。

创建新文件集成库的具体步骤如下：

（1）选择"文件"→"创建"→"项目"→"集成元件库"命令，创建一个集成库。在项目面板的 Project 中可以看到文件名为 Integrated_Library.LibPkg 的新文件。

（2）选择"文件"→"保存项目为"命令，或者右击 Integrated_Library.LibPkg→"保存项目为"，系统将弹出保存文件对话框，在"文件名"文本框中输入"Integrated_Library"，并选择合适路径，单击"保存"按钮即可。

（3）选择"项目管理"→"追加已有文件到项目中"命令，在弹出的选择文件添加对话框中选择"实例\Ch9\9.5 集成元件库"的 DSP.SchLib 和 QFP.PcbLib，这两个文件即元器件原理图库文件和元器件 PCB 封装文件。追加后的管理面板如图 9-32 所示。

（4）双击图 9-32 中的 DSP.SchLib，进入如图 9-33 所示的元件库编辑文件，单击左下角"追加"模型按钮。

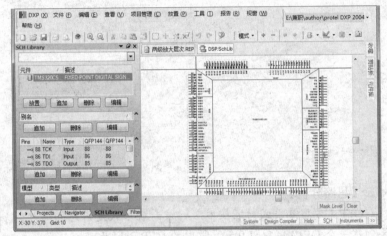

图 9-32　追加文件后的 Projects 面板　　　　　图 9-33　原理图库编辑器

（5）系统将弹出"加新的模型"对话框，选择 Footprint 选项，单击"确认"按钮，如图 9-34 所示。

（6）系统将弹出 PCB 封装对话框，单击其中的"浏览"按钮，进入"库浏览"对话框，如图 9-35 所示。

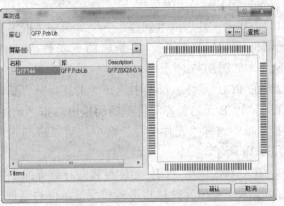

图 9-34　原理图库编辑器　　　　　　　图 9-35　"库浏览"对话框

（7）选择 QFP.PcbLib 后单击"确认"按钮完成添加。

（8）选择"项目"→Compile Integrated Library Integrated_Library.LibPkg 命令，编译集成库文件。系统自动生成一个名为 Project Outputs for Integrated_Library 的文件夹，系统在该文件夹中自动生成 Integrated_Library.IntLib 的集成库文件。

9.6　实例·操作——利用向导创建 QFP 封装

本实例所要创建的封装如图 9-36 所示。

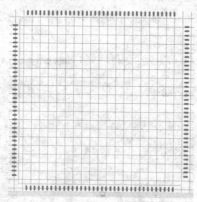

图 9-36　QFP144 封装

【思路分析】

QFP（方型扁平式封装技术），该封装形式是常见的贴片封装形式，在本实例中，将利用向导创建一个 QFP144，即 9.5 节所用的 QFP.PcbLib。

【光盘文件】

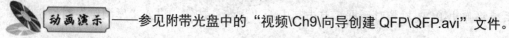

结果文件——参见附带光盘中的"实例\Ch9\向导创建 QFP\QFP.PcbLib"文件。

动画演示——参见附带光盘中的"视频\Ch9\向导创建 QFP\QFP.avi"文件。

【操作步骤】

（1）选择"文件"→"创建"→"库"→"PCB 库"命令，新建一个 PCB 库文件，进入到 PCB 元器件库编辑环境中。将新建的元器件库文件保存为 QFP.PcbLib，如图 9-37 所示。

（2）在 PCB 元件编辑器中选择"工具"→"新元件"命令，或者在"PCB 元器件库"管理器面板内右击"元件"，在弹出的快捷菜单中选择"元件向导"命令，可以启动元件封装向导，如图 9-38 所示。

图 9-37　新建的 PCB 库

（3）在"欢迎使用 PCB 元件封装向导"界面中单击"下一步"按钮，系统弹出元件封装形式和度量单位对话框，如图 9-39 所示。在该对话框中选择 Quad Packs（QUAD）形式，英制单位。

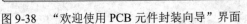

图 9-38 "欢迎使用 PCB 元件封装向导"界面　　　图 9-39 Component Wizard 对话框

（4）单击"下一步"按钮，进入焊盘尺寸设置对话框，将外径设置为 60mil，内径为 20mil，如图 9-40 所示。

（5）单击"下一步"按钮，进入焊盘形状设置对话框，第一个焊盘为房角，而其他焊盘为元件，在"对于第一个焊盘"下拉列表框中选择 Rectangular 选项，在"对于其他焊盘"下拉列表框中选择 Rounded 选项，如图 9-41 所示。

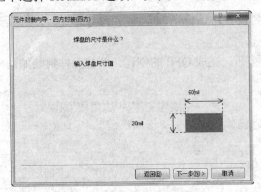
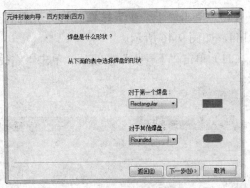

图 9-40 焊盘尺寸设置　　　　　　　　图 9-41 焊盘形状设置

（6）单击"下一步"按钮，进入外轮廓线的线宽设置对话框，使用默认 10mil 线宽，如图 9-42 所示。

（7）单击"下一步"按钮，进入焊盘间隔值和行偏移量设置对话框，这里均使用默认值，如图 9-43 所示。

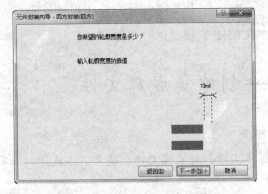
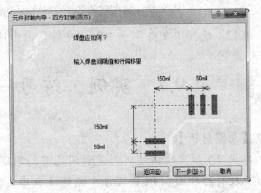

图 9-42 外轮廓线的线宽设置　　　　　图 9-43 焊盘间隔值和行偏移量设置

（8）单击"下一步"按钮，进入引脚排列顺序设置对话框，这里均使用默认设置，如图9-44所示。

（9）单击"下一步"按钮，进入焊盘数量设置对话框，分别在两侧的文本框中输入"36"，如图9-45所示。

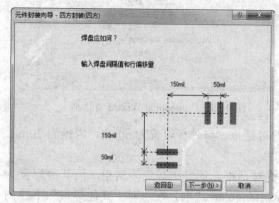

图9-44 引脚排列顺序设置

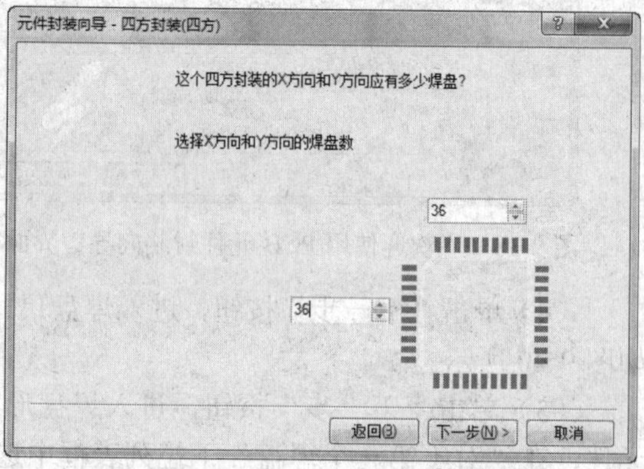

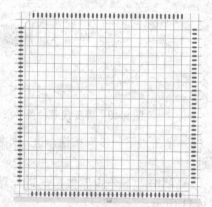

图9-45 焊盘数量设置

（10）单击"下一步"按钮，进入元件封装名设置对话框，默认名字为Quad144，将其改为QFP144，如图9-46所示。

（11）单击"下一步"按钮后，单击"完成"按钮，完成QFP的创建。新建元件封装如图9-47所示。

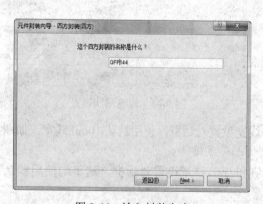

图9-46 输入封装名字

图9-47 创建好的QFP144封装

（12）选择"文件"→"保存文件"命令或按Ctrl+S快捷键保存文件。

9.7 实例·练习——创建集成库文件

【思路分析】

本讲9.5节中所讲述实例是利用已有的原理图库文件和封装库文件创建集成库文件，本实例练习从现有原理图和PCB文件中创建集成库文件。

【光盘文件】

结果文件——参见附带光盘中的"实例\Ch9\创建集成库\PIC.PrjPCB"文件。

动画演示——参见附带光盘中的"视频\Ch9\创建集成库\PIC.avi"文件。

【操作步骤】

（1）在 Protel DXP 2004 主环境下打开随书光盘中本例文件下的 PCB 项目文件 PIC.PrjPCB，此时项目管理面板内容如图 9-48 所示。

（2）双击打开 PIC.SchDoc 文件，进入原理图编辑工作环境，选择"设计"→"创建项目库"命令，系统进入创建原理图库命令状态，创建完成后，系统自动弹出如图 9-49 所示的提示信息。

图 9-48　项目管理面板

图 9-49　添加元件数目提示信息

（3）单击"确认"按钮，确定添加元件原理图模型。选择"文件"→"保存文件"命令或按 Ctrl+S 快捷键保存文件，在弹出的保存文件对话框中输入"PIC.SCHLIB"，保存该文件。

（4）在管理面板中切换到 Projects 下，双击打开 PIC.PcbDoc 文件，打开如图 9-50 所示的"DXP 输入向导"对话框，单击"下一步"按钮，进入如图 9-51 所示的"选择板的边界方法"界面。

图 9-50　"DXP 输入向导"对话框

图 9-51　"选择板的边界方法"界面

（5）单击"下一步"按钮，进入如图 9-52 所示的"规则转化选项"界面，继续单击"下一步"按钮，进入如图 9-53 所示的"内部电源/接地层选项"界面，选择系统默认设置，单击"完成"按钮，完成 PCB 文件的导入操作，进入 PCB 编辑工作环境。

（6）选择"设计"→"生成 PCB 库"命令，系统进入创建原理图库命令状态，创建完成后，系统自动进入 PCB 封装库编辑工作环境。选择"文件"→"保存文件"命令或按 Ctrl+S 快捷键保存文件，在弹出的保存文件对话框中输入"PIC.PcbLib"，保存该文件。

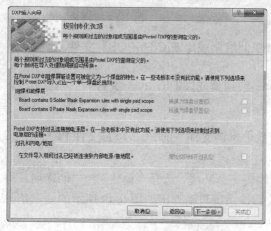

图 9-52 "规则转化选项"界面

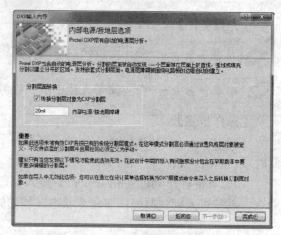

图 9-53 "内部电源/接地层选项"界面

（7）在项目管理面板上选中 PIC.PcbLib，拖动到 PIC.PrjPCB 名字上，则 PIC.PcbLib 自动追加到 PCB 项目文件中，如图 9-54 所示，然后关闭该 PCB 项目文件。

（8）选择"文件"→"创建"→"项目"→"集成元件库"命令，创建一个集成库。选择"文件"→"保存项目为"命令，或者右击 Integrated_Library1.LibPkg→"保存项目为"，系统将弹出保存文件对话框，在"文件名"文本框中输入"Integrated_Library1"，并选择合适路径，单击"保存"按钮即可。

（9）选择"项目管理"→"追加已有文件到项目中"命令，在弹出的选择文件添加对话框中选择上述建立的 PIC.SCHLIB 和 PIC.PcbLib，即元器件原理图库文件和元器件 PCB 封装文件。追加后的管理面板如图 9-55 所示。

图 9-54 项目管理面板

图 9-55 追加文件后的 Projects 面板

（10）选择"项目"→Compile Integrated Library Integrated_Library1.LibPkg 命令，编译集成库文件。系统自动生成一个名为 Project Outputs for Integrated_Library1 的文件夹，系统在该文件夹中自动生成 Integrated_Library1.IntLib 的集成库文件。

（11）选择"文件"→"保存文件"命令或按 Ctrl+S 快捷键保存文件。

9.8 习　题

一、填空题

（1）元件封装可以分为两大类，分别是_____和_____。

（2）利用封装向导可以创建_____种样式的元件封装。

（3）制作直插元件封装时，焊盘所属图层应为_____。

（4）元件封装通常都符合特定的标准，不同的元件可以采用_____封装，同一种元件也可以采用_____封装。

（5）元件封装的编号规则一般为_____。

二、选择题

（1）元件封装库文件的后缀为（　　）。

    A．IntLib   B．SchDoc   C．PcbDoc   D．PcbLib

（2）元件封装外形应放置图层为（　　）。

    A．Top   B．Bottom   C．Top Overlay   D．Keep-Outlayer

（3）选择好元件封装后，向 PCB 放置元件，应单击（　　）键。

    A．Place   B．Rename   C．Add   D．UpdatePCB

（4）元件封装 DIP18 属于下面的（　　）。

    A．单列直插式封装   B．双列直插式封装

    C．边缘连接型封装   D．方型扁平式封装

（5）固定电阻常用的封装形式为（　　）。

    A．AXIAL-0.4   B．VR3

    C．RB5-10.5   D．RAD-0.2

三、操作题

（1）请打开"C:\Program Files\Altium2004\Library\Pcb\Dual-In-Line Package.PcbLib"元件库文件，然后观察其中的元件外观及其相关特性。

（2）图 9-56 所示为某一继电器元件封装。图中栅格间距为 100mil；焊盘外形尺寸为100mil/100mil，通孔直径为 35mil。试制作该继电器元件封装。

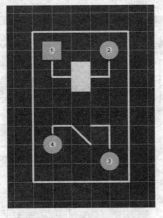

图 9-56　信号发生器电路

第 10 讲　生成 PCB 报表

　　Protel DXP 2004 提供了对设计的项目或文档生成各种报表和文件的功能，设计人员可通过这些报表掌握有关设计过程和设计内容的详细资料，这些资料包括 PCB 信息报表、元件清单、网络状态报表、设计层次报表和 NC 钻孔报表等，本讲将介绍其生成。

本讲内容

- 实例·模仿——生成 PCB 信息报表
- 生成 PCB 信息报表
- 生成元件清单
- 生成网络状态报表
- 生成元件交叉参考表

- 生成 NC 钻孔报表
- PCB 图的打印输出
- 实例·操作——PCB 图打印输出
- 实例·练习——输出 CAM 文件

10.1　实例·模仿——生成 PCB 信息报表

　　Z80 Processor board 是 Protel DXP 2004 自带的 PCB 文件，如图 10-1 所示。

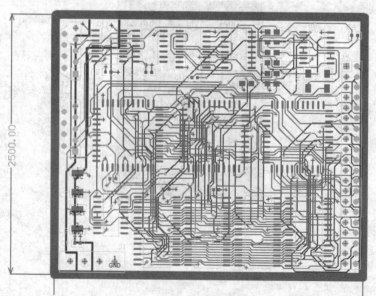

图 10-1　Z80 Processor board

视频教学

【光盘文件】

结果文件——参见附带光盘中的"实例\Ch10\Z80 Processor board\Z80 Processor board.pcbdoc"文件。

动画演示——参见附带光盘中的"视频\Ch10\Z80 Processor board\Z80 Processor board.avi"文件。

【操作步骤】

（1）单击工具栏中的"打开"按钮，在打开对话框中选择附带光盘中的"实例\Ch10\Z80 Processor board\Z80 Processor board.pcbdoc"，然后单击"打开"按钮将 PCB 文件打开，在 Projects 工作面板中双击 Z80 Processor board.pcbdoc，将原理图打开。

（2）选择"报告"→"PCB 信息"命令，打开如图 10-2 所示的"PCB 信息"对话框。单击"报告"按钮，打开如图 10-3 所示的"电路板报告"对话框。

图 10-2　"PCB 信息"对话框

图 10-3　"电路板报告"对话框

（3）单击"全选择"按钮，选中选项列表框中的所有选项，然后单击"报告"按钮，进入生成报表文件命令状态，系统自动进入如图 10-4 所示的 Z80 Processor board.REP 报告文件命令状态。

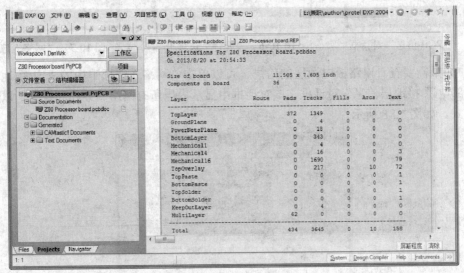

图 10-4　生成的电路板信息报告

（4）选择"文件"→"保存文件"命令或按 Ctrl+S 快捷键，将报告文件保存到当前文件的文件夹下。

📖 **说明：** 接下来的讲解中，也将以 Z80 Processor board 为例进行讲解各种报告的生成方法。

10.2　生成 PCB 信息报表

电路板信息报表为设计人员提供了电路板的完整信息，如电路板的尺寸、元件数目、焊盘数、过孔数等信息。用户通过建立电路板信息报表及可以量化整个电路板的信息。生成电路板信息报表的操作步骤如下：

（1）选择"报告"→"PCB 信息"命令，打开如图 10-5 所示的"PCB 信息"对话框。在该对话框中有以下 3 个选项卡。

◆ 一般：用于显示电路板的一般信息，包括电路板大小、图元数量（含焊盘数、导线数、过孔数等）。

◆ 元件：用于显示电路板中元器件的信息，包括元器件的标识符、数量和所在板层的信息，如图 10-6 所示。

◆ 网络：用于显示电路板中所有的网络信息，其中"导入"栏显示了网络的总数。下面分别列出了所有的网络名称，如图 10-7 所示。

图 10-5　"PCB 信息"对话框

图 10-6　"元件"选项卡

图 10-7　"网络"选项卡

（2）如果需要查看电路板电源层的信息，可以单击"网络"选项卡中的"电源/地"按钮，弹出"内部电源/接地层信息"对话框，该对话框中显示内层所有网络、导孔和焊盘，以及其之间的连接方式，如图 10-8 所示。

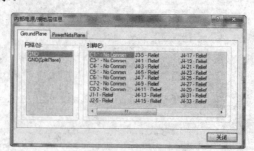
图 10-8　"内部电源/接地层信息"对话框

（3）关闭"内部电源/接地层信息"对话框，返回到"PCB 信息"对话框，单击"报告"按钮，弹出"电路板报告"对话框，如图 10-9 所示。

图 10-9　"电路板报告"对话框

（4）单击"全选择"按钮，生成所有项目的报告；单击"全取消"按钮，不产生任何项目的报告；选中"只有选定的对象"复选框，可以生成所有选中项目的报告。

（5）在"电路板报告"对话框中单击"报告"按钮，系统将生成相应的".REP"格式的报告文件，如图 10-4 所示。

10.3　生成元件清单

元件清单可以用来整理一个电路或项目中的元件列表，为设计人员提供材料信息，以便于制作电路板时作为材料的清单。生成元器件清单的操作步骤如下：

（1）选择"报告"→Bill of Materials 命令，或者选择"报告"→"项目报告"→Bill of Materials 命令，打开如图 10-10 所示的对话框。

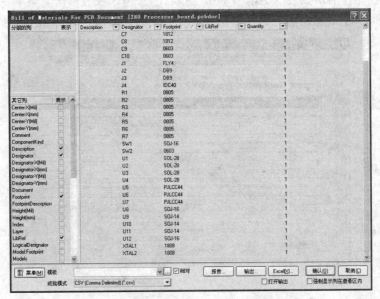

图 10-10　PCB 元件清单报表对话框

（2）PCB 元件清单报表对话框左侧的"其他列"列表框用于显示元件属性项目，可以将"其他列"栏中的属性项目拖到上面的"分组的列"栏，在"表示"列中的属性项目将在右侧区域中显示，并且按照"分组的列"栏中的项目进行分组。例如，将 Footprint 拖放到"分组的列"栏中，右侧区域中的元件清单按照元件封装形式进行分组，如图 10-11 所示。

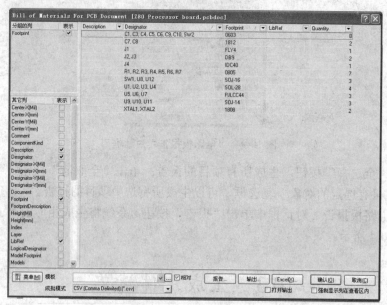

图 10-11　PCB 元件清单分组显示

（3）设置好元件清单的内容后，可以在"输出"区域设置元器件清单报表文件的输出格式，选中"打开输出"复选框，即可在生成报表文件的同时打开输出文件。单击"输出"按钮，弹出保护文件对话框，将报表文件保存。

（4）在 PCB 元件清单报表对话框中单击"报告"按钮，或者单击"菜单"按钮，选择"建立报告"命令，即可生成相应的元器件清单报表文件的打印预览，如图 10-12 所示。

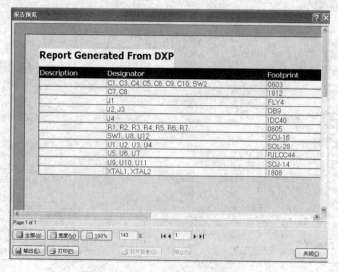

图 10-12　PCB 元件清单报表预览

（5）单击"打印"按钮，可以启动打印器，或使用"输出"按钮，将 PCB 元件清单报表文件导出为一个其他的文件格式，如"*.xls"。

10.4　生成网络状态报表

网络状态表列出电路板中每一条网络的长度，选择"报告"→"网络状态表"命令，系统生成"*.REP"格式的项目网络状态表文件，如图 10-13 所示。

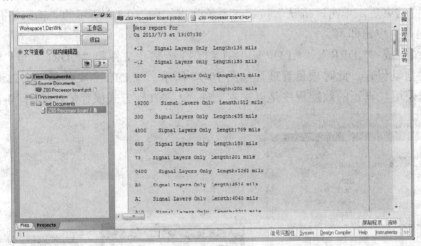

图 10-13　项目网络状态表

10.5　生成元件交叉参考表

元件交叉参考表相互要列出项目中各个元器件的编号、名称以及所在的电路图等，选择"报告"→"项目报告"→Component Cross Reference 命令，弹出元器件交叉参考表对话框，如图 10-14所示。

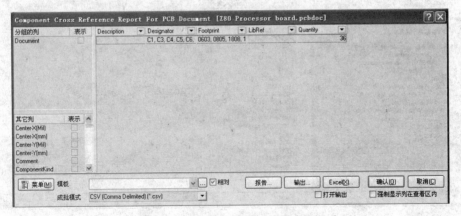

图 10-14　元器件交叉参考表对话框

10.6　生成 NC 钻孔报表

NC 钻孔文件用于提供制作电路板时所需要的钻孔资料，该资料可直接应用于数控钻孔机上。生成数控钻孔文件的操作步骤如下：

（1）选择"文件"→"输出制造文件"→NC Drill Files 命令，打开"NC 钻孔设定"对话框，如图 10-15 所示。在该对话框中，可以设置 Drill 输出文件的精度和度量单位。

（2）设置结束后，单击"确认"按钮，系统弹出如图 10-16 所示的"输入钻孔数据"对话框，单击"确认"按钮即可。

（3）系统生成"*.DRR"、"*.LDP"、"*.TXT" 3 个钻孔文件和"*.DRL"与"*.Cam"两个图形文件，并自动保存。此时项目管理器如图 10-17 所示。"*.DRL"文件是一个二进制文件，专供 NC 钻孔机使用。真正的数控程序是以文本文件"*.TXT"方式保存的，如图 10-18 所示。

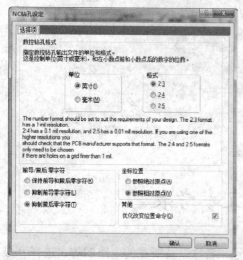

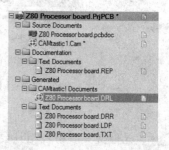

图 10-15　"NC 钻孔设定"对话框　　图 10-16　"输入钻孔数据"对话框　　图 10-17　项目管理器

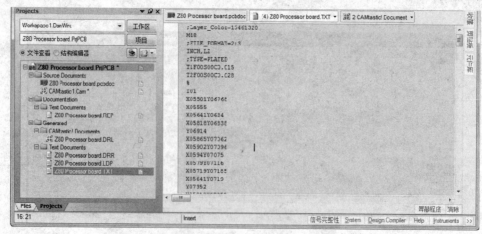

图 10-18　生成的 NC 钻孔文件

10.7　PCB 图的打印输出

在 Protel DXP 2004 中，无论是 PCB 图或与其相关的报表文件，都可以打印输出，以便于存档和进行检查等。使用打印机输出，除了常规的打印机设置之外，首先要进行页面设置，然后设置打印层面，具体内容如下。

（1）选择"文件"→"页面设定"命令，弹出如图 10-19 所示的页面设置属性对话框。

在该对话框中，可进行以下设置。

◆　"打印纸"栏：用于设置打印纸的大小和方向。

◆　"缩放比例"栏：用于设定缩放比例模式，可以选择 Fit Document On Page（文档适应整个页面）或 Scaled Print（按比例打印）选项。

图 10-19　页面设置属性对话框

◆　"余白"栏：用于设定水平和垂直页边距，若选中"中心"复选框，则默认为中心模式。

◆　"彩色组"栏：用于设定输出颜色，可以分别选择"单色"、"彩色"、"灰色"。

单击"预览"按钮，可以对打印图样进行预览，单击"确认"按钮，即可完成图元的页面设置。

（2）在页面设置属性对话框中单击"高级"按钮，弹出如图 10-20 所示的"PCB 打印输出属性"对话框。在该对话框中显示当前 PCB 图所有板层，可以选择需要的板层进行打印。右击相应的板层，在弹出的快捷菜单中选择相应的命令，即可添加或删除一个板层。

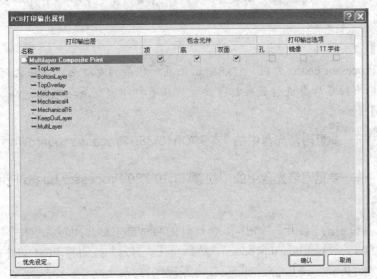

图 10-20　"PCB 打印输出属性"对话框

（3）若欲对某层进行设置，只需在"PCB 打印输出属性"对话框中双击相应的板层，弹出如图 10-21 所示的"层属性"对话框，在该对话框中可以设置层与层上对象的属性。单击左下角的"优先设定"按钮，弹出如图 10-22 所示的"PCB 打印优先设定"对话框，可设置各层的打印颜色、字体等内容。

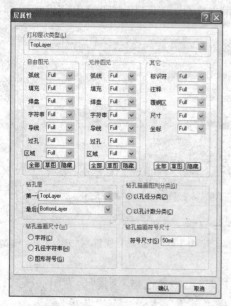

图 10-21 "层属性"对话框

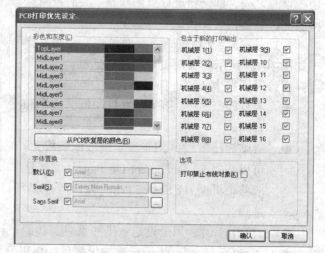

图 10-22 "PCB 打印优先设定"对话框

（4）设置完成后，选择"文件"→"打印"命令，按照正常 Windows 软件打印机使用方法对 PCB 图进行打印。

10.8 实例·操作——PCB 图打印输出

【思路分析】

还是以 Z80 Processor board 为例，打印输出顶层和底层的走线图。方法为先对打印机设置为打印顶层，打印输出顶层后再进行底层打印设置，接着打印出底层走线图。

【光盘文件】

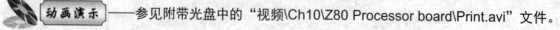

结果文件——参见附带光盘中的"实例\Ch10\Z80 Processor board\Top layer.pdf"文件。

动画演示——参见附带光盘中的"视频\Ch10\Z80 Processor board\Print.avi"文件。

【操作步骤】

（1）单击工具栏中的"打开"按钮，在打开的对话框中选择附带光盘中的"实例\Ch10\Z80 Processor board\Z80 Processor board.pcbdoc"，然后单击"打开"按钮将 PCB 文件打开，在 Projects 工作面板中双击 Z80 Processor board.pcbdoc，将原理图打开。

（2）选择"文件"→"页面设定"命令，弹出页面设置属性对话框，在其中单击"高级"

按钮，弹出如图 10-23 所示的"PCB 打印输出属性"对话框，将列表中除 TopLayer 以外的层均删除。

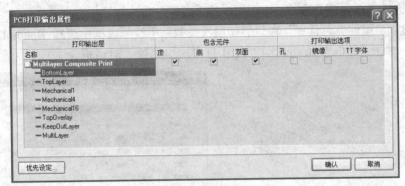

图 10-23　"PCB 打印输出属性"对话框

（3）在欲删除的层上右击，在弹出的快捷菜单中选择"删除"命令，如图 10-24 所示。删除完成后"PCB 打印输出属性"对话框如图 10-25 所示。

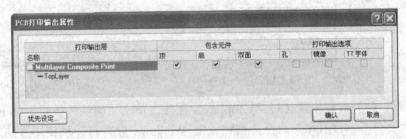

图 10-24　"删除"某个板层

图 10-25　TopLayer 板层

（4）单击"确认"按钮返回 PCB 编辑器工作环境，选择"文件"→"打印"命令，按照正常 Windows 软件打印机使用方法对 PCB 图进行打印，可得 TopLayer 走线图如图 10-26 所示。

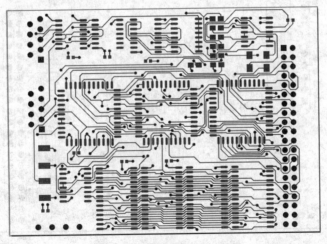

图 10-26　TopLayer 走线图

（5）打印完 TopLayer 走线图后，选择"文件"→"页面设定"命令，弹出页面设置属性对话框，在其中单击"高级"按钮，在弹出的"PCB 打印输出属性"对话框中右击空白处，在弹出的快捷菜单中选择"插入层"命令，如图 10-27 所示。

（6）弹出"层属性"对话框，在"打印层次类型"下拉列表框中选择 BottomLayer 选项，如图 10-28 所示。单击"确认"按钮返回"PCB 打印输出属性"对话框。

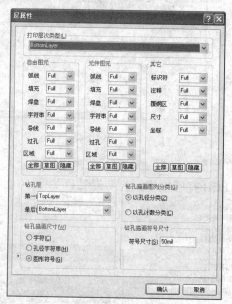

图 10-27　选择"插入层"命令　　　　　　　图 10-28　插入 BottomLayer

（7）重复步骤（3）将 TopLayer 删除，单击"确认"按钮返回 PCB 编辑器工作环境，选择"文件"→"打印"命令，按照正常 Windows 软件打印机使用方法对 PCB 图进行打印，可得 BottomLayer 走线图如图 10-29 所示。

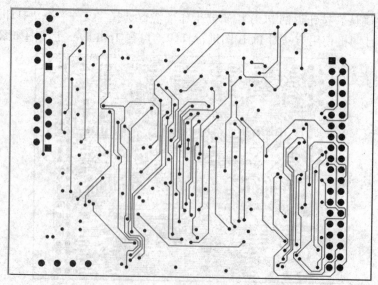

图 10-29　BottomLayer 走线图

10.9　实例·练习——输出 CAM 文件

【思路分析】

以 Z80 Processor board 为例，介绍如何输出 CAM 文件，以用于生产厂商进行 PCB 加工。

【光盘文件】

结果文件——参见附带光盘中的"实例\Ch10\Z80 Processor board"文件。

动画演示——参见附带光盘中的"视频\Ch10\Z80 Processor board\输出 CAM.avi"文件。

【操作步骤】

（1）单击工具栏中的"打开"按钮 ，在打开的对话框中选择附带光盘中的"实例\Ch10\Z80 Processor board\Z80 Processor board.pcbdoc"，然后单击"打开"按钮将 PCB 文件打开，在 Projects 工作面板中双击 Z80 Processor board.pcbdoc，将原理图打开。

（2）选择"文件"→"输出制造文件"→Gerber Files 命令，弹出"光绘文件设定"对话框，如图 10-30 所示。在"一般"选项卡中设置输出文件的单位和格式。

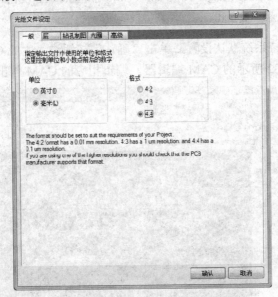

图 10-30　"光绘文件设定"对话框

📖 说明：Gerber 文件是设计者提供给印刷电路板生产厂商的光绘文件，生产厂商根据此文件即可生产相应的印制电路板。要执行此步操作，要求用户必须添加打印设备，否则系统将提示没有相应的打印输出。

（3）切换到"层"选项卡设置输出板层，具体输出板层可根据设计者的需求来决定，在本例的"绘制层"下拉列表框中选择"全部选择"选项，选中所有层，如图 10-31 所示。

图 10-31　设置输出板层

说明：一般情况下，需要输出的板层包括所有布线层（Top、Bottom、中间层）、Top Solder Mask、Bottom Solder Mask、Top Paste、Bottom Paste、Top Silkscreen、Bottom Silkscreen、Drill Drawing 和 NC drill。

（4）其他参数为维持系统默认设置，单击"确认"按钮进入生成 CAM 光绘文件命令状态，系统将自动启动如图 10-32 所示的 CAM 编辑器，编辑相应的 CAM 输出文档。

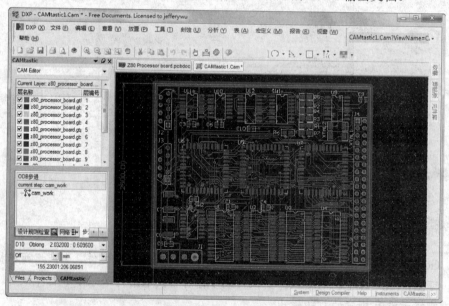

图 10-32　CAM 编辑器

说明：在此编辑器工作环境下，设计者可以根据需要输出各类设计文件，查看此印制电路板文件中的各层内容。

（5）选择"文件"→"保存文件"命令或按 Ctrl+S 快捷键保存文件，打开如图 10-33 所示的保存文件对话框，选择合适的保存路径，输入"Z80 Processor board.Cam"，单击"保存"按钮保存该文件。

图 10-33　保存文件对话框

10.10　习　　题

一、填空题

（1）执行"报告"/_____命令，生成电路板信息表。

（2）_____文件可以用于把 PCB 图形数据转换为光绘底片数据，制板商可以用它制造电路板。

（3）_____文件可以驱动数控钻孔设备完成电路板的钻孔工作。

（4）_____报表是对整个电路板的各种信息的汇总，其中包括电路板的尺寸、元件数量、焊盘和过孔的数量等信息。

（5）_____报表反映的是电路板的网络状态信息，内容包括每一个网络所处的层面和每一个网络的长度。

（6）Top Overlay（顶层丝印层）的光绘文件的扩展名为_____。

二、操作题

（1）在元件清单中的添加"其他列"到"分组的列"中，即可按照读者的要求进行分类，如图 10-11 所示，即是按照元件封装分类统计元件个数的。

（2）输出第 8 讲中 3 个实例的 PCB 信息报表、元件清单和 PCB 图。

第 11 讲　基于单片机的数据采集系统设计

本讲内容

- ↳ 工作原理分析
- ↳ 原理图设计

- ↳ 绘制 PCB
- ↳ 打印输出

【光盘文件】

结果文件——参见附带光盘中的"实例\Ch11\综合实例\基于单片机的数据采集系统设计.PrjPCB"文件。

动画演示——参见附带光盘中的"视频\Ch11\综合实例\基于单片机的数据采集系统设计.avi"文件。

11.1　工作原理分析

本讲将要设计的基于单片机的数据采集系统以 AT89S51 单片机为控制器，使用 A/D（模数转换）芯片将外接传感器测量所得模拟信号转换为数字信号，然后将其存储到扩展存储器中。该数据采集系统具备以下功能。

- ◆ A/D 转换功能：系统首先将 3 个传感器的模拟信号量转换为数字量，然后才将数字信号提供给单片机进行处理。
- ◆ 数据处理功能：单片机可以将 A/D 转换得到的数字信号进行一系列的处理，如将数字量读入单片机、将其存储到外扩存储器中、对数据进行运算或补偿等。
- ◆ 数据存储功能：使用单片机可以将采集所得数据存储到外扩存储器中，以备使用。
- ◆ 串口通信功能：串口通信可以实现数据采集系统和控制计算机之间的通信功能，包括数据的传输和控制指令的接收等。
- ◆ 电源供电系统：为系统各种芯片和元件提供工作所需电压。

鉴于以上考虑，设计原理图有以下考虑：

- ◆ 选择 AT89S51 作为主控芯片。
- ◆ 在数据精度要求不高的情况下，采用 8 位的 A/DC0809 芯片，参考电压芯片采用 MC1404，提供 5V 的参考电压。

◆ 存储器选用 FM1808。

◆ 串口通信功能选用 MAX232 芯片。

◆ 由于传感器原因，系统拟采用 28V 标准电压供电，采用 7824 电源芯片将 28V 转为 24V，
采用 7805 电源芯片将 24V 转为 5V。

经过以上分析和元件选用，基于单片机的数据采集电路的原理设计如图 11-1 所示。

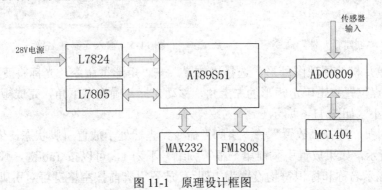

图 11-1 原理设计框图

11.2 原理图设计

11.2.1 元件制作

上述方案中部分芯片在 Protel 中均未提供，因此需要在进行原理图设计之前，制作相应的元件，包括单片机 AT89S51、复位芯片 MAX810 和铁电存储器 FM1808。

1. 单片机 AT89S51 的元件制作

（1）选择"文件"→"创建"→"库"→"原理图库"命令，新建一原理图库文件，进入原理图元器件库编辑环境中。将新建的元器件库文件保存为 MySchLib.SchLib，如图 11-2 所示。

（2）在绘制元件之前，需要先设置图纸环境。选择"工具"→"文档选项"命令，打开"库编辑器工作区"对话框，如图 11-3 所示。设置图纸的捕获网格为 10，可视网格为 10。

图 11-2 新建的元器件库

图 11-3 "库编辑器工作区"对话框

（3）在元器件绘制工具栏中选择"绘图工具 ✍"→"创建新元件 ⬚"选项，如图 11-4 所示。

（4）在打开的对话框中输入元器件名称 AT89S51，然后单击"确认"按钮，如图 11-5 所示。

图 11-4　"创建新元件"命令　　　　　　　图 11-5　输入元器件名称

（5）绘制单片机的原理图外形，选择"放置"→"矩形"命令，光标将变成十字形，并带一个矩形，在原点位置单击确定矩形的左上角，移动光标并确定右下角，完成矩形的放置，并调整矩形位置和大小，如图 11-6 所示。

（6）添加引脚。选择"放置"→"引脚"命令，光标处于放置引脚状态，依次放置 40 个引脚，如图 11-7 所示。如果放置引脚前第一根管脚编号不为 1，可以按 Tab 键，弹出"引脚属性"对话框，将其中显示名称和标识符均设置为 1 即可。放置引脚前按空格键可对引脚进行 90° 旋转。

图 11-6　AT89S51 的外形

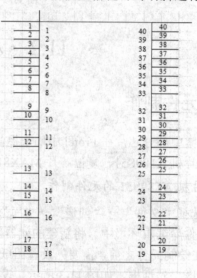

图 11-7　放置引脚

（7）双击已放置的引脚，弹出"引脚属性"对话框，在该对话框中将所有已放置的引脚显示名称和标识符按表 11-1 中的参数依次修改，设置后的芯片如图 11-8 所示，至此 AT89S51 的绘制已完成。

表 11-1　AT89S51 引脚参数

显 示 名 称	标 识 符	电气类型	显 示 名 称	标 识 符	电气类型
P1.0（T2）	1	IO	P1.4	5	IO
P1.1（T2EX）	2	IO	P1.5	6	IO
P1.2	3	IO	P1.6	7	IO
P1.3	4	IO	P1.7	8	IO

续表

显 示 名 称	标 识 符	电 气 类 型	显 示 名 称	标 识 符	电 气 类 型
P3.3（$\overline{INT10}$）	13	IO（外部边沿：Dot）	（AD4）P0.4	35	IO
P3.2（$\overline{INT0}$）	12	IO（外部边沿：Dot）	（AD5）P0.5	34	IO
P3.5（T1）	15	IO	（AD6）P0.6	33	IO
P3.4（T0）	14	IO	（AD7）P0.7	32	IO
$\overline{EA}$/VPP	31	Input	（A8）P2.0	21	IO
XTAL1	19	Input（内部边沿：Clock）	（A9）P2.1	22	IO
XTAL2	18	Input（内部边沿：Clock）	（A10）P2.2	23	IO
RST	9	Input	（A11）P2.3	24	IO
P3.7（$\overline{RD}$）	17	IO（外部边沿：Dot）	（A12）P2.4	25	IO
P3.6（$\overline{WR}$）	16	IO（外部边沿：Dot）	（A13）P2.5	26	IO
ALE/$\overline{PROG}$	30	Output（外部边沿：Dot）	（A14）P2.6	27	IO
$\overline{PSEN}$	29	Output	（A15）P2.7	28	IO
（AD0）P0.0	39	IO	VCC	40	Power
（AD1）P0.1	38	IO	GND	20	Power
（AD2）P0.2	37	IO	（RXD）P3.0	10	IO
（AD3）P0.3	36	IO	（TXD）P3.1	11	IO

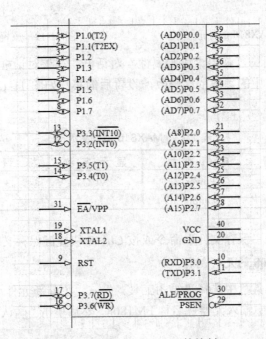

图 11-8　完成 AT89S51 的绘制

（8）选择"文件"→"保存文件"命令或按 Ctrl+S 快捷键保存文件。

2. 复位芯片 MAX810 的元件制作

（1）在元器件绘制工具栏中选择"绘图工具 ✍"→"创建新元件 🗋"选项，如图 11-9 所示。

（2）在打开的对话框中输入元器件名称 MAX810，然后单击"确认"按钮，如图 11-10 所示。

图 11-9　选择"创建新元件"选项

图 11-10　输入元器件名称

（3）绘制芯片的原理图外形，选择"放置"→"矩形"命令，光标将变成十字形，并带一个矩形，在原点位置单击确定矩形的左上角，移动光标并确定右下角，完成矩形的放置，并调整矩形位置和大小，如图 11-11 所示。

（4）添加引脚。选择"放置"→"引脚"命令，光标处于放置引脚状态，依次放置 3 个引脚，如图 11-12 所示。如果放置引脚前第一根管脚编号不为 1，可以按 Tab 键，弹出"引脚属性"对话框，将其中显示名称和标识符均设置为 1 即可。放置引脚前按空格键可对引脚进行 90°旋转。

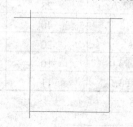

图 11-11　MAX810 的外形

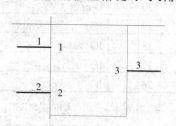

图 11-12　放置引脚

（5）双击已放置的引脚，弹出"引脚属性"对话框，在该对话框中将所有已放置的引脚显示名称和标识符按表 11-2 中的参数依次修改，设置后的芯片如图 11-13 所示，至此 MAX810 的绘制已完成。

表 11-2　MAX810 引脚参数

显 示 名 称	标 识 符	电 气 类 型	显 示 名 称	标 识 符	电 气 类 型
GND	1	Power	VCC	3	IO
RESET	2	Output			

（6）选择"文件"→"保存文件"命令或按 Ctrl+S 快捷键保存文件。

3．铁电存储器 FM1808 的元件制作

（1）在元器件绘制工具栏中选择"绘图工具 "→"创建新元件 ▯"选项。

（2）在打开的对话框中输入元器件名称 FM1808，然后单击"确认"按钮，如图 11-14 所示。

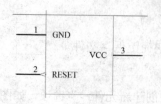

图 11-13　完成 MAX810 的绘制

图 11-14　输入元器件名称

（3）绘制芯片的原理图外形，选择"放置"→"矩形"命令，光标将变成十字形，并带一个矩形，在原点位置单击确定矩形的左上角，移动光标并确定右下角，完成矩形的放置，并调整矩形位置和大小，如图 11-15 所示。

（4）添加引脚。选择"放置"→"引脚"命令，光标处于放置引脚状态，依次放置 20 个引脚，如图 11-16 所示。如果放置引脚前第一根管脚编号不为 1，可以按 Tab 键，弹出"引脚属性"对话框，将其中显示名称和标识符均设置为 1 即可。放置引脚前按空格键可对引脚进行 90° 旋转。

图 11-15　FM1808 的外形

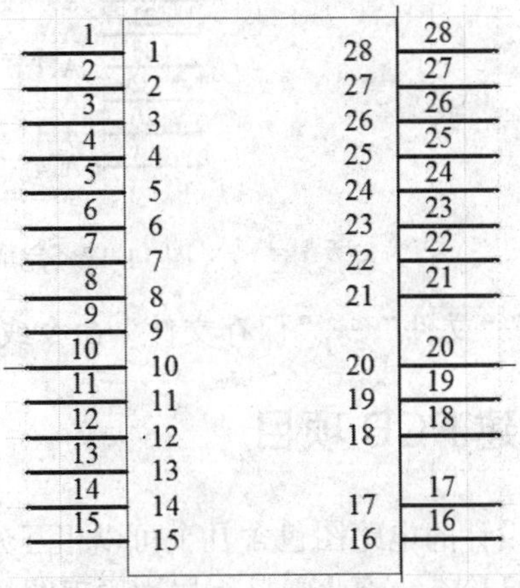

图 11-16　放置引脚

（5）双击已放置的引脚，弹出"引脚属性"对话框，在该对话框中将所有已放置的引脚显示名称和标识符按表 11-3 中的参数依次修改，设置后的芯片如图 11-17 所示，至此 FM1808 的绘制已完成。

表 11-3　FM1808 引脚参数

显 示 名 称	标 识 符	电 气 类 型	显 示 名 称	标 识 符	电 气 类 型
A0	10	Passive	D0	11	IO
A1	9	Passive	D1	12	Passive
A2	8	Passive	D2	13	Passive
A3	7	Passive	D3	15	Passive
A4	6	Passive	D4	16	Passive
A5	5	Passive	D5	17	Passive
A6	4	Passive	D6	18	Passive
A7	3	Passive	D7	19	Passive
A8	25	Passive	$\overline{CE}$	20	Passive
A9	24	Passive	$\overline{OE}$	22	Passive
A10	21	Passive	$\overline{WE}$	27	Passive
A11	23	Passive	VDD	28	Power
A12	2	Passive	VSS	14	Power
A13	26	Passive	A14	1	Passive

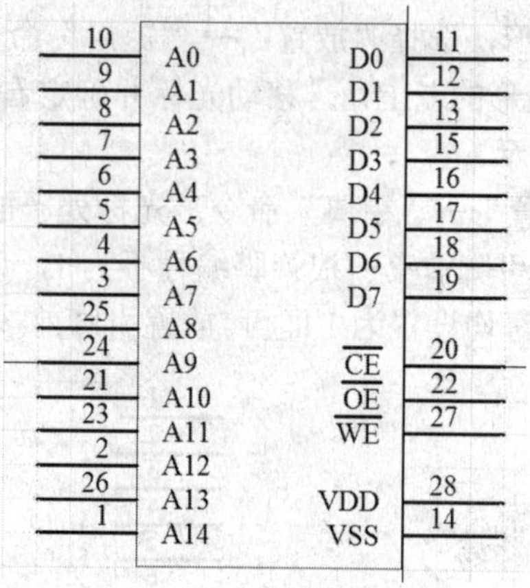

10	A0	D0	11
9	A1	D1	12
8	A2	D2	13
7	A3	D3	15
6	A4	D4	16
5	A5	D5	17
4	A6	D6	18
3	A7	D7	19
25	A8		
24	A9	$\overline{CE}$	20
21	A10	$\overline{OE}$	22
23	A11	$\overline{WE}$	27
2	A12		
26	A13	VDD	28
1	A14	VSS	14

图 11-17　完成 FM1808 的绘制

（6）选择"文件"→"保存文件"命令或按 Ctrl+S 快捷键保存文件。

11.2.2　新建 PCB 项目

由于本例设计的电路图包含几个可以相互分离的模块，采用模块化的设计思路会比较清晰，出现错误也容易检查，因此宜采用层次原理图的设计方法，这里采用自下向上的层次原理图设计方法。

（1）新建一个 PCB 项目文件。选择"文件"→"创建"→"项目"→"PCB 项目"命令，新建一个 PCB 项目。选择"文件"→"保存项目"命令或右击工作面板上的新建文件名，弹出保存文件对话框，在该对话框中输入"基于单片机的数据采集系统.PrjPCB"，单击"保存"按钮并返回，项目管理窗口如图 11-18 所示。

（2）向项目中添加原理图文件。在 Projects 工作面板的"基于单片机的数据采集系统.PrjPCB"上右击，在弹出的快捷菜单中选择"追加新文件到项目中"→"原理图"命令，向项目中添加一张新的原理图。系统自动跳转到原理图编辑界面，选择"文件"→"保存文件"命令或按 Ctrl+S 快捷键将新建原理图文件保存为"单片机电路.SchDoc"。按照相同的步骤依次向 PCB 项目中添加如图 11-19 所示的原理图文件。

图 11-18　新建 PCB 项目

图 11-19　向 PCB 项目中添加原理图文件

11.2.3　绘制子原理图

本项目包含的子原理图有单片机子电路、A/D 转换子电路、数据存储子电路、串口通信子电路和电源电路 5 个子原理图。下面分别绘制这 5 个子原理图。

1．单片机子电路图

单片机子电路包括单片机芯片、复位电路和时钟电路及附加的电容等，其中单片机用于控制 A/D 转换的开启、读取 A/D 转换所得数据、将数据存储到外接存储器中，以及通过 MAX232 芯片同计算机进行串口通信；MAX810 芯片用于提供复位信号，在系统电压低于一定值、单片机不能正常工作时将单片机强制复位；时钟电路为单片机提供时钟信号。

（1）向图中添加单片机 AT89S51。双击打开"单片机电路.SchDoc"进入原理图编辑器环境，AT89S51 属于自建元件库中的，首先需要添加该元件库。单击原理图编辑器右侧的"元件库"按钮，弹出"元件库"面板，单击面板上方的"元件库"按钮，如图 11-20 所示。打开"可用元件库"对话框，如图 11-21 所示。

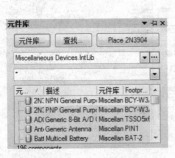

图 11-20　"元件库"面板

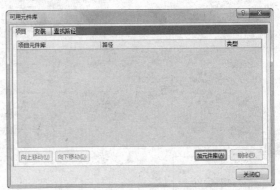

图 11-21　"可用元件库"对话框

（2）切换到"项目"选项卡，单击"加元件库"按钮，在弹出的"打开"对话框中选择 MySchLib.SchLib 文件，将其添加到当前项目中，添加后的"可用元件库"对话框如图 11-22 所示。单击"关闭"按钮关闭此对话框。

（3）在"元件库"面板的元件库下拉列表中选择刚添加的 MySchLib.SchLib 库文件，如图 11-23 所示。

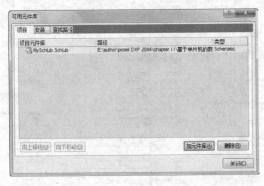

图 11-22　添加元件库后的"可用元件库"对话框

图 11-23　选择库文件

（4）在元件列表中选择 AT89S51，双击进入放置元件状态，在合适位置单击放置该单片机，右击鼠标退出放置元件状态。

（5）放置其余元件，步骤与上述类似，需要放置的元件和参数如表 11-4 所示。放置完成后如图 11-24 所示。

表 11-4　单片机原理图元件属性

标 识 符	值	封 装	标 识 符	值	封 装
C8	100pF	RAD-0.3	Y1	11.0592	BCY-W2/D3.1
C9	100pF	RAD-0.3	U6		DIP40
C10	100pF	RAD-0.3	U7		SOT23_MAX810
C11	100pF	RAD-0.3			

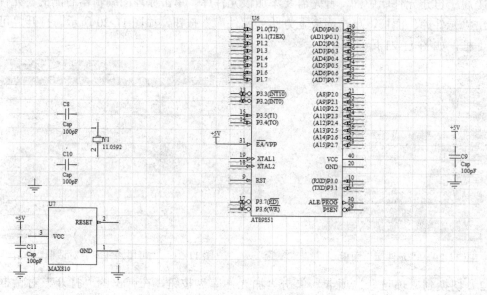

图 11-24　元件放置

（6）选择"放置"→"导线"命令，绘制导线连接原理图除地址总线和数据总线以外的其他需要连接的部分，如图 11-25 所示。线路要尽量少交叉，且清晰。

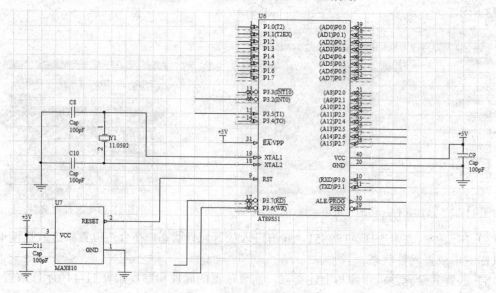

图 11-25　导线连接部分元件

（7）连接单片机的数据总线和地址总线。选择"放置"→"总线"命令，光标将变成十字形，将光标移动到 U1 和 U2 之间适合位置单击，确定总线的起始点，然后拖动鼠标，绘制总线，在需要转弯的位置单击，到总线的终点位置，单击鼠标左键确定总线终点，最后单击鼠标右键，依次放置数据总线和地址总线。选择"放置"→"总线入口"命令，用总线分支将总线和芯片的各个引脚连接起来，按空格键可以改变总线分支的倾斜方向。放置完成后如图 11-26 所示。

（8）由于总线并没有实际的电气意义，所以在应用总线时要和网络标号相配合。选择"放置"→"网络标签"命令，此时鼠标上浮着"网络标签"，按 Tab 键打开网络标签对话框，在"网络"文本框中输入"D0"，如图 11-27 所示，在芯片的对应引脚上放置网络标签，确保电气相连接的引脚具有相同的网络标号。放置完网络标签后如图 11-28 所示。

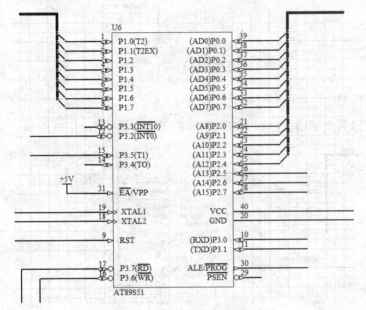

图 11-26　放置总线连接　　　　　　　图 11-27　"网络标签"对话框

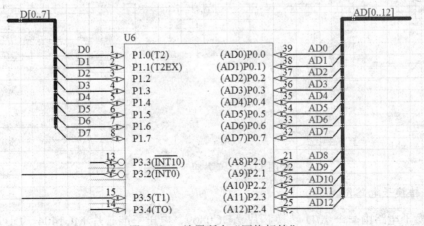

图 11-28　放置所有"网络标签"

（9）选择"放置"→"端口"命令或者单击"配线"工具栏中的"端口"按钮，进入端口放置命令，光标变成十字形，并浮动着端口符号。按 Tab 键，打开"端口属性"对话框，在"名称"和"I/O 类型"下拉列表框中分别选择 D[0..7]和 Bidirectional 选项。在工作区内适当位置单击鼠标左键，确定此端口符号的起点位置，此时光标自动跳转到端口的另一端，如图 11-29 所示。此时端口长度随光标的移动而改变，在适当位置单击确定终点位置，完成第一个端口的放置。

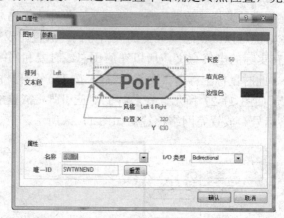

图 11-29　设置"端口"属性

（10）按照步骤（9）放置和设置其余端口，绘制完成的单片机子电路图如图 11-30 所示。

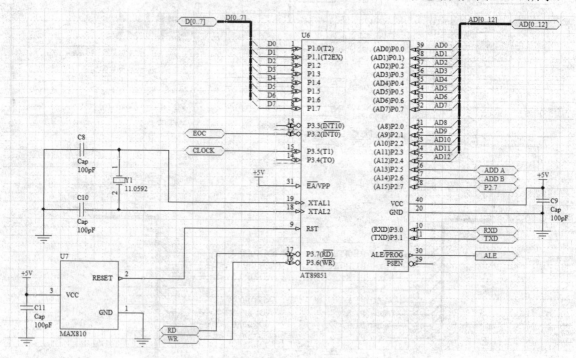

图 11-30　单片机子电路图

2. A/D 转换子电路图

A/D 转换子电路由一个 A/D 转换芯片 ADC0809、电压基准芯片 MC1404、DB9 接插件、两个与门和两个非门组成，其中 ADC0809 将收到的模拟信号量转换为数字量，并通过复用的数据总线送到单片机上；MC1404 芯片提供 5V 的 A/D 转换电压基准信号；DB9 的接插件为 3 个外接传感器提供工作电源并接收其测量所得模拟信号；与非门的组合可以用于控制开启 A/D 转换、读取转换所得数据等。绘制好的 A/D 转换子电路如图 11-31 所示。

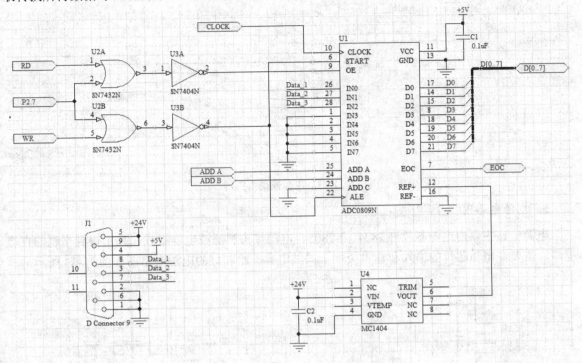

图 11-31　A/D 转换子电路图

3．数据存储子电路图

数据存储子电路用于存储采集所得数据，由铁电存储器 FM1808、与非门组成。与非门由单片机进行驱动，用于控制存储器的读写，绘制好的数据存储子电路如图 11-32 所示。

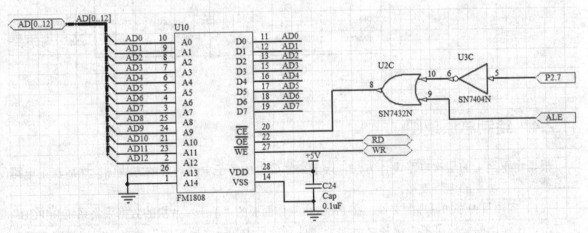

图 11-32　数据存储子电路图

4．串口通信子电路图

串口通信子电路由 MAX232 芯片、串口通信接头和几个外接电容组成。串口通信只需要两个信号线即可，故串口通信接头选用普通的两针接头，绘制好的串口通信子电路如图 11-33 所示。

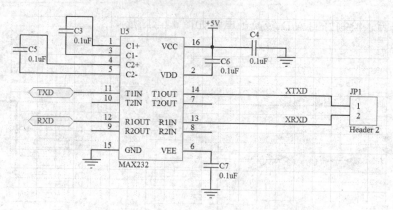

图 11-33　串口通信电路图

5. 电源电路图

电源电路主要由电源芯片 L7824、L7805、电源接头和滤波电容组成。为了得到平稳的直流电源，需要在电源芯片的输入和输出级加上滤波电容，绘制好的电源电路图如图 11-34 所示。

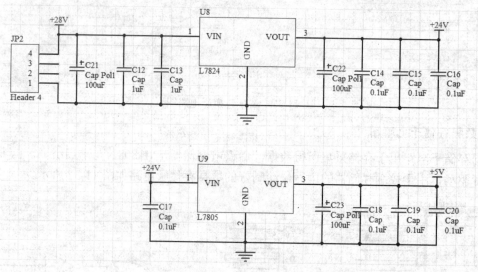

图 11-34　电源电路图

11.2.4　绘制总原理图

根据由下至上的层次电路设计方法，接下来需要生成各子电路对应的方块图，然后在主电路图中建立各方块图的电气连接。

（1）向项目中添加原理图文件。在 Projects 工作面板的"基于单片机的数据采集系统.PrjPCB"上右击，在弹出的快捷菜单中选择"追加新文件到项目中"→"原理图"命令，向项目中添加一张新的原理图。系统自动跳转到原理图编辑界面，选择"文件"→"保存文件"命令或按 Ctrl+S 快捷键将新建原理图文件保存为"主电路图.SchDoc"。

（2）选择"设计"→"根据图纸建立图纸符号"命令，弹出如图 11-35 所示的 Choose Document to Place 对话框，选择"单片机电路.SchDoc"选项，单击"确认"按钮，弹出如图 11-36 所示的端口信息提示框，单击 No 按钮，则系统自动创建单片机子原理图对应的方块电路符号，将其放置到主电路图上适当位置即可。

图 11-35　电源电路图

图 11-36　端口信息提示框

（3）按照相同步骤生成图 11-35 所示对话框中的其余子电路对应的图纸符号，放置完成后如图 11-37 所示。

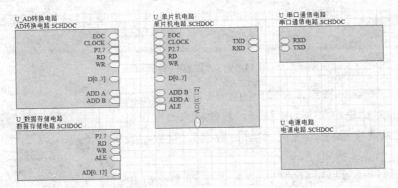

图 11-37　由子原理图创建的方块图

（4）选择"放置"→"导线"命令，绘制导线连接所有图纸符号，连接完成后的主电路如图 11-38 所示。其中，对应总线的连接需要用到"总线"命令。

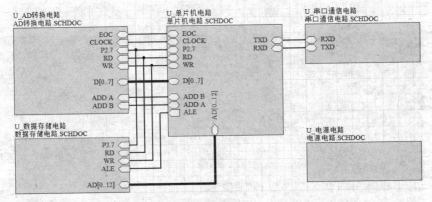

图 11-38　由子原理图创建的方块图

（5）选择"工具"→"注释"命令，进入如图 11-39 所示的"注释"对话框，在"处理顺序"下拉列表框中选择 Across Then Down 选项，在"匹配的选项"栏中选中 Comment 和 Library Reference 复选框，以上三者均为默认值。

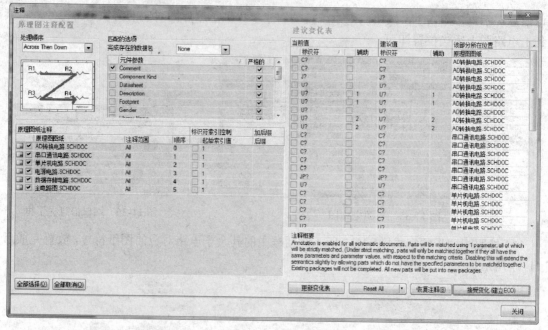

图 11-39 "注释"对话框

（6）单击 [更新变化表] 按钮，在弹出的如图 11-40 所示的 DXP Information 对话框中单击 OK 按钮。软件将修改标识符的建议值，形式从"字母+？"变成"字母+数字"，且数字顺序按 Across Then Down 排列。

（7）单击 [接受变化(建立ECO)] 按钮，进入"工程变化订单（ECO）"对话框，单击 [执行变化] 按钮，用建议值代替原有编号，执行完毕后如图 11-41 所示，单击"关闭"按钮返回"注释"对话框，再单击"关闭"按钮退出，完成元件编号的更新。

图 11-40 DXP Information 对话框

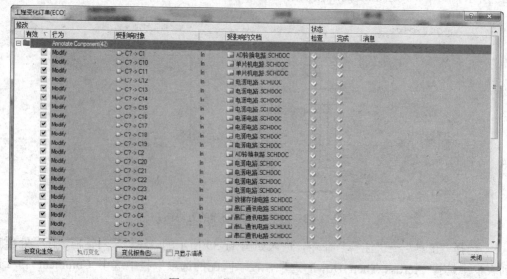

图 11-41 执行元器件编号的更改

（8）编译原理图及修改错误。选择"项目"→"Compile PCB Project 基于单片机的数据采集系统.PrjPCB"命令，编译项目文件。如果编译器发现 Error，系统将弹出 Messages 窗口显示错误和警告信息，根据提示修改原理图中的错误即可。这里编译完成后的 Messages 窗口如图 11-42 所示，无 Error。

Class	Document	Source	Message	Time	Date	No.
☐ [Warning]	AD转换电路...	Comp...	Adding items to hidden net GND	12:41:02	2013/7/4	1
☐ [Warning]	AD转换电路...	Comp...	Adding hidden net	12:41:02	2013/7/4	2
☐ [Warning]	数据存储电...	Comp...	Adding hidden net	12:41:02	2013/7/4	3
☐ [Warning]	主电路图.SC...	Comp...	Nets Wire ADD A has multiple names (Sheet Entry U_AD转换电路-AD...	12:41:03	2013/7/4	4
☐ [Warning]	主电路图.SC...	Comp...	Nets Wire ADD B has multiple names (Sheet Entry U_单片机电路-AD...	12:41:03	2013/7/4	5
☐ [Warning]	主电路图.SC...	Comp...	Nets Wire RXD has multiple names (Sheet Entry U_串口通讯电路-RX...	12:41:03	2013/7/4	6
☐ [Warning]	主电路图.SC...	Comp...	Nets Wire TXD has multiple names (Sheet Entry U_单片机电路-RXD(I...	12:41:03	2013/7/4	7
☐ [Warning]	主电路图.SC...	Comp...	Component: U2 SN7432N has unused sub-part (4)	12:41:03	2013/7/4	8
☐ [Warning]	主电路图.SC...	Comp...	Component: U3 SN7404N has unused sub-part (4)	12:41:03	2013/7/4	9
☐ [Warning]	主电路图.SC...	Comp...	Component: U3 SN7404N has unused sub-part (5)	12:41:03	2013/7/4	10

图 11-42　Messages 窗口

11.3　绘制 PCB

原理图绘制完成后，接下来进行 PCB 图绘制。

（1）选择"文件"→"新建"→"PCB 文件"命令，为当前项目新建一个 PCB 文件。对文档进行存档，右击页面左边列表中的 PCB1.PcbDoc，在弹出的快捷菜单中选择"保存"命令，在弹出的对话框中输入文件名"基于单片机的数据采集系统设计.PcbDoc"，单击"保存"按钮。

（2）导入元件封装和网络。切换到主电路原理图，选择"设计"→"Update PCB Document 基于单片机的数据采集系统.PcbDoc"命令，打开如图 11-43 所示的"工程变化订单（ECO）"对话框，依次单击"使变化生效"→"执行变化"按钮，向 PCB 图中载入元件封装和网络信息的结果如图 11-44 所示。

图 11-43　"工程变化订单（ECO）"对话框

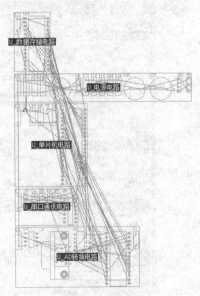

图 11-44　载入元件封装和网络信息

（3）对导入的元件进行布局，由于本电路的元件相对较少，可以采取手动布局的方式来完成布局，完成布局的 PCB 图如图 11-45 所示。

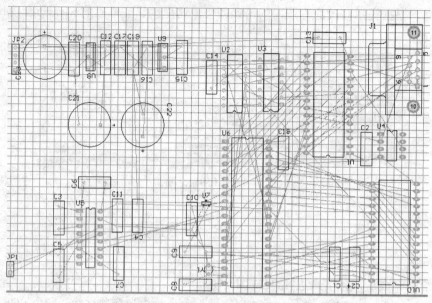

图 11-45　完成布局的 PCB 图

（4）对布线规则进行设置。选择"设计"→"规则"命令，打开"PCB 规则和约束编辑器"对话框，在 Routing→Width 下新建规则 Width_GND、Width_5V、Width_24V 和 Width_28V，分别用于规定网络 GND、+5、+24 和+28，分别设置其"最小宽度"、"最大宽度"和"当前宽度"为 30mil、30mil 和 30mil，在"第一个匹配对象的位置"栏中选中"网络"单选按钮，并在其右边输入对应的网络名称，如图 11-46 所示。设置完成后单击"确认"按钮返回 PCB 编辑环境。

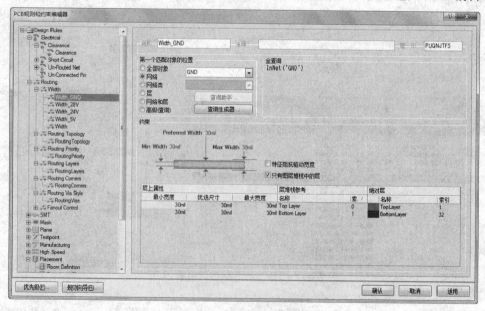

图 11-46　设置电源网络导线

（5）布线。选择"自动布线"→"全部对象"命令，打开如图 11-47 所示的"Situs 布线策略"对话框。选中"可用的布线策略"栏中的 Default 2 Layer Board（默认双层电路板）布线策略，单击 Route All 按钮返回 PCB 编辑器环境。

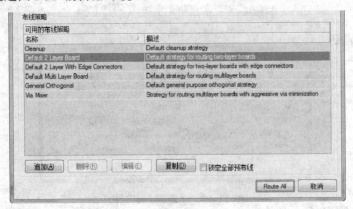

图 11-47　"Situs 布线策略"对话框

（6）系统执行自动布线操作，自动布线操作结束后，工作区内自动布线后如图 11-48 所示。

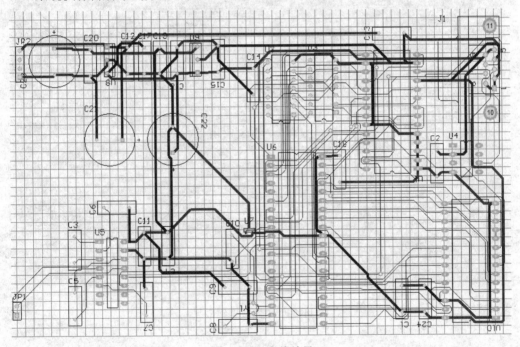

图 11-48　布线结果

（7）覆铜。单击"配线"工具栏中的"放置覆铜平面"按钮，打开如图 11-49 所示的"覆铜"对话框。在该对话框中设置覆铜的属性如下：在"属性"栏的"层"下拉列表框中设置覆铜的板层为 Bottom Layer，表示将在电路板的底层覆铜；在"网络选项"栏的"连接到网络"下拉列表框中设置覆铜连接到的网络为 GND，即将覆铜接地；其他选项采用默认设置。单击"确认"按钮进入覆铜状态。在 PCB 板上选择好一个封闭的覆铜区域后，单击鼠标进行自动覆铜，效果如图 11-50 所示。

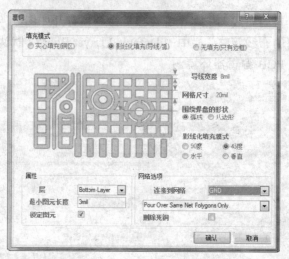

图 11-49　"覆铜"对话框

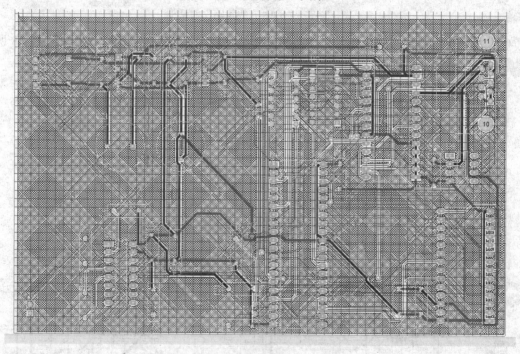

图 11-50　电路板覆铜效果

11.4　打　印　输　出

　　这里以打印全部图层为例，有兴趣的读者可参照第 10 讲的方法打印各图层，具体步骤如下：
　　（1）选择"文件"→"页面设定"命令，弹出页面设置属性对话框，在该对话框中单击"高级"按钮，弹出如图 11-51 所示的"PCB 打印输出属性"对话框，在列表中选择欲打印板层，这里采用该图中 4 层。

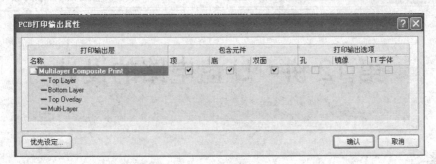

图 11-51 "PCB 打印输出属性"对话框

（2）单击"确认"按钮返回 PCB 编辑器工作环境，选择"文件"→"打印"命令，按照正常 Windows 软件打印机使用方法对 PCB 图进行打印，可得 Multi-Layer 走线图如图 11-52 所示。

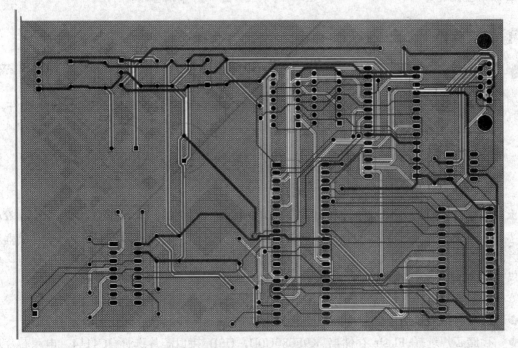

图 11-52 PCB 打印效果

第 12 讲　U 盘电路的设计

本讲内容

- ➥ 工作原理分析
- ➥ 原理图设计

- ➥ 绘制 PCB
- ➥ 打印输出

【光盘文件】

结果文件——参见附带光盘中的"实例\Ch12\综合实例\U 盘电路的设计.PrjPCB"文件。

动画演示——参见附带光盘中的"视频\Ch12\综合实例\U 盘电路的设计.avi"文件。

12.1　工作原理分析

本讲将要设计的 U 盘电路主要包括两个芯片：Flash 存储器和 USB 接口芯片。Flash 存储器是 U 盘的核心部件，用于数据的存储；而 USB 接口芯片一般是一个微控制器，用于存储器和计算机之间数据的读取控制。U 盘电路设计的关键在于 PCB 板的设计，为了体现小的优点，必须设计尽量小的 PCB 板，这主要通过合理的布局来实现。

鉴于以上方面，U 盘电路设计有以下考虑：

- ◆ U 盘电路主要由 3 部分构成，即存储器部分、USB 接口部分以及电源部分。
- ◆ 存储芯片选择 Flash 存储器 K9F080U0B，USB 接口芯片选择 IC1114，电源芯片选择 AT1201。
- ◆ 由于本例的元件数量较少，功能简单，故可在一张原理图中绘制原理图，将电路分成接口电路模块、存储器模块、电源模块 3 部分进行设计。
- ◆ 由于元件较少，故使用双层板设计即可，并合理安排布局，在条件允许的情况下尽可能减小 PCB 板的尺寸。

经过以上分析和元件选用，U 盘电路的原理设计如图 12-1 所示。

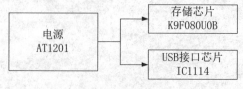

图 12-1　原理设计框图

12.2　原理图设计

12.2.1　元件制作

上述方案中部分芯片在 Protel 中均未提供，因此需要在进行原理图设计之前制作相应的元件，包括存储芯片 K9F080U0B、USB 接口芯片 IC1114 和电源芯片 AT1201。

1．存储芯片 K9F080U0B 的元件制作

（1）选择"文件"→"创建"→"库"→"原理图库"命令，新建一原理图库文件，进入到原理图元器件库编辑环境中。将新建的元器件库文件保存为 MySchLib.SchLib，如图 12-2 所示。

（2）在绘制元件之前，需要先设置图纸环境。选择"工具"→"文档选项"命令，打开"库编辑器工作区"对话框，如图 12-3 所示。设置图纸的捕获网格为 10，可视网格为 10。

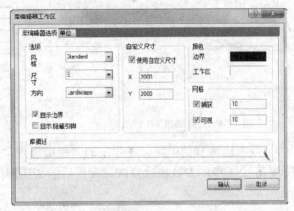

图 12-2　新建的元器件库　　　　　　图 12-3　"库编辑器工作区"对话框

（3）在元器件绘制工具栏中选择"绘图工具 "→"创建新元件 "选项，如图 12-4 所示。

（4）在打开的对话框中输入元器件名称 K9F080U0B，然后单击"确认"按钮，如图 12-5 所示。

图 12-4　选择"创建新元件"选项　　　　图 12-5　输入元器件名称

（5）绘制单片机的原理图外形，选择"放置"→"矩形"命令，光标将变成十字形，并带一个矩形，在原点位置单击确定矩形的左上角，移动光标并确定右下角，完成矩形的放置，并调整矩形位置和大小，如图 12-6 所示。

（6）添加引脚。选择"放置"→"引脚"命令，光标处于放置引脚状态，依次放置48个引脚，如图12-7所示。如果放置引脚前第一根管脚编号不为1，可以按 Tab 键，弹出"引脚属性"对话框，将其中显示名称和标识符均设置为1即可。放置引脚前按空格键可对引脚进行 90°旋转。

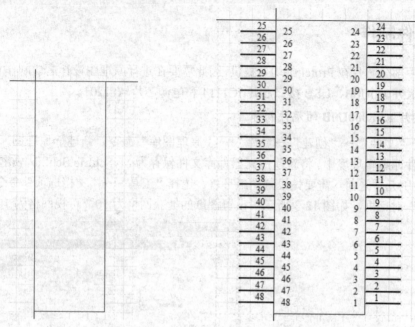

图 12-6　K9F080U0B 的外形　　　　　　图 12-7　放置引脚

（7）双击已放置的引脚，在弹出的"引脚属性"对话框中将所有已放置的引脚显示名称和标识符按表 12-1 中的参数依次修改，设置后的变压器如图 12-8 所示。

表 12-1　K9F080U0B 引脚参数

显 示 名 称	标 识 符	电 气 类 型	显 示 名 称	标 识 符	电 气 类 型
NC	25	Passive	NC	24	Passive
NC	26	Passive	NC	23	Passive
NC	27	Passive	NC	22	Passive
NC	28	Passive	NC	21	Passive
I/O0	29	Passive	NC	20	Passive
I/O1	30	Passive	WP	19	Passive
I/O2	31	Passive	WE	18	Passive
I/O3	32	Passive	ALE	17	Passive
NC	33	Passive	CLE	16	Passive
NC	34	Passive	NC	15	Passive
NC	35	Passive	NC	14	Passive
VSS	36	Passive	VSS	13	Passive
VCC	37	Passive	VCC	12	Passive
NC	38	Passive	NC	11	Passive
NC	39	Passive	NC	10	Passive

续表

显 示 名 称	标 识 符	电 气 类 型	显 示 名 称	标 识 符	电 气 类 型
NC	40	Passive	CE	9	Passive
I/O4	41	Passive	RE	8	Passive
I/O5	42	Passive	R/B	7	Passive
I/O6	43	Passive	SE	6	Passive
I/O7	44	Passive	NC	5	Passive
NC	45	Passive	NC	4	Passive
NC	46	Passive	NC	3	Passive
NC	47	Passive	NC	2	Passive
NC	48	Passive	NC	1	Passive

（8）双击左侧 SCH Library 面板中的 K9F080U0B 元件，弹出 Library Component Properties 对话框，单击右下角的"追加"按钮，弹出如图 12-9 所示的"加新的模型"对话框，选择 Footprint 选项，单击"确认"按钮后打开如图 12-10 所示的"PCB 模型"对话框，单击"浏览"按钮弹出 "库浏览"对话框，在"库"下拉列表框中选择"U 盘电路.PcbLib"，在其中选中 SOP48，如图 12-11 所示，然后一直单击"确认"按钮返回。

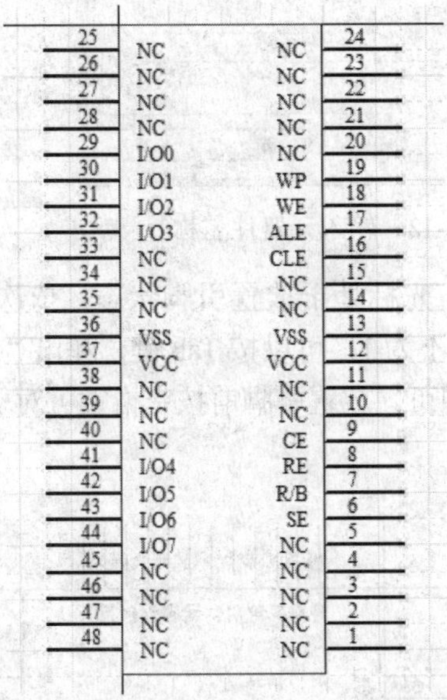

图 12-8　完成 K9F080U0B 的绘制

图 12-9　"加新的模型"对话框

（9）选择"文件"→"保存文件"命令或按 Ctrl+S 快捷键保存文件。

2．USB 接口芯片 IC1114 的元件制作

（1）在元器件绘制工具栏中选择"绘图工具 "→"创建新元件 "选项，如图 12-12 所示。

（2）在打开的对话框中输入元器件名称 IC1114，然后单击"确认"按钮，如图 12-13 所示。

（3）绘制芯片的原理图外形，选择"放置"→"矩形"命令，光标将变成十字形，并带一个矩形，在原点位置单击确定矩形的左上角，移动光标并确定右下角，完成矩形的放置，并调整矩形位置和大小，如图 12-14 所示。

图 12-10 "PCB 模型"对话框

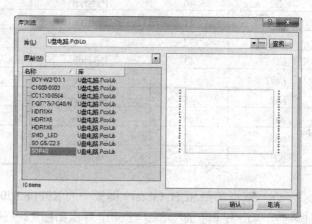

图 12-11 "库浏览"对话框

图 12-12 选择"创建新元件"选项

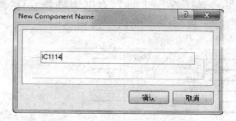

图 12-13 输入元器件名称

（4）添加引脚。选择"放置"→"引脚"命令，光标处于放置引脚状态，依次放置40个引脚，如图12-15所示。如果放置引脚前第一根管脚编号不为1，可以按 Tab 键，弹出"引脚属性"对话框，将其中"显示名称"和"标识符"均设置为1即可。放置引脚前按空格键可对引脚进行90°旋转。

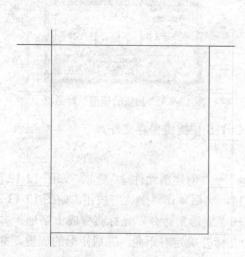

图 12-14 IC1114 的外形

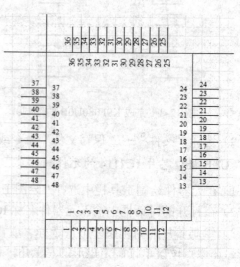

图 12-15 放置引脚

（5）双击已放置的引脚，在弹出的"引脚属性"对话框中将所有已放置的引脚显示名称和标识符按表 12-2 中的参数依次修改，设置后的元件如图 12-16 所示。

表 12-2　IC1114 引脚参数

显 示 名 称	标 识 符	电 气 类 型	显 示 名 称	标 识 符	电 气 类 型
VCCF	1	Passive	PC3	25	Passive
VSSNSSF	2	Passive	P86	26	Passive
RST	3	Passive	VDD	27	Passive
VCCF	4	Passive	P37	28	Passive
VSSF	5	Passive	P87	29	Passive
TM1	6	Passive	P35	30	Passive
TM2	7	Passive	P45	31	Passive
P84	8	Passive	VDD	32	Passive
X_INTRQ	9	Passive	VSS	33	Passive
PC0	10	Passive	PC4	34	Passive
P85	11	Passive	P36	35	Passive
P31	12	Passive	PC5	36	Passive
P32	13	Passive	DPLUS	37	Passive
X_A0	14	Passive	DMINUS	38	Passive
X_A1	15	Passive	VDDP	39	Passive
PC1	16	Passive	VSSP	40	Passive
X_RDN	17	Passive	FILTER	41	Passive
X_WRN	18	Passive	VSSP	42	Passive
P46	19	Passive	VDDP	43	Passive
P14	20	Passive	PC6	44	Passive
P47	21	Passive	XTAL1	45	Passive
P30	22	Passive	XTAL2	46	Passive
PA_WE	23	Passive	X_CS0	47	Passive
PC2	24	Passive	PC7	48	Passive

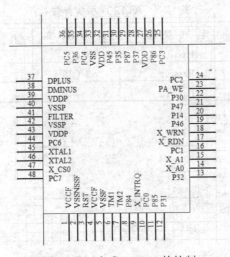

图 12-16　完成 IC1114 的绘制

（6）双击左侧 SCH Library 面板中的 IC1114 元件，弹出 Library Component Properties 对话框，单击右下角的"追加"按钮，在弹出的"加新的模型"对话框中选择 Footprint 选项，单击"确认"按钮后打开"PCB 模型"对话框，单击"浏览"按钮，弹出"库浏览"对话框，在"库"下拉列表框中选择"U 盘电路.PcbLib"选项，在其中选中 F-QFP7x7-G48/N，然后一直单击"确认"按钮返回。

（7）选择"文件"→"保存文件"命令或按 Ctrl+S 快捷键保存文件。

3. 电源芯片 AT1201 的元件制作

（1）在元器件绘制工具栏中选择"绘图工具 ⬚"→"创建新元件 ⬚"选项。

（2）在打开的对话框中输入元器件名称 AT1201，然后单击"确认"按钮，如图 12-17 所示。

（3）绘制芯片的原理图外形，选择"放置"→"矩形"命令，光标将变成十字形，并带一个矩形，在原点位置单击确定矩形的左上角，移动光标并确定右下角，完成矩形的放置，并调整矩形位置和大小，如图 12-18 所示。

（4）添加引脚。选择"放置"→"引脚"命令，光标处于放置引脚状态，依次放置 40 个引脚，如图 12-19 所示。如果放置引脚前第一根管脚编号不为 1，可以按 Tab 键，弹出"引脚属性"对话框，将其中"显示名称"和"标识符"均设置为 1 即可。放置引脚前按空格键可对引脚进行 90°旋转。

图 12-17　输入元器件名称

图 12-18　AT1201 的外形

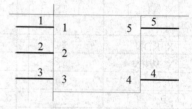

图 12-19　放置引脚

（5）双击已放置的引脚，在弹出的"引脚属性"对话框中将所有已放置的引脚显示名称和标识符按表 12-3 中的参数依次修改，设置后的元件如图 12-20 所示。

表 12-3　AT1201 引脚参数

显 示 名 称	标 识 符	电 气 类 型	显 示 名 称	标 识 符	电 气 类 型
Vin	1	Passive	Vout	4	Passive
GND	2	Passive	NOIS	5	Passive
Cont	3	Passive			

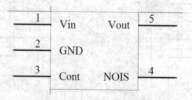

图 12-20　完成 FM1808 的绘制

（6）双击左侧 SCH Library 面板中的 AT1201 元件，弹出 Library Component Properties 对话

框，单击右下角的"追加"按钮，在弹出的"加新的模型"对话框中选择 Footprint 选项，单击"确认"按钮后打开"PCB 模型"对话框，单击"浏览"按钮，弹出"库浏览"对话框，在"库"下拉列表框中选择"U 盘电路.PcbLib"选项，在其中选中 SO-G5/Z2.9，然后一直单击"确认"按钮返回。

（7）选择"文件"→"保存文件"命令或按 Ctrl+S 快捷键保存文件。

12.2.2 新建 PCB 项目

本例的原理图围绕存储芯片 K9F080U0B、USB 接口芯片 IC1114 和电源芯片 AT1201 这 3 个芯片展开，主要包括接口电路模块、存储器模块和电源模块 3 部分。

（1）新建一个 PCB 项目文件。选择"文件"→"创建"→"项目"→"PCB 项目"命令，新建一个 PCB 项目。选择"文件"→"保存项目"命令或右击工作面板上的新建文件名，弹出保存文件对话框，在其中输入"U 盘电路.PrjPCB"，单击"保存"按钮并返回，项目管理窗口如图 12-21 所示。

（2）向项目中添加原理图文件。在 Projects 工作面板的"U 盘电路.PrjPCB"上右击，在弹出的快捷菜单中选择"追加新文件到项目中"→"原理图"命令，向项目中添加一张新的原理图。系统自动跳转到原理图编辑界面，选择"文件"→"保存文件"命令或按 Ctrl+S 快捷键将新建原理图文件保存为"U 盘电路.SchDoc"，如图 12-22 所示。

图 12-21　新建 PCB 项目

图 12-22　向 PCB 项目中添加原理图文件

12.2.3 绘制原理图

（1）向图中添加主要的元器件，包括存储芯片 K9F080U0B、USB 接口芯片 IC1114、电源芯片 AT1201 和 3 个接插件。双击打开"单片机电路.SchDoc"进入原理图编辑器环境，K9F080U0B、IC1114 和 AT1201 是属于自建元件库中的，首先需要添加该元件库。单击原理图编辑器右侧的"元件库"按钮，弹出"元件库"面板，单击面板上方的"元件库"按钮，如图 12-23 所示，打开"可用元件库"对话框，如图 12-24 所示。

（2）切换到"项目"选项卡，单击"加元件库"按钮，在弹出的"打开"对话框中选择 MySchLib.SchLib 文件，将其添加到当前项目中，添加后的"可用元件库"对话框如图 12-25 所示，单击"关闭"按钮关闭此对话框。

（3）在"元件库"面板的元件库下拉列表中选择刚添加的 MySchLib.SchLib 库文件，如图 12-26 所示。

（4）在元件列表中选择 K9F080U0B，双击进入放置元件状态，在合适位置单击放置该单片机，右击鼠标退出放置元件状态。

图 12-23 "元件库"面板

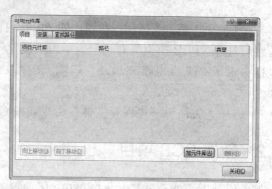

图 12-24 "可用元件库"对话框

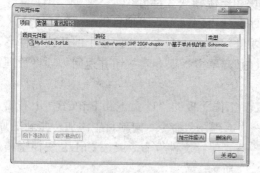

图 12-25 添加元件库后的"可用元件库"对话框

图 12-26 选择库文件

（5）按照同样的步骤放置 IC1114 和 AT1201，放置完成后如图 12-27 所示。

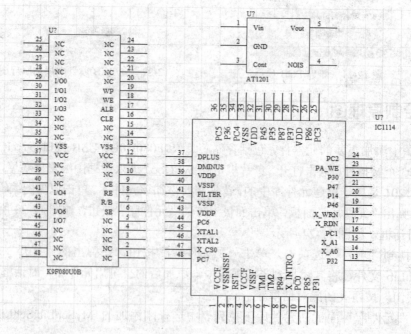

图 12-27 元件放置

（6）对于 3 个接插件，在 Protel DXP 2004 自带的集成库 Miscellaneous Connectors.Intlib 中可以找到，在元件库下选择 Header 4 选项，如图 12-28 所示，按照前面相同的步骤，将其添加到原理图中，放置后的原理图如图 12-29 所示。

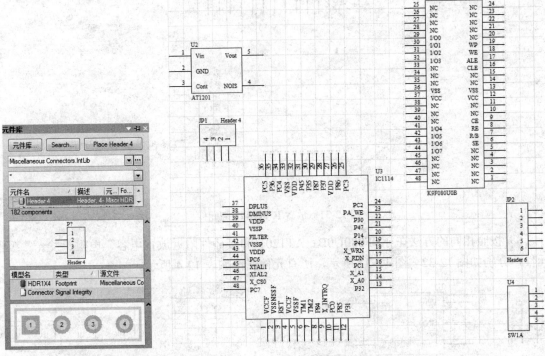

图 12-28　选择 Header 4 选项　　　　　　　图 12-29　放置好的主要元件

（7）放置完主要元件之后，针对其他每个模块放置普通元件，首先在元件 IC1114 中摆好电阻、电容、晶振等，如图 12-30 所示，再放置好下侧的元件，如图 12-31 所示。

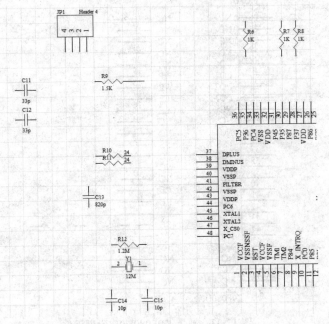

图 12-30　放置 IC1114 左侧和上侧元件

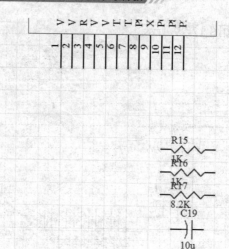

图 12-31　放置 IC1114 下侧元件

（8）按照相同的方法在 K9F080U0B、AT1201 和接插件附近放置电容、电阻、发光二级管等元件，分别如图 12-32～图 12-34 所示，所有元件属性如表 12-4 所示。

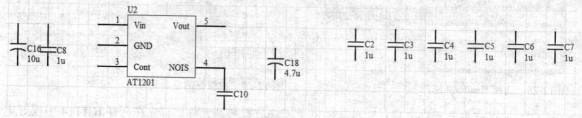

图 12-32　放置 AT1201 附近元件

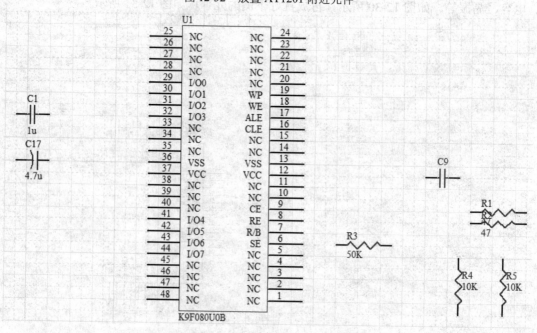

图 12-33　放置 K9F080U0B 附近元件

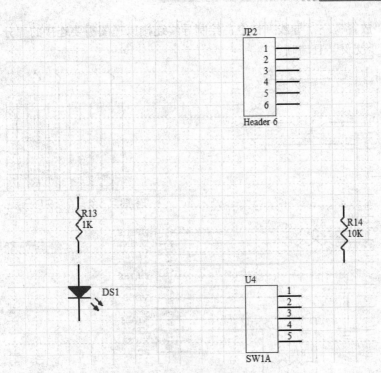

图 12-34 放置接插件附近元件

表 12-4 单片机原理图元件属性

标 识 符	值	库 参 考	标 识 符	值	库 参 考
C1	1μF	Cap Semi	R1	47Ω	Res3
C2	1μF	Cap Semi	R2	47Ω	Res3
C3	1μF	Cap Semi	R3	50kΩ	Res3
C4	1μF	Cap Semi	R4	10kΩ	Res3
C5	1μF	Cap Semi	R5	10kΩ	Res3
C6	1μF	Cap Semi	R6	1kΩ	Res3
C7	1μF	Cap Semi	R7	1kΩ	Res3
C8	1μF	Cap Semi	R8	1kΩ	Res3
C9		Cap Semi	R9	1.5kΩ	Res3
C10		Cap Semi	R10	24Ω	Res3
C11	33pF	Cap Semi	R11	24Ω	Res3
C12	33pF	Cap Semi	R12	1.2MΩ	Res3
C13	820pF	Cap Semi	R13	1kΩ	Res3
C14	10pF	Cap Semi	R14	10kΩ	Res3
C15	10pF	Cap Semi	R15	1kΩ	Res3
C16	10μF	Cap2	R16	1kΩ	Res3
C17	4.7μF	Cap2	R17	8.2kΩ	Res3
C18	4.7μF	Cap2	DS1		LED3
C19	10μF	Cap2	Y1	12M	XTAL

（9）选择"放置"→"导线"命令，绘制导线连接原理图需要连接的部分，如图 12-35 所示。线路要尽量少交叉，且清晰。

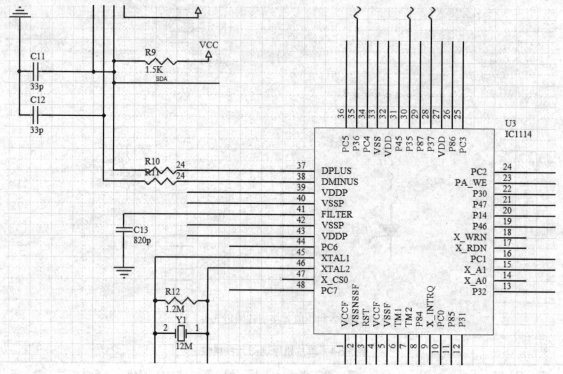

图 12-35　导线连接元件

（10）选择"放置"→"网络标签"命令，此时鼠标上浮着"网络标签"，按 Tab 键打开"网络标签"对话框，在"网络"文本框中输入"DPLUS"，如图 12-36 所示，在芯片的对应引脚上放置网络标签，确保电气相连接的引脚具有相同的网络标签。放置完网络标签后如图 12-37 所示。

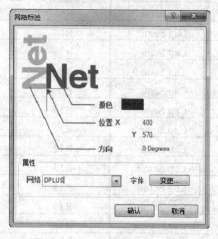

图 12-36　"网络标签"对话框

（11）按照步骤（6）和步骤（7）连接元件和放置网络标签，绘制完成的其余几部分原理图如图 12-38～图 12-40 所示。

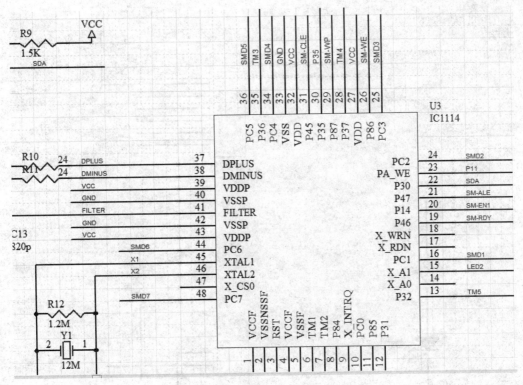

图 12-37　放置所有"网络标签"

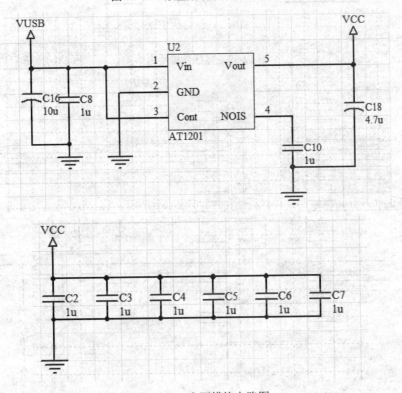

图 12-38　电源模块电路图

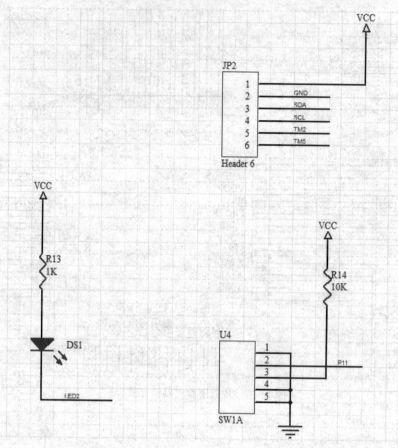

图 12-39　接插件模块电路图

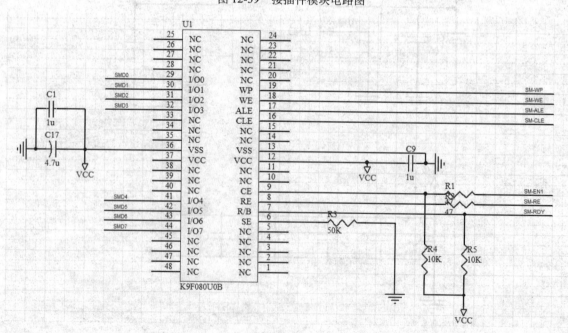

图 12-40　USB 接口电路图

12.3　绘制 PCB

原理图绘制完成后，接下来进行 PCB 图绘制。

（1）选择"文件"→"新建"→"PCB 文件"命令，为当前项目新建一个 PCB 文件。对文档进行存档，右击页面左边列表中的 PCB1.PcbDoc，在弹出的快捷菜单中选择"保存"命令，在弹出的对话框中输入文件名"U 盘电路.PcbDoc"，单击"保存"按钮。

（2）在 PCB 编辑环境下，选择"设计"→"层堆栈管理器"命令，在弹出的如图 12-41 所示的"图层堆栈管理器"对话框中将 PCB 板设置为双面板。

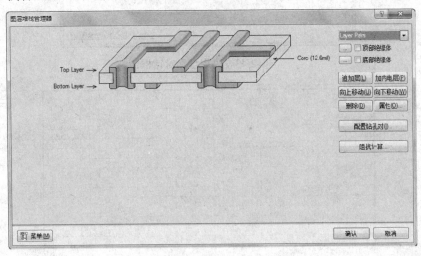

图 12-41　"图层堆栈管理器"对话框

（3）切换到 Mechanical 1 板层，选择"放置"→"直线"命令，在该工作层绘制电路板矩形边框，作为电路板加工的边界，如图 12-42 所示。

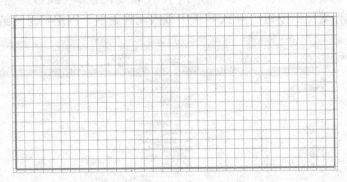

图 12-42　绘制边框

（4）切换到 Keep-Out Layer 板层，按步骤（3）在同样位置上绘制电路板的布线边框。

（5）选择"放置"→"焊盘"命令，启动放置焊盘命令，按 Tab 键，在系统弹出的"焊盘"对话框中设置焊盘属性，如图 12-43 所示，在绘制的矩形边框的 4 个角上合适位置放置焊盘作为安装孔，如图 12-44 所示。

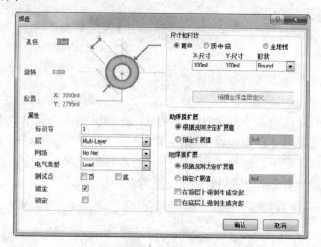

图 12-43　"焊盘"对话框

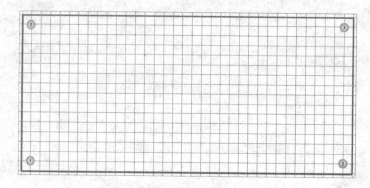

图 12-44　放置焊盘作为安装孔

（6）导入元件封装和网络。切换到主电路原理图，选择"设计"→"Update PCB Document U 盘电路.PcbDoc"命令，打开如图 12-45 所示的"工程变化订单（ECO）"对话框，依次单击"使变化生效"→"执行变化"按钮，向 PCB 图中载入元件封装和网络信息的结果如图 12-46 所示。

图 12-45　"工程变化订单（ECO）"对话框

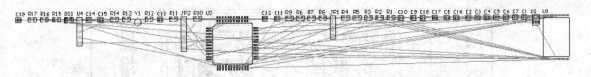

图 12-46　载入元件封装和网络信息

（7）对导入的元件进行布局，由于本电路的元件相对较少，可以采取手动布局的方式来完成布局，完成布局的 PCB 图如图 12-47 所示。

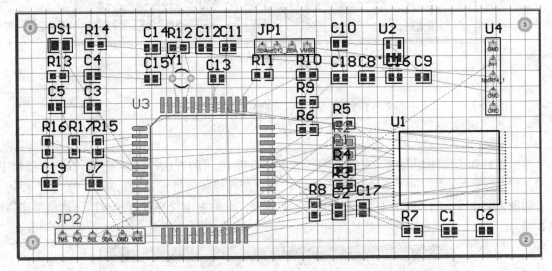

图 12-47　完成布局的 PCB 图

（8）布线。选择"自动布线"→"全部对象"命令，打开如图 12-48 所示的"Situs 布线策略"对话框。选中"可用的布线策略"栏中的 Default 2 Layer Board（默认双层电路板）布线策略，单击 Route All 按钮返回 PCB 编辑器环境。

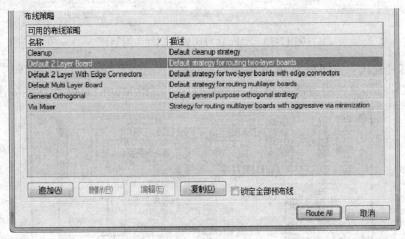

图 12-48　"Situs 布线策略"对话框

（9）系统执行自动布线操作，自动布线操作结束后，工作区内自动布线后如图 12-49 所示。

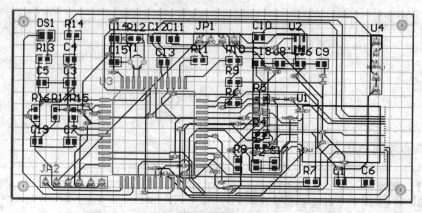

图 12-49　布线结果

12.4　打印输出

这里以打印全部图层为例，有兴趣的读者可参照第 10 讲的方法打印各图层，具体步骤如下：

（1）选择"文件"→"页面设定"命令，弹出页面设置属性对话框，单击"高级"按钮，弹出如图 12-50 所示的"PCB 打印输出属性"对话框，在列表中选择欲打印板层，这里采用该图中 6 层。

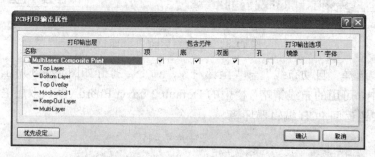

图 12-50　"PCB 打印输出属性"对话框

（2）单击"确认"按钮返回 PCB 编辑器工作环境，选择"文件"→"打印"命令，按照正常 Windows 软件打印机使用方法对 PCB 图进行打印，可得 Multi-Layer 走线图如图 12-51 所示。

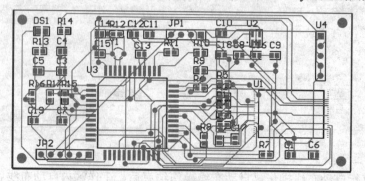

图 12-51　PCB 打印效果

附录 A Protel DXP 2004 快捷键

1. 设计浏览器快捷键（如附表 A-1 所示）

附表 A-1 浏览器快捷键

快 捷 键	说　明
鼠标左击	选择鼠标位置的文档
鼠标双击	编辑鼠标位置的文档
鼠标右击	显示相关的弹出菜单
Ctrl+F4	关闭当前文档
Ctrl+Tab	循环切换所打开的文档
Alt+F4	关闭设计浏览器 DXP

2. 原理图和 PCB 通用快捷键（如附表 A-2 所示）

附表 A-2 原理图和 PCB 通用快捷键

快 捷 键	说　明
Shift	当自动平移时，快速平移
Y	放置元件时，上下翻转
X	放置元件时，左右翻转
Shift+ ↑ ↓ ← →	箭头方向以 10 个网格为增量，移动光标
↑ ↓ ← →	箭头方向以一个网格为增量，移动光标
SpaceBar	放弃屏幕刷新
Esc	退出当前命令
End	屏幕刷新
Home	以光标为中心刷新屏幕
PageDown，Ctrl+鼠标滚轮	以光标为中心缩小画面
PageUp，Ctrl+鼠标滚轮	以光标为中心放大画面
鼠标滚轮	上下移动画面
Shift+鼠标滚轮	左右移动画面
Ctrl+Z	撤销上一次操作
Ctrl+Y	重复上一次操作
Ctrl+A	选择全部
Ctrl+S	保存当前文档
Ctrl+C	复制
Ctrl+X	剪切
Ctrl+V	粘贴
Ctrl+R	复制并重复粘贴选中对象
Delete	删除

视频教学

快 捷 键	说 明
V+D	显示整个文档
V+F	显示所有对象
X+A	取消所有选中对象
单击并按住鼠标右键	显示滑动小手并移动画面
单击鼠标左键	选择对象
单击鼠标右键	显示弹出菜单，或取消当前命令
右击鼠标并选择 Find Similar	选择相同对象
单击鼠标左键并按住拖动	选择区域内部对象
单击并按住鼠标左键	选择光标所在的对象并移动
双击鼠标左键	编辑对象
Shift+单击鼠标左键	选择或取消选择
Tab	编辑正在放置对象的属性
Shift+C	清除当前过滤的对象
Shift+F	可选择与之相同的对象
Y	弹出快速查询菜单
F11	打开或关闭 Inspector 面板
F12	打开或关闭 List 面板

3. 原理图快捷键（如附表 A-3 所示）

附表 A-3 原理图快捷键

快 捷 键	说 明
Alt	在水平和垂直线上限制对象移动
G	循环切换捕捉网格设置
空格键（Spacebar）	放置对象时旋转 90°
空格键（Spacebar）	放置电线、总线、多边形线时激活开始/结束模式
Shift+空格键（Spacebar）	放置电线、总线、多边形线时切换放置模式
退格键（Backspace）	放置电线、总线、多边形线时删除最后一个拐角
单击并按住鼠标左键+Delete	删除所选中线的拐角
单击并按住鼠标左键+Insert	在选中的线处增加拐角
Ctrl+单击并拖动鼠标左键	拖动选中的对象

4. PCB 快捷键（如附表 A-4 所示）

附表 A-4 PCB 快捷键

快 捷 键	说 明
Shift+R	切换 3 种布线模式
Shift+E	打开或关闭电气网格
Ctrl+G	弹出捕获网格对话框

续表

快 捷 键	说 明
G	弹出捕获网格菜单
N	移动元件时隐藏网状线
L	镜像元件到另一布局层
退格键	在布铜线时删除最后一个拐角
Shift+空格键	在布铜线时切换拐角模式
空格键	在布铜线时改变开始/结束模式
Shift+S	切换打开/关闭单层显示模式
O+D+D+Enter	选择草图显示模式
O+D+F+Enter	选择正常显示模式
O+D	显示/隐藏 Prefences 对话框
L	显示 Board Layers 对话框
Ctrl+H	选择连接铜线
Shift+Ctrl+Left-Click	打断线
+	切换到下一层（数字键盘）
–	切换到上一层（数字键盘）
*	下一布线层（数字键盘）
M+V	移动分割平面层顶点
Alt	避开障碍物和忽略障碍物之间的切换
Ctrl	布线时临时不显示电气网格
Ctrl+M 或 R-M	测量距离
Shift+空格键	顺时针旋转移动的对象
空格键	逆时针旋转移动的对象
Q	米制和英制之间的单位切换
E-J-O	跳转到当前原点
E-J-A	跳转到绝对原点

附录 B Protel DXP 2004 元件中英文对照

1. 常用元件

AND   与门

ANTENNA   天线

BATTERY   直流电源

BELL   铃，钟

BVC   同轴电缆接插件

BRIDEG 1   整流桥（二极管）

BRIDEG 2   整流桥（集成块）

BUFFER   缓冲器

BUZZER   蜂鸣器

CAP   电容（缩写）

CAPACITOR   电容

CAPACITOR POL   有极性电容

CAPVAR   可调电容

CIRCUIT BREAKER   熔断丝

COAX   同轴电缆

CON   插口

CRYSTAL   晶体振荡器

DB   并行插口

DIODE   二极管

DIODE SCHOTTKY   稳压二极管

DIODE VARACTOR   变容二极管

DPY_3-SEG   3 段 LED

DPY_7-SEG   7 段 LED

DPY_7-SEG_DP   7 段 LED（带小数点）

ELECTRO   电解电容

FUSE   熔断器

INDUCTOR   电感

INDUCTOR IRON   带铁芯电感

INDUCTOR3   可调电感

JFET N   N 沟道场效应管

JFET P   P 沟道场效应管

LAMP   灯泡

LAMP NEDN   起辉器

LED   发光二极管

METER   仪表

MICROPHONE   麦克风

MOSFET   MOS 管

MOTOR AC   交流电机

MOTOR SERVO   伺服电机

NAND   与非门

NOR   或非门

NOT   非门

NPN   NPN 三极管

NPN-PHOTO   感光三极管

OPAMP   运放

OR   或门

PHOTO   感光二极管

PNP   三极管

NPN DAR NPN   NPN 三极管

PNP DAR PNP   PNP 三极管

POT   滑线变阻器

PELAY-DPDT   双刀双掷继电器

RES1.2   电阻

RES3.4   可变电阻

RESISTOR BRIDGE ?   桥式电阻

RESPACK ?   电阻

SCR   晶闸管

PLUG ?   插头

PLUG AC FEMALE   三相交流插头

SOCKET ?   插座

SOURCE CURRENT   电流源

SOURCE VOLTAGE   电压源

SPEAKER   扬声器

SW ?   开关

SW-DPDY ?   双刀双掷开关

SW-SPST ?   单刀单掷开关

SW-PB　按钮

THERMISTOR　电热调节器

TRANS1　变压器

TRANS2　可调变压器

TRIAC？　三端双向可控硅

TRIODE？　三极真空管

VARISTOR　变阻器

ZENER？　齐纳二极管

DPY_7-SEG_DP　数码管

SW-PB　开关

40 系列 CMOS 管集成块元件库

4013　D 型触发器

4027　JK 型触发器

2. Protel Dos Schematic Analog Digital.Lib 模拟数字式集成块元件库

（1）AD 系列、DAC 系列、HD 系列、MC 系列

Protel Dos Schematic Comparator.Lib　比较放大器元件库

Protel Dos Shcematic Intel.Lib　Intel 公司生产的 80 系列 CPU 集成块元件库

Protel Dos Schematic Linear.lib　线性元件库

Protel Dos Schemattic Memory Devices.Lib　内存存储器元件库

Protel Dos Schematic SYnertek.Lib　SY 系列集成块元件库

Protes Dos Schematic Motorlla.Lib　摩托罗拉公司生产的元件库

Protes Dos Schematic NEC.lib　NEC 公司生产的集成块元件库

Protes Dos Schematic Operationel Amplifers.lib　运算放大器元件库

Protes Dos Schematic TTL.Lib　晶体管集成块元件库 74 系列

Protel Dos Schematic Voltage Regulator.lib　电压调整集成块元件库

Protes Dos Schematic Zilog.Lib　齐格格公司生产的 Z80 系列 CPU 集成块元件库

（2）元件属性对话框

Lib ref　元件名称

Footprint　器件封装

Designator　元件称号

Part　器件类别或标示值

Schematic Tools　主工具栏

Writing Tools　连线工具栏

Drawing Tools　绘图工具栏

Power Objects　电源工具栏

Digital Objects　数字器件工具栏

Simulation Sources　模拟信号源工具栏

PLD Toolbars　映像工具栏

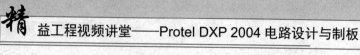

习 题 答 案

第 1 讲

一、填空题

（1）EDA

（2）电路原理图设计、原理图元件设计、PCB 图设计、PCB 元件封装设计

（3）电路图、PCB

（4）网络表

（5）标题栏、菜单栏、导航栏、工具栏、工作面板

二、选择题

（1）C　（2）B　（3）D　（4）D　（5）A

三、操作题

略

第 2 讲

一、填空题

（1）配线

（2）公制、英制

（3）放大

（4）元器件、电气连接

（5）左、Space、90°、X、Y

二、选择题

（1）D　（2）B　（3）B　（4）B　（5）D

三、操作题

略

第 3 讲

一、填空题

（1）Shift

（2）设定粘贴队列

（3）电源端口

（4）放置文本字符串、放置文本框

（5）总线入口、网络标签

二、选择题

（1）B　（2）B　（3）A　（4）D

三、操作题

略

第 4 讲

一、填空题

（1）元件库

（2）四

（3）有、没有

（4）新建元件库文件、打开已有元件库文件

（5）元件外形、元件引脚

二、选择题

（1）C　（2）A　（3）D　（4）A　（5）D

三、操作题

略

第 5 讲

一、填空题

（1）自上而下、自下而上

（2）图纸符号、原理图

（3）自下而上

（4）双、Tab

二、选择题

（1）C　（2）A　（3）B

三、操作题

略

第 6 讲

一、填空题

（1）子原理图

（2）错误报告（Error Reporting）、连接矩阵（Connection Matrix）

（3）致命错误、错误、警告、不报告

（4）元器件、网络连接

二、选择题

（1）B　（2）A　（3）B　（4）C　（5）D

三、操作题

略

第 7 讲

一、填空题

（1）Printed Circuit Board、PCB

（2）板层数量

（3）刚性、挠性、刚挠结合

（4）45°

（5）丝印层

二、选择题

（1）C　（2）D　（3）C　（4）B　（5）D

第 8 讲

一、填空题

（1）3

（2）焊盘

（3）放置、交互式布线、配线

（4）元件

（5）PCB 板选择项

二、选择题

（1）B　（2）C　（3）C　（4）B　（5）A

第 9 讲

一、填空题

（1）直插式封装、表面贴片式封装

（2）12

（3）Multi-Layer

（4）同一、不同

（5）元件类型+焊盘距离（或焊盘数）+元件外形尺寸

二、选择题

（1）D　（2）C　（3）A　（4）A　（5）A

三、操作题

略

第 10 讲

一、填空题

（1）PCB 信息

（2）Gerber

（3）NC Drill

（4）PCB 信息

（5）网络状态

（6）.GTO

二、操作题

略